Beham | Freimut | Innerkofler

Praktizierte Achtsamkeit und ethische Leitlinien für Tiergestützte Interventionen

Bianca Beham
Bettina Freimut
Barbara Innerkofler

Ethik
in der tiergestützten Intervention

Praktizierte Achtsamkeit und ethische Leitlinien

KOSMOS

Mehr entdecken, mehr verstehen

DAS KOSMOS VERSPRECHEN

Expertenwissen seit 1822

Welches Thema dich auch begeistert - auf unsere Expertise kannst du dich verlassen. Und das schon seit über 200 Jahren.

Unser Anspruch ist es, dich mit wertvollem Rat zu begleiten, dich zu inspirieren und deinen Horizont zu erweitern.

BEGEISTERUNG DURCH KOMPETENZ

Unsere Autorinnen und Autoren vereinen professionelles Know-how mit großer Leidenschaft für ihre Themen.

WISSEN, DAS DICH WEITERBRINGT

Leicht verständlich, lebensnah und informativ für dich auf den Punkt gebracht.

SACHVERSTAND, DEN MAN SEHEN KANN

Mit aussagestarken Fotos, Zeichnungen und Grafiken werden Inhalte besonders anschaulich aufbereitet.

QUALITÄT FÜR HEUTE UND MORGEN

Dafür sorgen langlebige Verarbeitung und ressourcenschonende Produktion.

Du hast noch Fragen oder Anregungen?
Dann schreibe uns: kosmos.de/servicecenter

Inhalt

Einleitung

Der Einbezug von Tieren in therapeutische, pädagogische, soziale, beratende oder medizinische Handlungsfelder boomt. Denn es ist offensichtlich, dass Tiergestützte Interventionen auf großes Interesse stoßen und zahlreiche positive Effekte für die Klienten bewirken, wie bspw. Stimmungsaufhellung, Abbau von Stress, Förderung von Entspannung, Reduktion von Angst, Anregung des Kommunikationsverhaltens, Verbesserung von Lernerfolgen, Minderung von Aggressionen, Förderung des Wohlbefindens und der Gesundheit u.v.m. (z.B. Julius et al., 2014; Vernooij & Schneider, 2018). Andererseits zeichnet sich mittlerweile ab, dass sich die positiven Wirkungen nicht ohne Weiteres ergeben. Wer ein Tier in seine Arbeit mit Klienten einbezieht, erzielt nicht zwangsläufig die gewünschten Ergebnisse. Und er ist auch nicht automatisch ein guter Therapeut, Erzieher oder Coach. Als Fachkraft für Tiergestützte Interventionen (TGI) braucht es nach wie vor fundierte Fachkenntnisse zu seinem Arbeitsfeld, zu den Besonderheiten der Klientel und zu methodischen Möglichkeiten.

Und was ist mit den Tieren? Im Fokus der tiergestützten Arbeit standen über lange Zeit nur die Vorteile für die Menschen. Die Frage, wie es den Tieren dabei ergeht, wurde vernachlässigt. Sie wird jetzt umso dringender ins Bewusstsein gerufen (z.B. Wohlfarth & Beetz, 2018; Wohlfarth & Hediger, 2022), da Tiere – wie Menschen auch – Belastbarkeitsgrenzen haben. Unpassende Lebensbedingungen, das Zusammensein mit belasteten Menschen oder der unangemessene Einbezug in die TGI kann für Tiere ernsthafte Stressfaktoren beinhalten und Gesundheitsrisiken bedeuten. Übermäßiger bzw. anhaltender Stress führt auch bei ihnen zu physischen und psychischen Erkrankungen. Es steht daher dringend an, die Praxis der TGI mit den Augen der Tiere zu betrachten. Worauf ist zu achten, um ihnen nicht zu schaden? Gibt es positive Effekte für sie? Wie kann dafür gesorgt werden, dass der Einbezug in die TGI auch für sie einen Mehrwert hat?

Bevor nun die frühen Pioniere der TGI verurteilt werden: Die Durchführung der Interventionen entsprach meist dem für richtig erachteten Umgang mit Tieren, auf Basis der damaligen ethologischen Kenntnisse, der ethischen Überzeugungen und dem gesellschaftlichen Zeitgeist. Das Wissen über Tiere hat seitdem zugenommen. Auch die Überzeugungen, wie Menschen mit Tieren umgehen sollten, sind im Umbruch. Zeitgleich haben sich einige Auffassungen geändert, wie wir Menschen miteinander umgehen sollten. Das betrifft insbesondere die potenziellen Klienten der TGI: Die kinderrechtsbasierte Erziehung setzt sich glücklicherweise immer mehr durch. Das Verständnis und die Unterstützung für psychisch erkrankte Menschen haben sich verbessert. Menschen mit Behinderung steht zu Recht ein gleichwertiger Platz in Gesellschaft, Kultur und Politik zu. All das ist im Alltag längst noch nicht ideal und es sind viele weitere Schritte notwendig, damit die Welt zu einem guten Ort für alle wird. Doch der Wandel ist sichtbar, dass heutzutage ein anderes Verhalten für richtig erachtet wird. Das führt zu einer grundsätzlichen Frage: Woran machen wir fest, was der richtige bzw. ein guter Umgang mit anderen, d.h. mit Menschen und Tieren ist? Woran orientieren wir uns?

Hier kommen Wissenschaft und Ethik ins Spiel. Wissenschaftliche Erkenntnisse ermöglichen ein besseres Verständnis von Menschen und Tieren, von ihren Unterschieden und Gemeinsamkeiten. Sie sind die Basis für alle weiteren, auch ethischen Überlegungen zum Umgang des Menschen mit anderen. Dies ist besonders relevant für die Frage, wie ein guter und richtiger Umgang mit Tieren in der TGI sein soll, um für ihr Wohl zu sorgen. Dabei geht es nicht nur um punktuelle Schutzmaßnahmen, sondern um umfassende, tiergerechte und förderliche Gesamtbedingungen im Alltag und in der TGI (vgl. Krämer & Ameli, 2022; Wohlfarth & Hediger, 2022). Als TGI-Fachkräfte müssen wir uns dazu entsprechendes Wissen, innere Haltungen und vielfältige Kompetenzen in Bezug auf die einbezogenen Tiere aneignen – und dies ebenso mit Blick auf die Klienten. Nur so können wir beiden gleichermaßen gerecht werden. Darauf weist auch die International Association of Human-Animal Interaction Organizations in ihren Guidelines hin (IAHAIO, 2018).

Warum das in der TGI so wichtig ist und worauf ein achtsamer Umgang miteinander aufbaut, zeigen wir in den folgenden Kapiteln und berücksichtigen hierbei zahlreiche Perspektiven.

Dazu nehmen wir schon mal eine Erkenntnis vorweg: TGI-Fachkräfte stehen in der Verantwortung, bestmöglich für *alle* Beteiligten, d.h. für die Klienten, die Tiere und sich selbst zu sorgen. Hinsichtlich der Klienten in den therapeutischen, pädagogischen, sozialen und medizinischen Tätigkeitsfeldern sind bereits vielfältige Fachliteratur und Handlungsorientierungen vorhanden. Für den Umgang mit den Tieren sind die bisherigen Empfehlungen dürftiger. Daher setzen wir in diesem Buch immer wieder einen Schwerpunkt bei den Tieren.

In Teil I skizzieren wir zunächst die wichtigsten tierethischen Überlegungen der gängigen philosophischen Literatur, die uns für die TGI relevant erscheinen. Hier zeigt sich, dass ein- und derselbe Ausgangspunkt zu ganz unterschiedlichen Rückschlüssen führen kann. So stimmen viele ethische Überlegungen darin überein, dass Tiere gut behandelt werden sollen. Zur Frage, wie sich der Mensch ihnen gegenüber verhalten soll, gibt es dann jedoch unterschiedliche Vorstellungen.

Mit diesem Buch bündeln wir schlüssige Ansatzpunkte und Anregungen, was einen guten Umgang mit Tieren ausmacht. Letztlich kommen wir zu der Ansicht, dass es in der TGI eine ethische Grundhaltung für Tiere und Klienten gleichermaßen braucht, sodass Ethik und Tierethik nicht getrennt voneinander betrachtet werden dürfen (vgl. Pelluchon, 2019). Anhand von ergänzenden systemischen Überlegungen bekräftigen wir anschließend, warum es einen ganzheitlichen Blick auf das Zusammenspiel von Fachkraft, Tier und Klient braucht, damit TGI wirklich gelingen kann.

In Teil II nutzen wir aktuelle wissenschaftliche Erkenntnisse und stellen relevante Inhalte zusammen, die für einen achtsamen Umgang mit Tieren und Menschen wegweisend sind. Die Bausteine liefern ein fachliches Fundament für Interventionen, die das Wohl von Tier *und* Mensch im Blick haben. In diesem Sinne geht es um die praxisbezogene und alltagstaugliche Umsetzung von ethischen Erkenntnissen, insbesondere in Hinsicht auf einen achtsamen Umgang miteinander (vgl. Cojocaru, 2021). Mit unseren Überlegungen und Anregungen wollen wir Wissen und Haltungen vermitteln und Lust darauf machen, dass jeder seine TGI-Praxis weiterentwickelt. Im Zentrum stehen die fünf Themenschwerpunkte Wohlbefinden, Emotionen, Beziehung, Kommunikation und Beteiligung. Dazu formulieren wir Leitlinien, wodurch wir Fachkräfte das Wohlbefinden *aller* Beteiligten in der TGI sichern können.

In Teil III verdichten wir die Inhalte aus den beiden vorherigen Buchteilen zu Antworten auf zentrale Fragen der Tierhaltung, -eignung und des Trainings sowie zu wesentlichen Prinzipien für die Durchführung der TGI. Zudem werben wir für die kontinuierliche Reflexion des Handelns, um dem Anspruch an eine achtsame TGI gerecht zu werden.

Die Ausführungen in diesem Buch machen den fachlichen Anspruch und die komplexe Verantwortlichkeit der TGI-Fachkräfte deutlich. Mit unseren Impulsen und ethischen Prinzipien wollen wir konkrete Anregungen geben, was im Blick zu behalten ist, damit die TGI zum Wohle aller Beteiligten gelingt. Um abschließend die inhaltliche Vielfalt etwas zu verschlanken, ordnen wir unsere Überlegungen den vier Normen von Beauchamp und Childress zu (vgl. Wohlfarth & Beetz, 2018; Wohlfarth & Hediger, 2022) und enden mit ein paar Praxishighlights als Motivation für die Zukunft.

Teil I

Grundlagen der (Tier-)Ethik und systemisches Verständnis

I-1 Innere Haltung entwickeln: Grundlagen der (Tier-)Ethik in der TGI

In diesem Kapitel geht es um Überlegungen und Aussagen der Tierethik und Ethik und ihre Bedeutung für Tiergestützte Interventionen (TGI).

» Im Fokus der Tierethik stehen Fragen zum Verhältnis von Menschen und Tieren. «

Genaugenommen geht es um *menschliche und nichtmenschliche* Tiere, da auch der Mensch Teil des Tierreiches ist. Vereinfacht lassen sich zwei Pole skizzieren: Der eine Pol besagt, dass der Mensch eine Sonderstellung in der Natur habe, aufgrund dessen er anderen Lebewesen hierarchisch überstellt sei und Nutzungsrechte an Tieren besitze (bspw. in der Lebensmittel-, Textil-, Unterhaltungs-, Freizeit- und Sportindustrie sowie in der Forschung für Medizin, Kosmetik usw.). Mit der Nutzung wird meist die Pflicht verknüpft, unnötiges Leid zu vermeiden. Der andere Pol besagt, dass Menschen und nichtmenschliche Tiere moralisch gleichgestellt und Tiere daher autonom und unantastbar seien (bspw. hinsichtlich Nutzung, Fremdbestimmung oder Zuchteinwirkung). Zwischen diesen beiden Polen gibt es verschiedene tierethische Positionen mit unterschiedlichen Schwerpunkten und Schlussfolgerungen. Für das Buch wurden daraus zentrale Ansätze ausgesucht, die für eine ethische Meinungsbildung hilfreich sind. Sie ermöglichen eine erste Positionierung zur Rolle und zu moralischen Rechten des Tieres, zu Pflichten des Menschen und zu den komplexen Herausforderungen in der Beziehung von Mensch und Tier. Im Kern geht es darum, »Tiere so zu behandeln, dass wir ihrer Eigenart als fühlende Wesen, die auf ihr Wohlbefinden ausgerichtet sind, Rechnung tragen« (Wolf, 2012, S. 155).

» In der tiergestützten Intervention ist das Wohl aller Beteiligten wichtig. «

I-1.1 Tierethik und Ethik in Bezug auf Tiergestützte Interventionen

Der Umgang mit Tieren hängt zusammen mit gesellschaftlich vorherrschenden Werten, ethischen Grundsätzen, religiösen Ansichten und kulturellen Traditionen (vgl. Von Gall & Gjerris, 2017). Wie ein Mensch sich verhält, wird daher stets von mehreren Faktoren beeinflusst, z.B. von seinen Kenntnissen und Kompetenzen, aber auch von seinen Überzeugungen und Wahrnehmungsfiltern. Die innere Haltung beeinflusst letztlich das Verhalten, bewusst wie unbewusst.

Im Interventionsdreieck der TGI stehen Fachkräfte in einer doppelten Verantwortung sich richtig zu verhalten, um dem Klienten und dem Tier gleichermaßen gerecht zu werden. Zur fachlichen Aufgabe gehört daher, sich über seine Kenntnisse und Haltungen zu beiden Gedanken zu machen.

Als Mindestanspruch gilt: Weder Mensch noch Tier sollen physisch oder psychisch schlecht behandelt werden oder gar zu Schaden kommen. Allerdings ist reine Schadensvermeidung für eine angemessene Qualität der Interventionen allein noch nicht ausreichend. Vielmehr geht es darum, das Wohlbefinden und den Mehrwert für alle Beteiligten zu sichern (vgl. Wohlfarth & Olbrich, 2014; Otterstedt, 2017). Dazu sind die jeweiligen Bedürfnisse, Wünsche und Interessen von Klient und Tier gleicherma ßen im Blick zu behalten. Wie lässt sich das umsetzen? Was kann eine Fachkraft dafür tun? Bezogen auf die Ziele für den Klienten, den Umgang mit dem Tier und die methodische Gestaltung der Interventionen ist es darüber hinaus wichtig, zu begründen, warum etwas getan bzw. unterlassen wird. Was sind die Argumente? Woran kann sich eine Fachkraft orientieren, um sich richtig zu verhalten? Auf diese Fragen will das Buch Antworten geben.

Auch wenn keine einfachen Lösungen oder gar allgemeingültige Rezepte möglich sind, so werden doch Grundlagen und Erkenntnisse aufgezeigt, Haltungen erläutert, Handlungsimpulse gegeben und Reflexionsfragen formuliert, die für die Arbeit mit Klienten und den achtsamen Einbezug von Tieren in den verschiedenen Arbeitskontexten der TGI hilfreich sind.

Klienten in Tiergestützten Interventionen

Tiergestützte Interventionen finden in psychologischen, therapeutischen, beratenden, pädagogischen, sozialen und medizinischen Arbeitsfeldern statt. Dementsprechend unterschiedlich sind die Zielgruppen. Als Baustein der Qualitätssicherung sollten für jeden dieser Fachbereiche bereits grundsätzlich ethische Aussagen in Form von Leitbildern oder -sätzen bestehen, in denen zentrale Werte, grundlegende Haltungen sowie Verhaltensprinzipien für den bestmöglichen Umgang mit den Klienten formuliert sind. Daher geht es im Folgenden nicht um die spezifischen Anforderungen für diese Arbeitsfelder oder Zielgruppen, sondern um einen grundsätzlichen Blick auf das Interventionsdreieck: das Zusammenspiel von Mensch und Tier und die erforderliche Haltung gegenüber Klienten und Tieren.

Da TGI stets die Weiterentwicklung, Gesunderhaltung oder Heilung von Klienten anstrebt, spielen salutogenetische Erkenntnisse und Prinzipien eine wichtige Rolle (vgl. Wohlfarth & Olbrich, 2014). Zudem geht es nie nur um eine effiziente Anwendung von einzelnen fachspezifischen Techniken. Es geht immer auch um gelingende Beziehungen, sowohl von TGI-Fachkraft und Tier, als auch von Klient und TGI-Fachkraft sowie von Klient und Tier.

» Für die Klienten spielt das Gefühl von Vertrauen und Sicherheit eine große Rolle, in Bezug auf das Tier, auf die Fachkraft und auf die in der TGI gestellten Aufgaben. «

Eine tragfähige, vertrauensvolle Beziehung gilt heute als einer der zentralen Wirkfaktoren in Therapie, Pädagogik und Medizin (mehr dazu in Kap. II-3). Es ist elementar, dass die Klienten sich verstanden, akzeptiert und wertgeschätzt fühlen. Dazu gehört auch, dass sie den (Therapie-)Zielen zustimmen bzw. dass ihre eigenen Ziele berücksichtigt sind. Zudem braucht es seitens der Klienten das eigenständige Interesse bzw. die Bereitschaft, an tiergestützten Interventionen teilzunehmen.

Tiere in Tiergestützten Interventionen

Der Einbezug eines Tieres in die Arbeit mit und für Menschen ist das zentrale Element der TGI. Mit dem Tier wird der übliche Arbeitskontext um ein eigenständiges Lebewesen erweitert. Durch seine Anwesenheit und sein Verhalten beeinflusst es maßgeblich den gemeinsamen Prozess. Damit dieser gelingt, brauchen tiergestützt arbeitende Fachkräfte nicht nur Kenntnisse über andere Spezies und über geeignete Arbeitsmethoden, sondern auch einen systemischen Blick und eine entsprechende innere Haltung. Da es bzgl. der Tiere in diesem Kontext bislang eher wenig ethische Aussagen gibt, nehmen die Ausführungen zur Tierethik in den kommenden Kapiteln einen größeren Raum ein. Sie schaffen ein tragfähiges Fundament für die praxisbezogenen Ableitungen in den daran anschließenden Kapiteln.

»Tier« ist zunächst nur ein ungenauer Sammelbegriff in Abgrenzung zu »Pflanze«, hinter dem sich eine unglaublich vielfältige Anzahl an verschiedenen biologischen Klassen und Familien verbirgt. Der Begriff »Tier« wird zumeist auch als Abgrenzung zum Begriff »Mensch« verstanden, obwohl der Mensch zu den Primaten zählt. Im Alltagsdenken wird oft schlichtweg vergessen, dass Menschen zum Tierreich gehören. Genaugenommen müssten wir daher konsequent von menschlichen und nichtmenschlichen Tieren sprechen. Zwischen manchen nichtmenschlichen Tierarten sind die Unterschiede teilweise größer als zwischen Mensch und Schwein oder Mensch und Hund.

Um die ethischen Überlegungen überschaubar zu halten, und um anwendbare Ergebnisse für die TGI zu erzielen, befasst sich das Buch primär mit den dort einbezogenen Tierarten, d.h. hauptsächlich Säugetiere und Vögel. Zudem beschränkt es sich auf domestizierte Arten (IAHAIO, 2018). Die Notwendigkeit des Ausschlusses von Wildtieren führen wir im Teil III weiter aus.

> » Im Folgenden stehen also Hunde, Pferde, Rinder, Alpakas, Lamas, Schafe, Ziegen und Schweine sowie Katzen, Kaninchen, Meerschweinchen, Ratten und Hühner im Fokus. «

Auf andere Tierarten, die bspw. eher in der Naturpädagogik zu finden sind und dort punktuell in die engere Mensch-Tier-Interaktion einbezogen werden, wie bspw. Schnecken, Fische oder Insekten, geht dieses Buch nicht näher ein. Etliche der nachfolgenden Anregungen und Erkenntnisse lassen sich aber entsprechend übertragen.

Zum Einstieg und zur besseren Nachvollziehbarkeit werfen wir zunächst einen Blick zurück in die Geschichte der Philosophie.

I-1.2 Eine kleine Zeitreise – Tierethik vor Darwin

Ethische Diskussionen sind eine bewährte Tradition und helfen menschlichen Gesellschaften, Orientierung zu Fragen des Miteinanders und des moralisch richtigen Verhaltens zu finden. In der Auseinandersetzung ergibt sich oft, dass eine einfach erscheinende Frage sehr komplex ist, und dass bei manch logisch erscheinender Lösung die besondere Herausforderung im Detail steckt. Antworten auf Fragen zu Werten und Haltungen sind dabei stets abhängig von der jeweils herrschenden Weltordnung und ihren Machtverhältnissen bzw. vom Zeitgeist. Zudem spielen naturwissenschaftliche Erkenntnisse und Glaubensfragen eine zentrale Rolle. Ethische Grundsätze können sich daher im Laufe der Jahrhunderte verändern. Vor diesem Hintergrund lässt sich erklären, warum sich die tierethische Diskussion noch immer um zwei Grundsatzfragen rankt: Muss sich ein Mensch gegenüber einem Tier überhaupt nach moralischen Kriterien verhalten? Und wenn ja, was heißt das konkret: Was sollte dementsprechend getan oder unterlassen werden, um richtig und gut zu handeln?

Ein Tier als Adressat menschlicher Moral (Moralisches Objekt)

» Unter moralischem Handeln wird stets das Verhalten verstanden, das allgemein als › gut ‹ und › richtig ‹ bewertet und bspw. als freundlich, achtsam, rücksichtsvoll und gerecht bezeichnet wird. «

Auch wenn jeder für sich bereits Haltungen und Vorstellungen zum Umgang mit Tieren gebildet hat, wollen wir zunächst ganz grundsätzliche, tierethische Fragen aufrufen: Wem gegenüber ist der Mensch überhaupt zu moralischem Handeln verpflichtet? Gehören alle Tiere, gleich welcher Art, zu diesem moralischen Kreis? Oder muss ein Tier dazu als Voraussetzung bestimmte Eigenschaften und Kompetenzen besitzen? Und sind innerhalb dieses Kreises alle Tiere gleich zu behandeln bzw. moralisch gleichberechtigt oder gibt es Unterschiede? Und vor allem: Was heißt das konkret mit Blick auf das Handeln: Was darf oder soll ich tun (und was muss ich unterlassen), um mich jeweils gut und richtig zu verhalten?

In der Geschichte der Tierethik haben diese Fragen zu vielschichtigen Kontroversen geführt, die bis heute anhalten. Es gibt keinen Konsens, wie das Verhältnis von Menschen zu Tieren einzuordnen ist bzw. welche moralischen Rechte Tieren verlässlich zugestanden werden.

» Jeder, der mit Tieren arbeitet, muss sich damit auseinandergesetzt und eine ethisch fundierte Haltung gefunden haben. «

Tierethik vor Darwin

Die westliche Sichtweise ging lange Zeit von einer strikten Trennung von Mensch und Tier und der Herrschaft des Menschen über alles Leben aus. Es fanden zahlreiche Auseinandersetzungen statt, wem gegenüber Menschen sich überhaupt moralisch verhalten müssen und wie in diesem Falle moralisch korrektes Verhalten auszusehen habe. Diese Frage stellte man allerdings auch mit Blick auf Menschen, wie bspw. Sklaven oder Frauen. Die Antworten wurden dominiert von den Interessen und Überzeugungen männlicher, weißer Menschen, die an der Spitze der Hierarchie standen und die Deutungshoheit innehatten.

Insbesondere in Bezug auf Tiere blieb bis heute die Vorstellung von der naturgegebenen Vormacht des Menschen bestehen. Moralisches Verhalten wurde jeweils an verschiedene Voraussetzungen des Gegenübers geknüpft, z. B. ob es die Fähigkeit hat zu sprechen, zu denken, Emotionen zu empfinden, eine Vorstellung zu haben von der eigenen Zukunft oder Endlichkeit. Jeder tierethische Ansatz war geprägt von den gängigen gesellschaftlichen Vorstellungen seiner Zeit und zugleich von den persönlichen Überzeugungen des jeweiligen Denkers. So kam es, dass im Laufe der Jahrhunderte Tiere zwar meist als moralische Adressaten anerkannt wurden, d. h. dass der Mensch ihnen gegenüber entsprechende Verpflichtungen sah. Tiere blieben dem Menschen aber stets moralisch untergeordnet, und es waren meist eigennützige Vorteile für Menschen damit verbunden. Was das für die Tiere hieß, wird am ehesten in einem kurzen Zeitraffer durch die Geschichte der Tierethik (Kockel & Hahn, 2017) deutlich:

Zu Zeiten Aristoteles (384–322 v. Chr.) galten Tiere als beseelt, man erkannte ihr Bestreben nach Wohlbefinden und nach der Entfaltung ihrer Veranlagungen: »Jedes Lebewesen trägt Ziel und Zweck in sich selber und entfaltet sich dieser seiner inneren Zielstrebigkeit gemäß. [...] Dieser Zweck besteht also darin, [...] sich im ganzen Umkreis seiner Möglichkeiten zu verwirklichen« (Aristoteles nach Nussbaum, 2010, S. 96 in Kockel & Hahn, 2017, S. 77). Was modern anmutet, wurde jedoch im streng anthropozentrischen und hierarchischen Weltbild so ausgelegt, dass die Lebensbestimmung für Tiere einzig darin bestand, den Menschen zu dienen und nützlich zu sein. Die gleichen Ansichten trafen ebenso auf Leibeigene bzw. Sklaven zu (ebd.).

Etliche Jahrhunderte später galt weiterhin der verbreitete Glaube, dass Gott dem Menschen alle anderen Lebewesen unterstellt habe. Der Mensch dürfe nach seinem eigenen Willen mit ihnen verfahren. Jedoch bestehe die Pflicht, das Quälen von Tieren zu unterlassen (bspw. Thomas von Aquin, 1225–1274). Diese Einschränkung bestand allerdings nur aufgrund der Sorge, dass der Mensch sonst verrohen würde (in Kockel & Hahn 2017, S. 27). Man sei einem Tier gegenüber zu moralischem Handeln verpflichtet, aber nur, damit der Mensch charakterlich keinen Schaden nahm (sogenannte *indirekte* moralische Pflicht).

Im 16. Jahrhundert war man bereits der Ansicht, dass der Mensch von seiner biologischen Natur her nicht über den anderen Tieren stehe. Intelligenz und rationales Denken gäbe es auch im Tierreich, und Tiere seien Subjekte (z. B. Michel de Montaigne, 1533–1592). Allerdings habe der Mensch einen höheren moralischen Status wegen seiner einzigartigen Nähe zu Gott und wegen seines Bewusstseins um die eigene Sterblichkeit. Die daraus abgeleiteten moralischen Pflichten des Menschen beschränkten sich im Kern wieder darauf, dass das Quälen von Tieren vermieden werden solle (in Kockel & Hahn, 2017, S. 31). Dies verstand man allerdings nun als sogenannte *direkte* Pflicht: Grausame Handlungen seien aus Rücksicht um das Wohl des Tieres zu unterlassen.

Dass Tiere zumindest teilweise empfindungsfähig seien, gestand auch René Descartes (1596–1650) ein. Dennoch propagierte er sein mechanistisches Weltbild: Tiere seien wie lebendige Maschinen, sie könnten nicht sprechen, nicht denken, nicht bewusst und zielgerichtet handeln. Daher hätten ihre Äußerungen von Freude oder Schmerz keine Bedeutung (in Kockel & Hahn, 2017, S. 29f.). Diese Auffassung wurde gesellschaftlich derart pervertiert, dass Tiere generell weder als empfindungs- noch als schmerzfähig galten. Leider verfestigte sich diese absurde Sichtweise im Laufe der folgenden Jahrhunderte und diente als Rechtfertigung für einen überaus rücksichtlosen und unvorstellbar grausamen Umgang mit allem Nichtmenschlichen. Bis heute halten sich die Zweifel an der reichen und tiefen Erlebensfähigkeit von Tieren, sodass ihr unsägliches Leid weiter in Kauf genommen wird.

Im 17. und 18. Jahrhundert kamen Philosophen zu Wort, die explizit auf fundamentale Ähnlichkeiten von Menschen und Tieren hinwiesen (z. B. Thomas Hobbes, 1588–1679; John Locke, 1632–1704; David Hume, 1711–1776). Sie sahen, dass auch der Mensch nicht nur vernunftgemäß, sondern ebenso instinktiv handelt. Der Unterschied zwischen Mensch und Tier, bezogen auf Fühlen, Leiden und Verstand, sei daher nicht grundsätzlich, sondern lediglich graduell (vgl. später Darwin). Dennoch sei der Mensch Tieren gegenüber nur bedingt zu moralischem Verhalten verpflichtet, da sie nicht sprechen könnten und daher verstandesgemäß nicht in der Lage seien, überhaupt eine Vorstellung von Moral zu haben. Demzufolge könnten sie auch keine moralischen Verträge eingehen. Ein gegenseitiger Vertrag sei aber die Voraussetzung für die moralische Berücksichtigung durch den Menschen (in Kockel/Hahn, 2017, S. 32).

Immanuel Kant (1724–1804) führte diese Logik fort: Moral sei Vernunft und die Fähigkeit, sich selbst rationale Vorgaben zu machen, die für das Handeln leitend seien. Tiere hätten diese Fähigkeiten nicht und daher kein Recht auf moralische Berücksichtigung. Da sie sich selbst nicht als »Ich« erleben würden, seien sie

Sachen, und der Mensch dürfe sie nach seinen Vorstellungen nutzen. Kant wies nur darauf hin, dass Tieren nicht ohne Grund Leid zugefügt werden dürfe, weil der Mensch dadurch auch gegenüber seinesgleichen abstumpfe (in Kockel & Hahn, 2017, S. 33f.).

Mit Jeremy Bentham (1748–1832) rückte schließlich verstärkt die Leidensfähigkeit von Tieren und die Rücksichtnahme um ihrer selbst willen in den Mittelpunkt der weiteren Überlegungen. »Die Frage ist nicht: Können sie denken? Können sie sprechen? Sondern: Können sie leiden?« (Kockel & Hahn 2017, S. 36, zitiert nach Borgards et al. 2015, S. 65). Daher sei für angemessenes Verhalten nicht die gutgemeinte Absicht ausschlaggebend, sondern die tatsächlichen Auswirkungen (ebd.). Eine Handlung sei dann moralisch gut, wenn sie für das Gegenüber größtmögliches Glück und kleinstmögliches Leid bedeute, egal ob in Bezug auf ein Tier oder einen Menschen. Tiere müssen daher möglichst gut behandelt werden. Da sie aber nicht fähig seien, ihre Zukunft vorwegzunehmen bzw. zu planen, und da sie keine Vorstellung vom Tod hätten, dürfe man sie leidfrei töten.

Dass jedoch alle Lebewesen einen ausgeprägten Willen zu Leben besitzen, erkannte Arthur Schopenhauer (1788–1860). Der Lebenswille war für ihn Ausdruck der metaphysischen Einheit von Mensch und Tier. In letzter Konsequenz sah er dennoch einen Unterschied, denn der Wille zu Leben sei nicht gleichwertig. Der Mensch stehe in der Hierarchie höher als Tiere und dürfe sie daher für seine Zwecke nutzen (in Kockel & Hahn 2017, S. 39).

Die Essenz der ethischen Entwicklung zeigt: Tiere wurden zwar schon früh als moralisch relevant angesehen, aber die daraus abgeleiteten Konsequenzen für das menschliche Verhalten waren durchaus sehr unterschiedlich.

I-1.3 Tierethik ab Darwin

Die Evolutionstheorie von Darwin (1830er Jahre) bedeutete einen gewaltigen Einschnitt in die tierethische Diskussion, da nun naturwissenschaftliche Überlegungen eine Rolle spielten.

Dennoch bleiben die Konsequenzen weiter umstritten: Trotz der gemeinsamen Abstammungsgeschichte und den biologischen Ähnlichkeiten von Mensch und Tier steht immer noch die Frage im Raum, welche Folgen dies für das menschliche Verhalten hat. Welche moralischen Pflichten hat der Mensch gegenüber anderen Tieren? Wie soll oder muss er sich verhalten? Haben Tiere den gleichen moralischen Wert wie Menschen? Spielen bei der Beantwortung dieser Fragen die vermeintlichen oder tatsächlichen Unterschiede zwischen Mensch und Tier überhaupt eine Rolle? (vgl. Kockel & Hahn, 2017, S. 11).

Doch zunächst der Reihe nach: Charles Darwin (1809–1882) entwarf als Erster ein schlüssiges theoretisches Konzept, das die gemeinsamen Ursprünge und damit die Verwandtschaft von Menschen und anderen Tieren aufzeigte. Alle haben die gleichen biologischen Wurzeln und Grundlagen. Sie verfügen daher über Emotionen und soziale Fähigkeiten, bspw. als Voraussetzungen für Moral, wenn auch in graduellen Unterschieden. Der Verwandtschaftsgedanke war nicht gänzlich neu: Bereits für Theophrast (ca. 372–287 v. Chr.) war dies der Grund, warum er Tieren Empfindungen, Gefühle und Denkvermögen zusprach. Moralisches Verhalten gegenüber anderen, auch Tieren, war für Darwin somit das »edelste Attribut« des Menschen (Darwin zitiert nach Kockel & Hahn 2017, S. 41). Dennoch war er überzeugt, dass die Nutzung von Tieren, auch in Tierversuchen, mit Rücksicht auf weitgehendes Wohl der Tiere vertretbar sei. Nach seiner Meinung wäre die Abschaffung von Tierversuchen sogar ein »Verbrechen gegen die Menschheit« (ebd.).

Henry Stephens Salt (1851–1939) bezog sich ebenfalls auf die entwicklungsgeschichtlich bedingten, biologischen Parallelen zwischen Mensch und Tier, kam aber zu anderen Rückschlüssen. Er wählte für seine Überlegungen die Frage nach moralischen Rechten und erstellte zum einen die erste umfangreiche Theorie der Rechte von Tieren (1892), zum anderen gründete er die erste bekannte Tierrechtsorganisation, die »Humanitarian League«. Zu deren Überzeugungen zählten bspw. eine vegetarische Lebensweise und die Überwindung aller Formen von Ungerechtigkeit, Grausamkeit und Ausbeutung, egal ob gegenüber Menschen oder Tieren (in Kockel & Hahn 2017, S. 43f.).

Noch einen Schritt weiter wagten sich schließlich Magnus Schwantje (1877 – 1959) und Albert Schweitzer (1875 – 1965). Im Sinne der Ehrfurcht vor dem Leben sahen sie alles Lebendige als moralisch gleich wertvoll an, egal ob Säugetier oder Einzeller. In diesem Denkansatz braucht das Gegenüber als Voraussetzung für moralische Berücksichtigung *keine* Empfindungs- oder Leidensfähigkeit. Trotz des gleichen Ausgangsgedankens zogen beide Männer daraus unterschiedliche Konsequenzen und kamen bei der Frage der Ernährung zu gegensätzlichen Überzeugungen: Für Schweitzer wog das Töten einer Pflanze genauso viel wie das Töten eines Tieres, daher machte aus seiner Sicht ein vegetarischer Lebensstil keinen Sinn. Schwantje wählte allerdings eine fleischlose Ernährung, weil er das Essen von Pflanzen weniger als Töten empfand als das Essen von Fleisch (in Kockel & Hahn, 2017, S. 49f.).

Die Trennung zwischen Tieren und Pflanzen war auch für Leonard Nelson (1882 – 1927) relevant. Er sah einen Unterschied zwischen unbewussten Reizreaktionen von Pflanzen und bewussten Empfindungen von Tieren und deren Willen zu leben bzw. ihrem Wunsch nach einem guten Leben. Aus seiner Sicht haben Tiere einen Anspruch auf moralische Rechte, obwohl ihnen die Vorstellung von Moral fehle und sie keine moralischen Pflichten ausüben können (in Kockel & Hahn, 2017, S. 51f.).

Clara Wichmann (1885 – 1922) betonte bei der Frage der Tiernutzung die Parallele zur Sklaverei. Sie lehnte die Ausbeutung und Einstufung als Sache bzw. als Besitztum ab, in Bezug auf Sklaven ebenso wie auf Tiere. Aus ihrer Sicht gehören Tiere sich selbst (in Kockel & Hahn, 2017, S. 52f.). Dies passt zu einem frühzeitlichen Gedanken von Plutarch (45 – 125), der besagt, dass Tiere nicht für den Menschen geschaffen sind, sondern um ihrer selbst willen existieren (in Kockel & Hahn, 2017, S. 23f.).

Im 20. Jahrhundert prägte Richard Ryder (geb. 1940) schließlich den Begriff Speziesismus, um aufzuzeigen, dass Tiere nur aufgrund ihrer Zugehörigkeit zu einer anderen Spezies unterdrückt werden. Er sieht darin das gleiche Abwertungsmuster wie auch bei der Diskriminierung im Falle von Rassismus und Sexismus (in Kockel & Hahn, 2017, S. 56).

Der Begriff Speziesismus ist mittlerweile aus der tierethischen und -rechtlichen Debatte nicht mehr wegzudenken und wurde u. a. von Peter Singer (geb. 1946) übernommen. Dieser erweiterte die Überlegungen von Jeremy Bentham zum sogenannten Präferenz-Utilitarismus: Alle Wesen, die fähig sind zu leiden oder zu genießen, haben Bedürfnisse, Interessen und Wünsche. Diese sogenannten Präferenzen zählen bei Mensch und Tier gleich viel, da es kein gesichertes Argument gibt, durch das die Bedürfnisse oder Interessen eines Menschen mehr Gewicht hätten als die eines Tieres. Für moralisch angemessene Handlungen müsse man allerdings die Präferenzen aller Betroffenen gegeneinander abwägen. Die Kehrseite dieses Ansatzes ist, dass das einzelne Individuum nicht zählt, sondern die größere Anzahl an Individuen und die damit verbundene höhere Interessensbilanz. Wenn durch eine Handlung mehr Menschen Nutzen haben als wenige Tiere leiden, dann sei das legitim. Ein einzelnes Leben könne zugunsten eines allgemeinen Mehrwertes geopfert werden (das Prinzip der Tierversuche). Darüber hinaus könne der Wert von einzelnen Leben miteinander verglichen werden: Lebewesen, die bspw. keine Vorstellung (mehr) haben von der eigenen Zukunft, dürften somit schmerzfrei getötet werden. Dies nimmt Einfluss auf die Vorstellung des Wertes von Lebewesen: Das eine menschliche Leben kann mehr Wert sein als ein anderes menschliches Leben, ein menschlicher Säugling kann weniger Wert sein als ein erwachsener Primat usw. (in Kockel & Hahn, 2017, S. 57ff.).

Die Prinzipien des Präferenz-Utilitarismus wollte Tom Regan (1938–2017) so nicht stehen lassen. Der Nutzen für eine Mehrheit könne das Leid des Einzelnen nicht aufwiegen: »Der gute Zweck heiligt nicht das schlechte Mittel« (Regan, 1997, S. 41). In Bezug auf die Erkenntnisse von Darwin und als Alternative zu Singer suchte er nach moralischen Rechten, die den Wert des Einzelnen gegenüber den Interessen von Vielen schützen. In seinem Ansatz hat jeder Mensch einen inhärenten Wert, unabhängig von Charakter, Interessen, Erfolg, Status usw. Das treffe auch für diejenigen Tiere zu, die »Subjekt eines Lebens« sind. »Subjekt eines Lebens ist man, wenn man sich der Welt gewahr ist, merkt was mit einem geschieht, und es einem nicht egal ist, was mit einem geschieht unabhängig davon, ob es für jemand anderen von Interesse ist« (Regan 2014, S. 101, in Kockel & Hahn 2017, S. 63).

» Allen Lebewesen, die › Subjekt eines Lebens ‹ sind, stehen somit alle moralischen Rechte zu, wie auch Menschen sie haben. «

Für Menschen entstehe daraus die moralische Pflicht, sich für Menschen und Tiere einzusetzen, die ihre Rechte nicht selbst wahrnehmen können. Eine Schwachstelle hat allerdings auch dieser Denkansatz: Einigen Tierarten, z. B. Säugetieren und Vögeln, wird der Status mittlerweile zugestanden, denn es gibt entsprechende wissenschaftliche Erkenntnisse, die ihnen Fähigkeiten bescheinigen, die sie zu Subjekten ihres Lebens machen. Andere Arten, die uns in ihrer Verwandtschaft nicht ganz so nah erscheinen (bspw. Fische) oder die noch wenig erforscht sind, fallen derweil aus diesem Netz heraus.

Bis hierher wurden zunächst die etablierten tierethischen Ansätze dargelegt. Im Folgenden leiten wir erste Schlussfolgerungen für die TGI daraus ab und ziehen ergänzend weitere, moderne Ansätze hinzu.

I-1.3.1 Aspekte für Tiergestützte Interventionen

Die Tiere, die hauptsächlich in die TGI einbezogen werden, zeigen bewusstes und zielgerichtetes Verhalten, Erinnerungsfähigkeit, subjektives Erleben (wie Stimmungen, Affekte und Emotionen), Lernfähigkeit und Übertragbarkeit des Gelernten (vgl. Wolf, 2012). Diese geistigen Leistungen werden als Grundlage für die Fähigkeit angesehen, die eigene Endlichkeit wahrzunehmen und bewusstes Interesse am Wohlbefinden und an einem guten Leben zu besitzen (vgl. Ferrari, 2015). Dies ist unseres Erachtens auch die Basis für tierethische Überlegungen in der TGI.

Gleichursprünglichkeit

Moderne naturwissenschaftliche Erkenntnisse bestätigen die Logik der Abstammungslehre von Charles Darwin. Dadurch ist eine grundsätzliche Abgrenzung von Mensch und Tier und die Überbetonung der Unterschiedlichkeit nicht haltbar. Durch die Entwicklungsgeschichte blieben viele Gemeinsamkeiten und Parallelen erhalten; Unterschiede sind oftmals nur graduell und nicht grundsätzlich. Der Aspekt der Gleichursprünglichkeit (Ach, 2015 in Bezug auf Rachels, 1990) erkennt an, dass Menschen und nichtmenschliche Tiere denselben Ursprung des Lebens teilen und durch einen fortlaufenden Evolutionsprozess verschiedene Gestalt annahmen. Trotz der vielfältigen Erscheinungsformen bestehen bei den verschiedenen Lebewesen zahlreiche Übereinstimmungen an morphologischen und neurologischen Grundlagen, an Eigenschaften und Fähigkeiten. Es wird immer offensichtlicher, dass sich keine grundsätzliche Hierarchie ableiten lässt: Es gibt keine »moralrelevante strukturelle bzw. qualitative Differenz zwischen Menschen und Tieren, die eine ungleiche Berücksichtigung menschlicher und tierlicher Güter oder Interessen rechtfertige[n]« würde (Ach, 2015, S. 341). Als Lebewesen sind sie verbunden durch ein Grundprinzip des Lebens: das Suchen nach positiv erlebten Bedingungen und Erfahrungen und das Vermeiden von negativ erlebten Umständen und Ereignissen.

▸ Impulse und Fragen für die TGI

Die vereinfachte Unterscheidung von Mensch und Tier täuscht darüber hinweg, dass es neben artspezifischen Besonderheiten sehr viele Übereinstimmungen mit Blick auf bio-psycho-soziale Prinzipien gibt. Insbesondere die Ähnlichkeiten hinsichtlich gemeinsamer Veranlagungen wie Bedürfnisse, Empfindungen, Gefühle, Empathie,

Denken, Interessen, Absichten, Kommunikation und planvolles Handeln sind Basis für die Wirkweisen der TGI. Zugleich gibt es nicht *den* Menschen und auch nicht *das* Tier. Insbesondere die Gruppe der nichtmenschlichen Tiere weist untereinander teilweise hohe Unterschiede auf, mehr als bspw. der Unterschied zwischen Mensch und manch anderem Tier, z. B. zum Schwein.

> Wie können wir TGI-Fachkräfte die Ähnlichkeiten und Unterschiede, z. B. individuelle Merkmale und Bedürfnisse von Menschen und Tieren, erlebbar machen?
> Mit Blick auf die Tiere ist dies zudem bedeutsam für die Gestaltung der Lebensbedingungen im Alltag, des Trainings und des achtsamen Einbezugs in die TGI.
> Was müssen wir Fachkräfte dabei im Detail beachten?

Dazu gibt es konkrete Überlegungen in Teil II.

Moralischer Status

» Tiere haben den Willen zu leben, verspüren Leid und Freude, und haben eigene Interessen. «

Sie streben nach einem *aus ihrer Sicht guten* Leben. Dies sind gewichtige Gründe, um ihnen gegenüber moralisch und in ihrem Sinne zu handeln. Die Anerkennung des Moralstatus von Tieren bedeutet, dass Menschen verpflichtet sind, ihnen moralische Rechte einzuräumen und sich für ihr Wohlergehen einzusetzen. Wenn man die Empfindungsfähigkeit und das Eigeninteresse von Tieren ernst nimmt, kann ihnen kein grundsätzlich schwächerer moralischer Status als Menschen zugedacht werden (Wolf, 2012), auch wenn uns diese Konsequenz im Alltag vor Herausforderungen stellt. Es gibt keine sachlich neutralen Belege, aus denen abgeleitet werden könnte, dass die Spezies Mensch generell begabter oder per se wertvoller als andere sei. Einschränkende Kriterien, wie bspw. der Nachweis des Ich-Bewusstseins oder des Zukunftsbezugs, zielen auf eine willkürliche Abstufung von Tierarten ab und wollen exklusive Ansprüche und Rechte des Menschen zementieren. Diese Kriterien werden jedoch einseitig aus der Sicht des Menschen festgelegt, um der eigenen Spezies besondere Rechte einzuräumen, die sich zumeist auf eigene Vorteile bzw. die Nutzung anderer Lebewesen beziehen. Sie sind aber nicht nur voreingenommen und abwertend in Bezug auf andere Arten, sondern übersehen, dass es auch Menschen gibt, die diese Kriterien nicht erfüllen (Petrus, 2015). Darüber hinaus ist es insgesamt fragwürdig, das eigene moralische Verhalten von den mutmaßlichen Eigenschaften eines Gegenübers abhängig zu machen. Einige ethische Ansätze wählen daher eine andere Herangehensweise: Sie verzichten auf die Diskussion zu biologischen Merkmalen und einem davon abhängigen moralischen Status. Ihnen geht es darum, wie wir Menschen uns als empathische Wesen richtig verhalten, wenn wir wissen, dass unser Gegenüber ebenfalls zu leid- und freudvollen Empfindungen und Gefühlen fähig ist (Pelluchon, 2019). Ein weiteres Argument ist wichtig: Wenn Tiere keinen universellen Anspruch auf moralische Rechte hätten, würde ihr Wohl stets davon abhängen, ob sie einem Menschen begegnen, der ihnen einen moralischen Status zugesteht (Rosalind Hursthouse, in Kockel & Hahn, 2017). Moralische Rechte sollten daher auch unabhängig von den Eigenschaften oder mentalen Fähigkeiten eines Tieres gelten und unabhängig von irgendeinem Nutzen, den es für Menschen haben könnte.

▸ Impulse und Fragen für die TGI

Tiere empfinden Freude und Leid, es geht ihnen nach eigenem Ermessen gut oder schlecht, sie haben eigene Bedürfnisse und Interessen sowie einen eigenen Willen. Dies sind gewichtige Gründe, um ihnen gegenüber rücksichtsvoll und achtsam zu sein (Wolf, 2012). Darüber hinaus gehört es zum Selbstverständnis von uns Menschen, dass wir empathische Lebewesen und zu moralischem Verhalten fähig sind (Wolf, 2012; Agamben, 2014). Um diesem Selbstanspruch gerecht zu werden, sind wir geradezu verpflichtet, einfühlsam und respektvoll zu sein und alles zu ermöglichen, was jeweils andere für ein gutes Leben und zur »Entfaltung des eigenen [...] Wohlergehens« brauchen (Ferrari, 2015, S. 136).

> Welche ureigenen Bedürfnisse und Interessen müssen erfüllt sein, damit das Tier als Individuum Zufriedenheit und Wohlbefinden erlangt?
> Wie kann dauerhafter oder zeitweise wiederkehrender Frustration vorgebeugt werden als Beitrag zur Leidvermeidung (vgl. Garner 2015, S. 120)?
> Wieviel Selbstbestimmung des Tieres ist wichtig und möglich, und wie lernen wir dies zuzulassen?
> Wie müssen Tierhaltung und Mensch-Tier-Beziehungen gestaltet werden, damit das Tier nicht Unfreiheit und Einschränkungen, sondern Zufriedenheit und echte Vorteile erlebt?

Gleichheitsprinzip und Subjektstatus

Immer mehr Fähigkeiten, die zunächst nur Menschen zugesprochen wurden, werden auch bei anderen Tierarten nachgewiesen. Wie groß die Übereinstimmungen sind, wird unter den diversen Forschungsansätzen dennoch kontrovers diskutiert. Es zeigt sich aber, dass sich Bewusstsein, Kognition, Emotionen, Mitgefühl, Vernunft, Werkzeuggebrauch, Kultur, komplexe Kommunikationsformen oder Moral auch bei nichtmenschlichen Spezies entwickelt haben, die zunächst nicht als sogen. »höher entwickelte« Tiere im Blick waren (bspw. Oktopus, Fledermaus, Hummel). Das heißt, dass es keine Gewissheit gibt, worin sich Menschen und andere Tiere generell unterscheiden (Precht, 2019, S. 23). So wird nach und nach die Einzigartigkeit und Überlegenheit des Menschen widerlegt. Dadurch verliert das dualistische Verständnis von Mensch[1] und Tier seine Grundlage. Die Tatsache, dass Menschen dennoch weiter auf der Suche nach Belegen für ihre Vorrangstel-

1 Zumal willkürliche Ab- und Ausgrenzungstendenzen auch innerhalb der Menschheit bestehen, wie bspw. rassistische Haltungen zeigen.

lung sind, und dass die interpretierte Grenze zwischen menschlichen und nichtmenschlichen Tieren stets weiter verschoben wird, sagt zunächst nichts über die Eigenschaften und Fähigkeiten der anderen Tiere aus, sondern über die Motive der Menschen.

» Tierethische Ansätze zum Gleichheitsprinzip basieren auf der Anerkennung der Leidensfähigkeit, der Bedeutsamkeit von subjektiven Interessen und des Strebens nach Wohlbefinden. Sie gewichten dies bei Menschen und Tieren gleichwertig und leiten daraus Überlegungen zum angemessenen Umgang mit Tieren und deren Rechten ab. «

Je radikaler das Gleichheitsprinzip gedacht wird (bspw. Tom Regan), desto konsequenter geht es um die Gleichbehandlung von Tieren im Sinne des Schutzes vor Fremdbestimmung und Ausbeutung sowie des Anrechts auf Autonomie.

Der den Tieren gebührende Respekt als gleichwertiges Subjekt eines Lebens wird in einigen Ansätzen allerdings mit ursprünglicher Lebensführung und uneingeschränkter Freiheit gleichgesetzt (Garner, 2015, in Anlehnung an Regan, 1984). Freiheit wird in diesem Fall auch höher gewertet als Glück bzw. das Erfüllen einzelner Bedürfnisse und Interessen in Unfreiheit (ebd.). Ein Tier muss demzufolge als Akteur seines Lebens die Möglichkeit erhalten, vollkommen selbstbestimmt zu leben. Beziehung zu oder Fürsorge durch Menschen wird in radikalen Ansätzen als Einschränkung des Selbstbestimmungsprinzips gewertet, da hier das Nutzenprinzip (Utilitarismus), mit einseitigen Vorteilen für den Menschen, unterstellt wird. Jüngere Ansätze (bspw. A. Cochrane) versuchen die Diskussion eher aus der Perspektive von Tieren zu betrachten. Hier geht es um die These, dass Freiheit keinen Wert an sich darstellt, sondern instrumentell betrachtet werden muss: Freiheit ist demzufolge ein »Mittel zur Erreichung anderer Zwecke« (Garner, 2015, S. 120 in Anlehnung an Cochrane, 2009). Der Wert von Freiheit wird daran gemessen, welche konkreten Vorteile sich für ein Individuum daraus ergeben. Insbesondere für Tiere seien jeweils diejenigen Umstände wertvoll und erstrebenswert, die eine Verringerung von Stress oder Leid und eine Erhöhung des Wohlbefindens bedeuten. In vollkommener Freiheit ist dies aber nicht ohne weiteres gegeben (ebd.) und zudem in einer von Menschen dominierten Umwelt sowie für domestizierte Tierarten stark erschwert. Dennoch erleben sich diese Tiere als »Subjekte ihres Lebens«: Sie sind fühlende und denkende Wesen, die aktiv handeln wollen, um Leid zu meiden und Wohlbefinden zu erlangen. »Ihr Leben ist für sie ebenso wichtig wie das unsrige für uns, [...]« (Pelluchon 2020, S. 25).

Impulse und Fragen für die TGI

In die TGI werden domestizierte Tierarten einbezogen. Sie nehmen ihre Umwelt differenziert wahr und haben eigene Bedürfnisse, Emotionen, Interessen, Wünsche, Vorlieben und Abneigungen. Um ihr Leben unversehrt und zufriedenstellend leben zu können, benötigen sie tiergerechte Lebensbedingungen und Freiheiten, aber auch Versorgung sowie Schutz vor Gefahren und vor Ausbeutung. Trotz der Pflichten für ihr Wohlergehen lässt sich kein menschliches Recht auf Nutzung eines Tieres ableiten (Wawrzyniak, 2019). Trotz der Abhängigkeit vom Menschen bleiben sie Individuen, die eigene Bedürfnisse äußern, Interessen und Ziele verfolgen. Um dem gerecht zu werden, brauchen die Tiere Ermöglichungsräume zur Daseinsentfaltung und Selbstbestimmung, sowohl im Alltag als auch im Rahmen der TGI. Der Mensch steht als Versorger und Bezugsperson in der Verantwortung, die Befindlichkeit, Bedürfnisse und Interessen des Tieres zu erkennen und Möglichkeiten zur Erfüllung zu bieten.

Welche Bedingungen braucht es, damit ein Tier aktiv handelnder Akteur seines Lebens sein kann?
Wie viel Bestimmung und Eingreifen durch uns Fachkräfte ist nötig, damit es gut versorgt und vor Gefahren geschützt ist?
Wie viel Selbstbestimmung des Tieres ist möglich, ohne Gefährdung für sich oder andere?

Die Anerkennung des Tieres als handelndes Individuum zeigt sich bspw. darin, dass seine artspezifischen und individuellen Eigenarten ernst genommen werden, dass seine Vorlieben und Abneigungen beachtet, und dass ihm Entscheidungsspielräume zur Mit- und Selbstbestimmung eingeräumt werden, insbesondere in der TGI.

Was bedeutet Freiwilligkeit im Zusammenhang mit dem Einbezug in Tiergestützte Interventionen?
Inwieweit können Tiere und Menschen in der TGI gegenseitig voneinander profitieren?
Wie können wir Fachkräfte im Rahmen der TGI sowohl die Gleichheit als auch die Andersartigkeit des Tieres als besondere Alleinstellungsmerkmale an die Klienten vermitteln?
Was ist der Mehrwert der TGI für *alle* Beteiligten?

Würde

Die Voraussetzungen, die Tiere erfüllen sollten, um moralisch relevant zu sein, reduziert Gary Francione (in Kockel & Hahn 2017) auf eine einzige, nämlich die Empfindungsfähigkeit. Diese sei ausreichend, um ihnen gegenüber zu moralischem Handeln verpflichtet zu sein. Damit die ureigenen Interessen von Tieren stets konsequent beachtet werden, verbindet er damit ihr Recht, niemandes Eigentum zu sein. Martha Nussbaum bringt einen weiteren Aspekt ein und verweist auf die Würde von Tieren. In ihrer Weiterentwicklung des Ansatzes von Aristoteles besteht eine »Sphäre elementarer Ansprüche« für jedes Wesen, das Würde besitzt. Tiere besitzen Würde »aus demselben Grund [...], aus dem auch Menschen Würde besitzen: sie sind vielseitige, lebendige und empfindungsfähige Wesen, ausgestattet mit Fähigkeiten zur Aktivität und zum Streben« (Nussbaum 2010, S. 96, in Kockel & Hahn 2017, S. 77). Würde entstehe im Zusammenhang mit innerem Streben nach einem guten Leben und mit Selbstverwirklichung. Daher sei es eine Frage der Gerechtigkeit, aktiven Lebewesen das Entfalten und Ausleben ihrer artspezifischen wie individuellen Fähigkeiten zu ermöglichen (ebd.). Dieser Fähigkeitenansatz dient als moralische Richtlinie im Umgang mit Tieren: Wenn Tiere ihre grundlegenden Bedürfnisse und Interessen, im Sinne eines guten Lebens, verwirklichen können, entspricht das der Wahrung ihrer Würde (Schmetkamp, 2015). Die Anerkennung von Würde steht somit dafür, ein Tier um seiner selbst willen zu achten, respektvoll zu behandeln und sein Wohlergehen zu schützen (Petrus, 2015; Wawrzyniak, 2019).

» Würde und tiergerechte Lebensbedingungen, mit der Möglichkeit, eigeninitiativ und aktiv sein Leben mitzugestalten, bedingen sich somit gegenseitig. «

Hieraus entsteht zudem ein sozialer Effekt. Das Erkennen und Zugestehen von Würde verhindert Diskriminierung. Wenn Tieren Würde und moralische Rechte zugesprochen werden, dann hat das nicht nur positive Auswirkungen auf den Umgang mit Tieren, sondern ebenso mit Menschen. »Der konstruierte Mensch-Tier-Dualismus ist ein wesentlicher Baustein im Fundament der Abwertung diverser Menschengruppen. Seit Anbeginn der Menschheitsgeschichte wurden Menschen mit der Begründung abgewertet, dass sie dem Tier näher stünden als andere Menschen« (Mütherich nach Kockel/Hahn 2017, S. 130). Würde spielt daher eine zentrale Rolle im Zusammenhang mit der Anerkennung von Individuen.

Impulse und Fragen für die TGI

Als Grundlage und Ausdruck tierlicher Würde können Fähigkeiten und damit verbundene Interessen gezählt werden, wie bspw. umfassende Sinnesfähigkeiten, Kognitions- und Emotionsfähigkeit, soziale Fähigkeiten, eigenes Wollen usw. Würde verweist auf den Eigenwert und die moralischen Rechte eines Lebewesens und auf achtsames und wertschätzendes Verhalten ihm gegenüber (vgl. Wawrzyniak 2019). Die Würde eines anderen zu erkennen und anzuerkennen kann sich darin äußern, dass ein Gefühl der Bewunderung seines So-Seins entsteht, vielleicht sogar Dankbarkeit für seine Existenz (Pelluchon, 2019).

Was macht die Würde des Klienten, was die des Tieres und was die der Fachkraft aus?
Was braucht das Tier im Alltag und in der TGI, damit es seine Fähigkeiten entfalten und zeigen kann?
Was hilft mir als Fachkraft, die Würde eines anderen zu erkennen und zu wahren, egal ob bei Mensch oder Tier?
Welche Interventionen schützen und welche Verhaltensweisen verletzen die Würde des Klienten oder des Tieres?

Freiwilligkeit des Tieres

Tierethische Überlegungen und Studien zur Mensch-Tier-Beziehung weisen auf die Verantwortung hin, die aus dem Machtgefälle zwischen Menschen und Tieren entsteht. Dies betrifft in besonderer Weise die Tiere, die aufgrund der Züchtung oder Tierhaltung vom Menschen abhängig sind. Im Zusammenhang mit tiergestützter Arbeit geht es speziell um die Frage, ob Tiere im Rahmen ihres Einbezugs ge- oder benutzt werden. Aber geht es hier um Tiernutzung?

» Fakt ist, dass der Einbezug von Tieren in die berufliche Tätigkeit einer Fachkraft, um ein Ziel für Klienten zu erreichen, einen besonderen Kontext schafft. «

Wolf (2012, S. 95) bietet folgende Definition für eine ethisch vertretbare Nutzung von Tieren an: »Für eine Nutzung, die nicht moralisch bedenklich ist, würde sich vielleicht folgendes Kriterium nahelegen: dass das, was die Tiere für oder mit uns tun, von ihnen nach einiger Zeit der Abrichtung aus Gewohnheit getan wird, ohne dass immer wieder neuer Zwang erforderlich ist.« Diese Formulierung beschreibt ein Spannungsfeld aus der Welt des Menschen: Eigene Bedürfnisse und Interessen stehen zunächst im Gegensatz zu Verpflichtungen oder Erwartungen, die erfüllt werden sollen oder müssen. So erleben wir Menschen uns u. U. wie gefangen in sozialen Abhängigkeiten (bspw. Entbehrungen wegen familiärer Verpflichtungen) und gesellschaftlichen Vorgaben (z. B. Bedürfniskollisionen aufgrund von Schulpflicht oder Erwerbstätigkeit). Unser Leben und Verhalten ist dadurch zu einem hohen Anteil (fremd-)bestimmt. Für einen Menschen ergibt sich daher die Herausforderung, die Sinnhaftigkeit oder den Nutzen einer Verpflichtung erst aktiv adaptieren zu müssen, um diese dann als »unfreiwillig freiwillig« oder sinnhaft bzw. befriedigend zu erleben. Kann oder sollte diese Logik auf Tiere übertragen werden?

» Der Einbezug eines Tieres gegen seinen Willen widerspricht den zuvor beschriebenen Überlegungen zum Subjektstatus und Gleichheitsprinzip von Tieren. «

Es ist also jeweils im Einzelfall zu prüfen, ob ein Tier ohne Zwang eigenes Interesse am Einbezug in Tiergestützte Interventionen entwickelt und dabei Vorteile, Bereicherung, Freude, d. h. einen Mehrwert für sich findet. Dazu darf als allererste Voraussetzung das grundsätzliche Eigeninteresse des Tieres am Kontakt mit Menschen und an den vorgesehenen Aufgaben nicht fehlen. Zudem braucht es eine behutsame Heranführung an die möglichen Situationen in der TGI, mit der Option, die Anwesenheit oder Teilnahme zu verweigern. In diesem Kontext gehören Gewöhnung, Training, Belohnung und Motivierung mit dazu. Diese sind allerdings von Zwang, der sich gegen den Eigenwillen des Tieres richtet, zu trennen. Zwang ist ohne triftigen Grund, wie zum Beispiel zur Abwehr einer Gefahrensituation, im Umgang mit Tieren grundsätzlich abzulehnen (mehr dazu in Kapitel II und III).

» Aus tierethischer Sicht braucht die TGI eine Form der zwischenartlichen Kooperation, die intrinsische Motivation, Freude und freien Willen beinhaltet. «

Ähnlich wie andere, gemeinsam von Mensch und Tier ausgeübte Tätigkeiten, die durch größtmögliche Lust und Bereitwilligkeit gekennzeichnet sind und nicht dem Leistungs- oder Geltungsstreben des Menschen dienen. Alles, was aus einem Dominanzverhalten des Menschen heraus entsteht, und was die Freude und Bereitschaft des Tieres aus dem Blick verliert, führt früher oder später zu Abwehr und Frustration bis hin zu erlernter Hilflosigkeit (vgl. Hagencord, 2011). Daher darf es in der TGI auch nicht um »Abrichtung« gehen (s. o.), sondern vor allem um Beziehungsarbeit und um professionell fundiertes Training (vgl. Kap. III-1.2) sowie um sinnvolles Fördern und achtsames Fordern. Hierbei darf kein Zwang ausgeübt oder Leid zugefügt werden (vgl. Kap. III-1.1). Anpassung, erlerntes Verhalten und belohnende, extrinsisch-motivierende Methoden sind zwar anteilig Bestandteil von Training und TGI, grundsätzlich geht es aber immer um die Persönlichkeit und Vorlieben des Tieres. Dabei darf nicht übersehen werden, dass der Einbezug in die TGI auch Anstrengung bedeuten kann, Kraft kostet und daher wohldosiert sein muss. Als Voraussetzung ist daher der Erhalt der Freiwilligkeit und Bereitschaft des Tieres wichtig.

▸ Impulse und Fragen für die TGI

Auch wenn der Vergleich mit Arbeit oder Schule nur sehr beschränkt bei Tieren in der TGI angewendet werden kann, sind wir Fachkräfte im Alltagsdenken vielleicht nicht gänzlich frei von damit zusammenhängenden Haltungen sowie Wahrnehmungs- und Deutungsmustern. Dadurch können wir Gefahr laufen, anderen unsere Sichtweisen überzustülpen und unseren Willen aufzudrängen. Für die Reflexion sind daher folgende Leitfragen wichtig:

Signalisiert das Tier eigenständiges Interesse, mit (fremden) Menschen Kontakt aufzunehmen und zu interagieren?
Signalisiert es grundsätzlich Bereitschaft und Freude an den Aufgaben, die ihm zugedacht sind?
Werden bei der methodischen Planung der TGI-Einheiten Aufgaben ausgeschlossen, die vorhersehbar negativen Stress für das Tier bedeuten?
Erkenne ich Zustimmung bzw. Ablehnung und verstehe ich den Grund aus der Sicht des Tieres?
Bin ich bereit, ein »Nein« des Tieres zu akzeptieren?

Die innere Haltung und die sprachlichen Gepflogenheiten sind die (oft unbewussten) Grundlagen für unser Verhalten. Insofern ist der Begriff der »Nutzung« von Tieren im Rahmen der TGI abzulehnen. Er steht dem kooperativen Einbezug von Tieren entgegen. In der praktischen Umsetzung dürfen Tiergestützte Interventionen nicht dazu führen, Tiere für die Erreichung der Ziele von Menschen zu (be-)nutzen. Zumal TGI als eine additive Herangehensweise zu verstehen ist, welche die methodischen Möglichkeiten der beruflichen Grundqualifikation erweitert und bereichert, sie aber nicht ersetzt (mehr dazu in Teil II). Zum fachlichen Methodenspektrum der TGI gehört dazu, zahlreiche Interventionen auch *ohne* den direkten Einbezug eines Tieres oder dessen Anwesenheit durchzuführen.

Auch der Begriff der Arbeit gehört in die Welt des Menschen und ist durch menschenbezogene Definitionen, Ziele und Bewertungen besetzt. Um der Denkfalle zu entgehen, die teuren Investitionen in ein Therapiebegleittier müssten darin münden, dass es nun ein bestimmtes Arbeitspensum zu leisten hat, sind nachfolgende Reflexionsfragen wichtig:

Wie ist die persönliche Erwartung an das Tier:
Muss das Tier nun ein vorgegebenes Pensum leisten und »arbeiten«?
Wie oft ist es im Einsatz?
Ist es verpflichtet, bei der TGI stets anwesend zu sein oder gar aktiv mitzuwirken?
Hat es sogar einen finanziellen Beitrag zu leisten und zu seinem Lebensunterhalt beizutragen?
Wie viel Raum für Freiwilligkeit, Freude und eigenständige Interessen und Ideen des Tieres wird ermöglicht?
Wird das Tier ernst genommen, wenn es tagesformbedingt mal Unwillen zeigt, oder wenn es mit einem bestimmten Klienten grundsätzlich nicht in Kontakt gehen möchte, oder wenn es signalisiert, dass es sein Interesse am Einbezug in die TGI gänzlich verloren hat?
Wird die Methodenvielfalt der beruflichen Grundqualifikation genutzt, um regelmäßig Interventionen ohne direkten Einbezug oder ohne Anwesenheit des Tieres durchzuführen?

Hinterfragen der Nutzen-Perspektive (Utilitarismus)

Die bisher genannten Aspekte, wie Gleichursprünglichkeit, moralische Rechte, Subjektstatus, Würde und Freiwilligkeit, schließen aus, dass Tiere in der TGI dem Menschen grundsätzlich untergeordnet sind. Die Bedürfnisse und Interessen von Angehörigen einer anderen Spezies sind im Vergleich zu denen des Menschen nicht per se unbedeutender. Im Ansatz des Präferenz-Utilitarismus (s. o.) würden allerdings die Anzahl bzw. Gewichtung der Bedürfnisse, Interessen und Wünsche von Klient und Tier gegeneinander abgewogen. Demnach könnten bspw. die Interessen eines einzelnen Tieres weniger wichtig sein, wenn diesem der begründete Nutzen einer größeren Anzahl von Menschen gegenüberstünde. Aber zählen die Interessen und das Wohl eines einzelnen Tieres in der TGI wirklich weniger als der Mehrwert für mehrere Klienten? Die Frage dieser Nutzen-Perspektive hat hohe Relevanz für den Einbezug von Tieren in der TGI. Denn unter den Alltagsbedingungen (Terminanfragen, Finanzierungsdruck, Erwartungen von Auftraggebern bzw. Klienten etc.) kollidieren die Interessen von vielen Menschen u. U. mit den Interessen weniger Tiere. Es braucht Achtsamkeit, Argumente und Standhaftigkeit, um ein Tier den Zielen und dem Wohl von Klienten oder den ökonomischen Überlegungen nicht unterzuordnen.

» Die Interessen sowie der Erhalt des Wohlbefindens und der Gesundheit eines einzelnen Tieres sind so gewichtig, dass sie über den Interessen bzw. dem Nutzen einer größeren Anzahl von Klienten oder dem Wirtschaftlichkeitsgedanken stehen. «

Wie später noch ausgeführt werden wird, ist dies letztlich überaus relevant für das Risikomanagement (mehr dazu in Teil III).

▸ Impulse und Fragen zum Schaden-Nutzen-Verhältnis der TGI

Das utilitaristische Prinzip will den potenziellen Schaden von Wenigen mit dem potenziellen Nutzen von Vielen »verrechnen«. Dieses Schaden-Nutzen-Verhältnis ist aber keine objektive Größe, denn die Nachteile oder das Ausmaß des Schadens bzw. Leidens eines Tieres werden stets fremdermessen aus der subjektiven Sicht von Menschen, die als TGI-Durchführende oder Klienten einen eigenen Nutzen zu rechtfertigen haben. Da der Mensch die Deutungshoheit zur Priorität von Menschen- und Tier-Interessen innehat, ist das Nutzenprinzip bzw. die Schadensabwägung kritisch zu sehen.

Darüber hinaus hängen die gewünschten positiven Effekte der TGI davon ab, ob das Tier grundsätzlich entspannt und motiviert ist. Somit müssen positive Rahmenbedingungen für Klient *und* Tier gleichermaßen gesichert sein und dürfen nicht zu Lasten eines der Beteiligten gehen (mehr dazu in Teil II). Es muss kontinuierlich die Frage gestellt werden, ob die Interventionen für das Tier, den Klienten oder uns Fachkräfte potenziell einen Nachteil oder Schaden bedeuten könnte, der dann verhindert werden muss. Insbesondere für das Tier müssen wir einen unvoreingenommenen Blick einüben und die Rolle des Fürsprechers einnehmen.

Woran ist zu erkennen, wie belastend oder auf Dauer gar schädigend das Tier eine Interventionsmethode erlebt?
Wie fühlt sich die Belastung für das Tier an?
Wie kann langfristig die Gesundheit und Bereitschaft des Tieres erhalten werden, damit es freiwillig und motiviert teilnimmt?

Impulse und Fragen zum Mehrwert der TGI für Klient und Tier

Die Frage des Nutzens der TGI für einen Klienten ist eng mit der Frage des Mehrwertes für das Tier verknüpft (Wohlfarth & Olbrich, 2014; Otterstedt, 2017). Gemäß der Qualitätskriterien für TGI ist zunächst der Mehrwert für einen Klienten zu begründen und zu prüfen, ob der Einsatz eines Tieres erforderlich bzw. zielführend ist. »Es sollte dargelegt werden können, warum bei einem Klienten eine tiergestützte Intervention einen deutlichen Mehrwert erbringt, sodass der Einsatz eines Tieres gerechtfertigt ist« (Wohlfarth & Olbrich, 2014, S. 19).
Darüber hinaus verfolgen professionelle Interventionen nie einen einseitigen Nutzen allein für die Klienten, sondern gestalten den Prozess immer auch als Mehrwert für die Tiere. Denn die angestrebten positiven Effekte der TGI kommen erst dann voll zur Entfaltung, wenn sich eine entspannte, authentische Interaktion von Klient und Tier ergibt (Wohlfarth & Olbrich, 2014). Dazu braucht es entspannte, motivierte Tiere, die eigenständiges Interesse am Kontakt mit Menschen haben und zuverlässig auf angemessene Weise mit dem Klienten interagieren. Die konsequente Berücksichtigung des Mehrwerts aus der Perspektive des Klienten *und* des Tieres schützt davor, die Interventionen einseitig zu gestalten. Dies ist ein zentraler Aspekt zur Überprüfung der fachlichen Haltung und der Qualität der Interventionen.

Welcher Mehrwert ergibt sich für den Klienten bzw. für den Prozess durch den Einbezug des Tieres?
Welchen individuellen Mehrwert erlebt das Tier?
Lohnt sich die freiwillige und aktive Teilnahme aus Sicht des Tieres, und woran erkenne ich dies?
Wie viel Mit- und Selbstbestimmung ist für beide möglich?
Gibt es verdeckte Risiko- oder Stressquellen für Klient oder Tier, die den Mehrwert mindern?
Um weitere ethische Impulse für die TGI zu erhalten, werden die bisherigen Überlegungen nachfolgend um weitere Ansätze ergänzt.

I-1.4 Ergänzende (tier-)ethische Ansätze für die TGI

Trotz der umfangreichen wissenschaftlichen Einsichten in das Erleben und Empfinden von Tieren und die Parallelen von Mensch und Tier, ist in der öffentlichen tierethischen Debatte kein Konsens gefunden. Tiere allgemein oder einzelne Tierarten werden meist weiterhin als grundsätzlich anders wahrgenommen, ihr Eigenwert wird in Frage gestellt und viele ihrer Bedürfnisse werden übergangen. Dabei liefern die tierethischen Ansätze eine Menge Argumente dafür, dass die Notwendigkeit moralischen Verhaltens gegenüber Tieren nicht mehr in Frage gestellt werden kann. Auch wenn Uneinigkeit darüber besteht, welche Konsequenzen sich ergeben: Wie sollen wir Menschen mit anderen Tieren umgehen? Und woran erkennen wir, ob wir richtig handeln?

Josephine Donovan verweist darauf, dass Mitgefühl die Grundvoraussetzung für angemessenes Handeln sei (Tierethik des Mitgefühls). Richtiges Verhalten sei erst dann möglich, wenn man den anderen verstehe, egal ob Mensch oder Tier. Dieses Verstehen müsse über das reine Denken hinausgehen und benötige empathisches Einfühlen (in Kockel & Hahn, 2017). Auf der Basis von Mitgefühl steige auch die Bereitschaft, für das Wohl anderer die

Mitverantwortung zu übernehmen. Ähnlich sieht es Lori Gruen, sie beschreibt es als Konzept der »verflochtenen Empathie«:

> » Für moralisches Handeln brauche es persönliches Einfühlen, aber auch fachliches Wissen. «

Beides sei die Grundlage dafür, sich mitfühlend in das Tier hineinversetzen und zugleich seine Situation kognitiv verstehen zu können. Beides sei erforderlich, um sich angemessen moralisch zu verhalten. Moral und Wissen bedingen sich auf diese Weise gegenseitig (in Kockel & Hahn, 2017). Durch verflochtene Empathie entwickeln wir Fertigkeiten, »die uns am Ende zu empfindsameren WahrnehmerInnen anderen gegenüber sowie zu besser informierten und effektiven moralischen AkteurInnen machen.« (Gruen, 2017, S. 404).

▸ Impulse und Fragen für die TGI

Für moralisches Handeln im Rahmen professioneller TGI braucht es Fachkenntnis und soziale Fähigkeiten, also ethologisches Wissen und Empathie.

Was hilft Fachkräften ganz konkret, um sich empathisch und kognitiv in das Tier und den Klienten einfühlen zu können? Kann die Reflexion der Aufgaben im Vorfeld hilfreich sein? Welches Verhalten ist jeweils moralisch richtig, wenn das Erleben und die Ziele von Klient und Tier gleichermaßen wichtig sind?

I-1.4.1 Wohlbefinden und Freude der Tiere

Richtiges Verhalten in der TGI soll nicht nur Schaden vermeiden, sondern auch positives Erleben befördern. Bei den folgenden Überlegungen stehen daher das Wohlbefinden und die Freude von Tieren im Mittelpunkt. Sie gehen über die derzeit geläufige

Diskussion um den Begriff »Tierwohl« hinaus, da dieser von der Tierindustrie vereinnahmt wurde und sich gemeinhin darauf beschränkt, wie Tiere in der industriellen Nutzung gehalten werden sollten. Das dort angestrebte Ziel ist lediglich, die Haltungsbedingungen der Tiere unter ökonomischen Gesichtspunkten zu verbessern, ohne grundsätzliche Fragen zum Umgang mit Tieren zu bewegen, das Konsumdenken zu hinterfragen oder der Ausbeutung ein Ende zu setzen (Pelluchon 2020; Wawrzyniak, 2019). Für die weitere Diskussion im Kontext der TGI sind daher Begriffe wie Wohlbefinden, Wohlergehen oder gutes Leben besser geeignet (von Gall & Gjerris, 2017; Wolf, 2012).

Wohlbefinden

Weil auch nichtmenschliche Tiere nach Wohlergehen und einem guten Leben streben, sieht Wolf (2012) die moralische Pflicht des Menschen darin, das Wohlbefinden aller fühlenden Wesen umfassend zu achten. Doch sowohl der Begriff als auch das Gefühl des Wohls sind komplex und nur schwer in eindeutige Worte zu fassen. Menschliches Wohlbefinden definiert der Duden allgemein als »gutes körperliches, seelisches Befinden« (Duden online, 23.01.2017). In Bezug auf Tiere spricht Lorz (1999 in Wille 2011, S. 10) von einem »Zustand physischer und psychischer Harmonie des Tieres in sich und – entsprechend seiner angeborenen Lebensbedürfnisse – mit der Umwelt«.

» Wohlergehen ist demnach ein vielschichtiges Erleben aus körperlichen Empfindungen und psychischen Emotionen. «

Es basiert auf komplexen Zusammenhängen, wie bspw. Gesundheit, die Passung von Lebensumständen und Bedürfnissen sowie die Möglichkeit, aktiv handeln und Einfluss nehmen zu können. Geeignete Bemühungen, um das individuelle Wohlbefinden zu sichern, müssen daher stets objektive und subjektive Aspekte berücksichtigen (Wawrzyniak, 2019). Zudem existiert Wohlbefinden nicht als absoluter oder dauerhafter Zustand, sondern muss immer wieder neu hergestellt werden. Dazu bedarf es mehr, als Leiden zu vermeiden (vgl. die »Fünf Freiheiten« der Weltorganisation für Tiergesundheit: Schmerzen, Schädigung, Hunger, Durst oder Angst vermeiden). Das Ausschließen von negativen Faktoren oder Mangelzuständen ist zwar eine Grundlage für Wohlergehen, jedoch bei weitem nicht ausreichend. Es müssen zugleich konkrete positive Bedingungen vorhanden sein, wie Anlässe für Zufriedenheit oder Freude (Cojocaru, 2021). Dabei geht es nicht um punktuell positive Momente in einem sonst tristen, entbehrungsreichen oder leidvollen Leben, sondern umgekehrt: Es geht um beständige, positive Alltagsbedingungen, die vermeidbares Leid verhindern und zugleich Grundlage für Wohlergehen sind (Wolf, 2012). Dazu müssen die Lebensbedingungen (Haltung, Ernährung usw.) passen sowie positive Erlebnisse durch befriedigende Beschäftigungen, das Erfüllen sozialer Bedürfnisse usw. enthalten sein (Wolf, 2012).

» Welche konkreten Gegebenheiten zu einem guten Leben und Wohlbefinden beitragen, variiert nach artspezifischen und individuellen Bedürfnissen und Interessen, aber auch nach Alter, Gesundheitszustand und Lebensphase. Dabei kommt es stets auf das Erleben des jeweiligen Tieres an. «

Denn die Tierarten, die in TGI einbezogen werden, sind aufgrund ihres Empfindungsvermögens und Bewusstseins fähig, ihr Wohlbefinden bzw. ihre Lebensqualität selbst als gut oder schlecht zu bewerten (Wawrzyniak, 2019).

Freude als Aspekt von Wohlbefinden

In modernen Ansätzen geht es darum, Freude als besonderen Teilaspekt von Wohlbefinden zu betrachten (Von Gall & Gjerris, 2017). Sie trägt wesentlich zur Lebensqualität bei. »Based on a review of scientific and philosophical approaches towards animal welfare, joy is argued to be a part of welfare« (von Gall & Gjerris, 2017, S. 163). Freude steht als Oberbegriff für entsprechende Emotionen und körperliche Empfindungen (ebd.). Wie Wohlbefinden ist auch Freude mehr als nur das Fehlen von negativen Zuständen: Es geht um das konkrete Erleben von positiven Emotionen. Somit sind stets zwei Säulen im Blick zu behalten: das Vermeiden von Mangel- und Leidzuständen und das Bewirken von positiven Erfahrungen, die Freude auslösen (ebd.; Wolf, 2012). Wichtig dafür sind artgemäße, bedürfnisorientierte, verhaltensgerecht passende und individuell bereichernde Haltungs- bzw. Lebensbedingungen. Dazu zählen Beschäftigungen, wie sie den physischen, psychischen und sozial-emotionalen Bedürfnissen und Fähigkeiten des Tieres entsprechen (Wolf, 2012; Wawrzyniak, 2019), wie z. B. das Leben im sozialen Verbund, anregende Alltagsabläufe und vergnügliche Tätigkeiten. Sie sind aber nicht einfach nur Vorsorgestrategien, um gesunde und ausgeglichene Haus- oder Therapiebegleittiere zu haben, sondern sie haben einen eigenen Wert für das Tier. Positive Erfahrungen und Gefühle haben eine eigene Qualität und Bedeutsamkeit, »die sich nicht einfach auf das Ausgleichen negativer Empfindungen reduzieren lässt« (Wawrzyniak 2019, S. 89).

» Wie Menschen auch, freuen Tiere sich aus vielfältigen Gründen. «

Auch wenn man als Mensch vielleicht nicht genau nachempfinden kann, wie sich die Freude eines Tieres anfühlt, so ist doch offensichtlich, dass jedes Tier zu Freude fähig ist und dies durch entsprechendes Ausdrucksverhalten in verschiedensten Facetten zeigt (de Waal, 2011; Bekoff, 2009).

Dennoch wird im herrschenden wissenschaftlichen Verständnis der Aspekt der Freude bei der Definition von Wohlbefinden vernachlässigt, mit dem Argument, dass individuelles Erleben objektiv nicht zu erfassen sei (Von Gall & Gjerris, 2017). Die subjektive Perspektive des Tieres ist jedoch von großer Bedeutung, weil Menschen moralisch in der Verantwortung stehen, dass jedes Tier in seiner Obhut ein erfülltes und freudvolles Leben führen kann. Zudem sind freudvolle Zustände von Tieren letztlich nicht schwerer zu erfassen als leidvolle. Dazu können die mit Wohlbefinden bzw. Freude verbundene Körpersignale, Lautäußerungen und Verhaltensweisen zur Orientierung dienen. Auch wenn die oftmals stillen, introvertierten Gefühle und Empfindungen von Tieren für Menschen nur sehr schwer wahrnehmbar sind, besteht insbesondere in Fürsorgebeziehungen (s. Kapitel II-3) die Pflicht, sich auch intuitiv einen Eindruck über ihr Befinden zu verschaffen (Wawrzyniak, 2019). Das ist möglich durch empathisches Einfühlen, gekoppelt mit Fachwissen und Reflexion seiner Wahrnehmung und inneren Resonanz (ebd.; vgl. Josephine Donovan und Lori Gruen). Dass das gegenseitige Einfühlen in die Situation und das Erleben speziesübergreifend möglich ist, liegt an den grundsätzlichen Parallelen der psychischen Funktionen und Fähigkeiten von Menschen und vielen anderen Tierarten (Wawrzyniak, 2019). Dieser intuitiv-empathische Zugang ist enorm wichtig, da sonst das Erleben von Tieren generell nicht richtig erfasst werden kann (ebd.). Das betrifft nicht nur die positiven Emotionen und Empfindungen, sondern auch die negativen. Denn für viele Tierarten ist es typisch, akuten physischen oder psychischen Schmerz gar nicht oder nur zaghaft zu zeigen. Das Anzeigen von Verletzung, Schmerz oder Schwäche macht angreifbar und bedeutet eine Gefährdung für sich selbst oder die ganze Gruppe: »[A]nimals adapt to all kinds of harmful situations in order to survive« (Von Gall & Gjerris, 2017, S. 174).

▸ Impulse und Fragen für die TGI

Als Fachkräfte für TGI tragen wir besondere Verantwortung für das Wohlergehen der Tiere in unserer Obhut. Wir haben dafür zu sorgen, dass jedes Tier ein zufriedenes und freudvolles Leben führen kann. In diesem Sinne sind wir Wächter und Fürsprecher für das Wohl unserer Tiere. Ihre Bedürfnisse und Interessen dürfen daher wirtschaftlichen oder anderen Zielen nicht einfach untergeordnet werden: »Any representation of animal interests must consider assuring joy as a possible ideal on the animal side befor beginning to compromise with economic or other practical interests« (Von Gall & Gjerris, 2017, S. 177). Tiere teilen mit z. T. subtilen Äußerungen und Verhaltensweisen ihr Befinden mit. Ihre innere Lebenswelt ist uns Menschen aber oft schwer zugänglich. Um Wohlbefinden und Freude für die Tiere im Alltag, beim Training oder im Rahmen der TGI zu sichern, müssen wir sowohl ihre offensichtlichen als auch verdeckten Anzeichen erkennen. Dazu bedarf es ethologischer Kenntnisse, Verhaltensbeobachtungen und einer reflektierten Einfühlung in ihre Situation und ihr Erleben.

Bin ich bereit, unvoreingenommen wahrzunehmen, ob mein Tier beim Einbezug in die TGI-Aufgaben Freude, Desinteresse oder gar Ablehnung zeigt?
Zeigt das Tier konkrete Anzeichen für positives oder für negatives Befinden und wie differenziert tut es dies?
Werden Verhaltensweisen aus den Funktionskreisen des Sozial-, Explorations-, Komfort- und Spielverhaltens gezeigt oder bleiben diese aus?
Wie sind Kommunikationsverhalten, Mimik und Gestik im Kontext der Gesamtsituation zu interpretieren?
Wie wirkt es auf mich, was löst es in mir aus?

Es liegt in unserer Verantwortung, unseren Tieren ein freudvolles Leben zu bereiten, also verlässliche Lebensgrundlagen und konkrete Anlässe für Freude zu schaffen.

Woraus schöpft das individuelle Tier Wohlbefinden, was bereitet ihm Freude?
Was ist zu tun oder zu unterlassen, damit Langeweile, dauerhafte Frustration oder psychisches Leid vermieden werden?
Was ist zu tun oder zu unterlassen, damit möglichst viel Zufriedenheit und Freude entstehen?
Wie kann das für Tier und Klient gleichermaßen gelingen?
Wie kann ausgleichend mit Interessenskollisionen von Tier und Klient umgegangen werden, sodass das positive Erleben erhalten bleibt?

I-1.4.2 Nähebeziehung als Schutz- und Fürsorgepflicht des Menschen

Die Ansicht, dass Menschen einen grundsätzlich höheren Wert hätten als andere Tiere, hält sich »hartnäckig« (Wolf, 2012, S. 112), lässt sich aber unter Berücksichtigung der modernen naturwissenschaftlichen und ethologischen Erkenntnisse nicht aufrechterhalten (s. o.). Eine Sonderstellung des Menschen ergibt sich jedoch aufgrund des entstandenen Machtgefälles zu nichtmenschlichen Tieren. Daraus lassen sich allerdings keine Nutzrechte ableiten, sondern es entstehen moralische Pflichten: Der Mensch trägt besondere Verantwortung hinsichtlich seines Umgangs mit Tieren und ist zu ihrem Wohlergehen und Schutz verpflichtet (Wolf, 2012; Pelluchon, 2019). Wolf (2012) baut in der Ethik der Mensch-Tier-Beziehung auf dem Moral- und Subjektstatus der Tiere auf und verweist auf deren moralische Rechte. Dabei geht es ihr darum, die Rechte der Tiere als konkrete Handlungsprinzipien für den Menschen zu verstehen. Diese können je nach Beziehungsart und -intensität von Mensch und Tier variieren, wie z. B. beim Grad an Nähe oder Vertrautheit (Wolf, 2012). Für sogenannte Tiergefährten, die als Haustiere mit Menschen in Gemeinschaft leben und eine besondere Bindung, Vertrauensbasis und Abhängigkeit aufgebaut haben, gelten demzufolge besonders hohe Verpflichtungen in Bezug auf Schutz, Rücksicht, Fürsorge und Förderung (ebd.). Zu den besonderen Tiergefährten zählen wiederum Helfertiere, die eine konkrete Aufgabe mit und für Menschen erfüllen, bspw. Diensthunde oder Rettungshunde (ebd.), dementsprechend auch Tiere in der TGI. Durchgängiges Merkmal all dieser Tiere ist, dass ihr Wohl abhängt von der Qualität der Versorgung und zugleich von der Qualität der Beziehung, die zwischen ihnen und ihren Bezugsmenschen besteht. Die lebenspraktische Abhängigkeit und die emotionale Nähe machen deutlich, wie bedeutsam der Mensch für Tiere in diesem Fall ist. Dadurch entstehen besondere Fürsorgepflichten und eine hohe Verantwortung für das Wohlbefinden dieser Tiere. Sowohl seitens des Menschen als auch seitens des Tieres entstehen

Erwartungen an die Beziehung und das damit verbundene Verhalten, wie z. B. gegenseitige Aufmerksamkeit und Bezogenheit, Beziehungsgesten, aber auch das Achten von Freiräumen (Wolf, 2012). In Fürsorge- und Nähebeziehungen ist in besonderem Maß darauf zu achten, dass die Qualität der Versorgung, der Lebens- und Alltagsbedingungen sowie die Beziehungsaspekte den Bedürfnissen des Tieres entsprechen.

» Je mehr ein Tier artbedingt auf die Gemeinschaft eines Menschen angewiesen ist oder in ihm einen Sozialpartner sieht, umso höher sind auch die sozial-emotionalen Pflichten des Bezugsmenschen. «

Dazu zählt z. B. mit dem Tier Zeit zu verbringen, eine tiergerechte Form des sozialen Miteinanders zu entwickeln und sich in tiergerechter Form auf die Beziehung einzulassen.

Impulse und Fragen für die TGI

In zwischenartlichen Nähebeziehungen »werden offenbar positive Verpflichtungen zur Förderung des Wohlbefindens, die man einfachhin nicht hätte, gegenüber ausgewählten Anderen erzeugt« (Wolf, 2012, S. 105). Gemäß den Worten des Fuchses, aus »Der kleine Prinz« (Antoine Saint-Exupéry), heißt das: Wir sind zeitlebens für das verantwortlich, was wir uns vertraut gemacht haben.

» Insbesondere in der TGI braucht es als Ausgangsbasis eine wechselseitig stabile Beziehung und gegenseitig tragfähiges Vertrauen von Fachkraft und Tier. «

Damit das Tier Vertrauen fasst und behält, müssen wir ihm ein einfühlsames und zuverlässiges Gegenüber sein. Dies geschieht durch das Bereitstellen tiergerechter Lebensbedingungen, durch Unterstützung, Schutz und Fürsorge, das Beachten der tierlichen

Interessen und seiner Vorlieben. Als Mensch muss ich für das Tier berechenbar und weitgehend nachvollziehbar in meinem Handeln sein.

Mit welchen meiner Verhaltensweisen kann ich das Vertrauen des Tieres gewinnen bzw. fördern?
Womit würde ich das Vertrauen erschüttern?
Was macht mein Verhalten für mein Tier berechenbar?

Tiere signalisieren ihre Vorlieben und Abneigungen, sie entwickeln eine Vorstellung von Regeln und Fairness. Sie stellen Erwartungen an vertraute Menschen, in Bezug auf angemessenes Verhalten, Achtsamkeit, Beachtung und Lob (Wolf, 2012).

Wie gut kenne ich diese Bedürfnisse, Vorstellungen und Signale meines Tieres?
Wie verlässlich und feinfühlig reagiere ich darauf?
Was heißt Nähe und Fürsorge ganz konkret aus der Perspektive des jeweiligen Tieres?

Zu einer guten wechselseitigen Beziehung gehören nicht nur die gegenseitige Verständigung, sondern auch die Rolle als Interaktions- oder Sozialpartner (Wolf, 2012).

Wie gut fülle ich diese Rolle aus Sicht meines Tieres aus?

Im Interventionsdreieck der TGI beschränkt sich die Beziehung nicht nur auf Fachkraft und Tier. Im gemeinsamen Tun geht es auch darum, vertrauenswürdiges Verhalten und eine vertrauensvolle Beziehung zwischen Klient und Tier zu fördern.

Wie kann ich achtsam zwischen Klient und Tier vermitteln?
Welcher Intensität an Beziehung gebe ich Raum und lasse sie zwischen beiden entstehen?

Über die zwischenartlichen Beziehungen hinaus geht es auch um die Gestaltung der innerartlichen Beziehung zwischen TGI-Fachkraft und Klient.

Wie kann ich eine vertrauensvolle Beziehung herstellen?
Wodurch lässt sich eine professionelle von einer privaten Beziehung unterscheiden?
Wie sorge ich für angemessene Nähe bzw. Distanz?
Was heißt professionelle Nähe und Fürsorge aus der Perspektive meines jeweiligen Klienten?

Bei unseren bisherigen ethischen Überlegungen stand überwiegend das Tier im Mittelpunkt, wenngleich der Fokus punktuell bereits immer wieder auf den Klienten erweitert wurde.

> » Es zeigt sich, dass ethische Überlegungen in der TGI unvollständig sind, solange sie sich nicht auf *alle* Beteiligten beziehen. «

Sie blieben auch unzulänglich, wenn sie weiterhin eine ethische Trennlinie zwischen Klient und Tier, d. h. zwischen Mensch und Tier aufrechterhielten. In den folgenden Ausführungen geht es daher um eine gemeinsame Ethik für Tier *und* Mensch in der TGI.

I-1.5 Eine gemeinsame Ethik für Mensch und Tier in der TGI

Ethik beinhaltet die Frage nach moralischen Rechten (des Adressaten) und moralischen Pflichten (des Akteurs). Moralische Rechte schützen vor Eingriffen in das eigene Leben durch stärkere oder mächtigere Akteure (Wolf, 2012). Letztlich sind sie Verhaltensregeln, um Schwächere zu schützen und gut und richtig zu handeln. Aus den moralischen Rechten der Schwächeren entstehen für diese allerdings keine Pflichten. Denn Merkmal von essenziellen Rechten ist, dass sie Lebewesen unabhängig von etwaigen Pflichten zustehen (vgl. Kinderrechte).

In den vorhergehenden Überlegungen haben wir gezeigt, dass den Tieren moralische Rechte zustehen, selbst wenn sie im menschlichen Sinne keine kritische Vernunft haben, keine moralischen Verträge eingehen und nicht als moralische Akteure handeln können. Tiere brauchen moralische Rechte, weil sie empfindsame und eigenständige Subjekte sind, die nach einem guten Leben streben – und die durch unser Verhalten leiden können.

Die Geschichte der Philosophie führt anschaulich vor Augen, dass ethische Fragen zum Umgang mit Tieren stets auch ethische Fragen zum Umgang mit Menschen streifen. Zudem weist die wissenschaftliche Forschung darauf hin, dass keine eindeutige Unterscheidung zwischen der Kategorie Mensch und der Kategorie Tier möglich ist. Alle Lebewesen sind bestrebt, ein nach ihrem Ermessen gutes Leben zu verwirklichen. Michael Schmidt-Salomon sagt dazu: »Wir geben freimütig zu, dass sich die stolzen Mitglieder der Spezies Homo Sapiens in ihren Grundzielen nicht von der gemeinen Spitzmaus unterscheiden. Wie diese werden auch wir mit der tief verankerten Veranlagung geboren, die eigene Lust zu steigern und eigenes Leid zu minimieren« (Schmidt-Solomon, 2005, S. 17, in Kockel-Hahn, 2017, S. 133). So gesehen ist moralisch einwandfreies Verhalten gegenüber allen fühlenden Lebewesen angebracht.

Für die Vielfalt der TGI-Praxis braucht es daher eine Orientierung, die für den richtigen Umgang mit *allen* Beteiligten wegweisend ist. Da einerseits das Phänomen der Moral sehr komplex und andererseits das Feld der Mensch-Tier- und der zwischenmenschlichen Beziehungen sehr vielschichtig ist, bietet Wolf (2012) einen Ansatz, der das eigene Handeln fokussiert und drei Leitfragen bietet, um es moralisch zu reflektieren. Erstens muss der Inhalt des Handelns für das Gegenüber positiv sein: *Was* will ich erreichen? Grundanliegen muss stets der Erhalt, das Fördern oder das Wiederherstellen des individuellen Wohlergehens des Gegenübers sein. Dies kann, abhängig vom Beziehungskontext und vom persönlichen oder beruflichen Rahmen, ganz unterschiedlich aussehen. Zweitens geht es um die Motivation des Handelnden: *Warum* tue ich das? Die Begründung für das Handeln kann vielfältig sein, bspw. persönliche Sympathie, Mitgefühl, Solidarität oder das Erreichen von Zielen des Gegenübers. Als drittes geht es um die Form des Handelns: *Wie* verhalte ich mich in der jeweiligen Gemengelage konkret, sodass es für mein Gegenüber passt? Hier kommt die Berücksichtigung der individuellen Bedürfnisse und Interessen des Gegenübers ins Spiel. Das *Wie* wird mitbestimmt von der Form und Nähe bzw. Intensität der Beziehung und von den Interessen und Zielen des Gegenübers. In Bezug auf nahestehende Tiere oder Menschen ist das Verhalten daher anders als bspw. in Bezug auf eine gegenseitig vereinbarte Arbeitsbeziehung oder einen Therapievertrag. Dennoch bleibt als Ziel bestehen, das Wohl des Gegenübers zu achten und zu schützen (das *Was*). Hinsichtlich des Gegenübers nimmt der Ansatz keine Differenzierung vor. Es wird nicht mehr zwischen Mensch und Tier unterschieden, weil allen zuerkannt wird, Träger von moralischen Rechten zu sein. Wir sind daher moralisch verpflichtet, uns jedem Gegenüber in dessen Sinne gut zu verhalten, egal ob es sich um einen Menschen oder ein Tier handelt.

I-1.5.1 Wertschätzung als zentrales ethisches Prinzip

Moderne ethische Ansätze bauen auf den Ähnlichkeiten von Menschen und Tieren auf und erkennen gleichzeitig die jeweiligen Unterschiede an, ohne sie zu werten oder zu gewichten. Damit steht der Mensch in einer Reihe mit anderen Tieren, denn er ist »ein besonderes Tier unter vielen auf andere Weise besonderen Tieren« (Precht 2019, S. 22) und keine »Sonderanfertigung Gottes« (ebd., S. 21). Aus der Summe der rein graduellen Unterschiede zu anderen Tieren entstehen allerdings gravierende Folgen, da die Menschheit weitreichende Eingriffe in das Gleichgewicht der Natur vornimmt, Lebensgrundlagen zerstört und nichtmenschliche Wesen auf subtile bis brutale Weise dominiert. Bereits Darwin bezeichnete den Menschen als »das dominanteste Tier, das jemals auf dieser Erde erschienen ist« (Darwin, 1989, S. 52 in Engels, 2015, S. 70). Aus diesem Machtgefälle und aus den Folgen, die das menschliche Wirken für andere Lebewesen hat, entstehen eine besondere Verantwortung und der konkrete Auftrag, dass alles Handeln moralisch geprüft wird. Da die Klienten und Tiere in der TGI in einem Machtgefälle zur Fachkraft stehen, gilt hier ganz besonders der Anspruch, das Handeln fachlich und moralisch zu reflektieren (s. Teil II).

> »Ein hilfreicher Ansatz ist es, jedem Lebewesen stets mit Wertschätzung zu begegnen und dies als Haltungsprinzip zu verinnerlichen.«

In der Ethik der Wertschätzung geht es darum, zu erkennen und nachzuempfinden, »was uns mit den anderen Lebewesen verbindet« (Pelluchon 2019, S. 143). Als biologische Lebewesen sind Menschen physisch und psychisch Teil der Natur. Da jegliches Leben empfindsam und verletzlich ist und Wohlergehen sucht, sind darin alle Lebensformen gleichwertig (ebd.). Aus dem Erleben dieser Verbundenheit und Verletzlichkeit wächst ein neues Wahrnehmen von Verantwortung und Fürsorge, die folglich auch das Handeln bestimmen (ebd.). Moralisches Verhalten bezieht sich dabei nicht mehr nur auf die Einhaltung von bereits formulierten Normen oder Regeln. Aus der wertschätzenden Haltung lässt sich selbst dann einfühlend handeln, wenn noch keine Verhaltensregeln existieren (ebd.). Wertschätzung, Verantwortung und Fürsorge geben letztlich Orientierung in komplexen Situationen und helfen uns, unsere Haltungen und unser Handeln achtsam zu überprüfen.

▸ Impulse und Fragen für die TGI

Die Ethik der Wertschätzung betont die Verbundenheit allen Lebens und die Verantwortung jedem Lebewesen gegenüber. Was hilft mir, immer wieder eine wertschätzende Haltung anderen und mir selbst gegenüber einzunehmen?
Im Alltag offenbart sich das Machtgefälle zwischen Mensch und Tier häufig im Umgang mit gegensätzlichen Bedürfnissen und Interessen. In der TGI können Interessenskonflikte zwischen Klient und Tier

auftreten. Dadurch lassen sich die verbleibenden Handlungsmöglichkeiten als Fachkraft nicht mehr eindeutig in richtig oder falsch unterscheiden. Denn getreu dem Sprichwort »Des einen Freud ist des anderen Leid«, können Entscheidungen gegen die Bedürfnisse eines der Beteiligten notwendig werden.

Wie kann ein Setting gestaltet werden, das weitgehend den Bedürfnissen und Zielen des Menschen und zugleich den Bedürfnissen und Interessen des Tieres gerecht wird?
Woran orientiere ich mich, wenn ich für den Klienten oder für das Tier entscheide?
Wie kann ich, trotz einer parteilichen Entscheidung, dennoch gleichermaßen Wertschätzung für Klient und Tier ausdrücken?

Eigenwert und Wertschätzung

Im digitalen Zeitalter sind wir es gewohnt, uns an den Bewertungen und Likes anderer zu orientieren oder eigene Beurteilungen abzugeben. Dies kann mit Blick auf eine Produktbewertung durchaus sinnvoll sein. Doch der Wert eines Lebewesens besteht völlig unabhängig vom Nutzen für andere oder von den Kriterien des Bewertenden. »Jemandem Wert zuerkennen, einem menschlichen Wesen oder einem Tier, heißt anzuerkennen, dass es einen eigenen Wert hat, und seine Würde zu garantieren, heißt festzustellen, dass es nicht auf ein Ding oder ein bloßes Mittel reduziert werden darf und seine Existenz die Welt bereichert« (Pelluchon 2019, S. 42). Der Eigenwert ist Ausgangspunkt für soziale Wertschätzung.

» Sich selbst, andere Menschen und Tiere wertschätzend zu betrachten bedeutet, nicht nach dem Nutzen oder der Leistung zu fragen, sondern sich und anderen per se einen Eigenwert zuzugestehen. «

Wertschätzung wird in Form von Respekt vor dem So-Sein des Anderen zu einer grundsätzlichen Haltung, die das Denken und Handeln bestimmt (Pelluchon, 2019).

Impulse und Fragen für die TGI

Im Fokus der TGI stehen nicht nur Methoden zum Einbezug eines Tieres und zur Zielerreichung für einen Klienten, sondern immer auch gelebte Wertschätzung.

Was schätze ich an der Persönlichkeit meines Tieres?
Gestehe ich ihm seinen Eigenwert zu, unabhängig von seinen Leistungen für die TGI?
Worauf basiert meine Wertschätzung für meine Klienten?
Kann ich jeden so, wie er ist, wohlwollend annehmen?
Was schätze ich an mir?

Je mehr es uns gelingt, achtsam, respektvoll und wohlwollend mit uns selbst und zugleich ehrlich in Bezug auf unsere Schwächen zu sein, umso leichter fällt uns dies auch im Umgang mit anderen.

Erkenne ich meine Stärken und Unzulänglichkeiten und nehme mich so an, wie ich derzeit bin?

Das Interventionsdreieck ist geprägt durch uns als Fachkraft. Wir stehen in der Verantwortung, Tiere in die professionelle Arbeit mit und für Klienten einzubeziehen. In dieser Konstellation besteht die Gefahr eines Machtgefälles, sowohl bezogen auf den Umgang mit dem Tier als auch hinsichtlich des Klienten, der sich aus einer medizinischen, therapeutischen oder anderweitigen Bedarfssituation heraus an uns wendet.

Nehme ich die Ressourcen meines Klienten wahr?
Respektiere ich, wenn er eine andere Meinung vertritt oder für sich einen anderen Weg als richtig erachtet?
Wenn nein, was sind die Gründe dafür?

Geschieht der Einbezug des Tieres auf Basis seiner Bereitschaft und freiwilligen Kooperation?
Achte ich auf seine Signale und nehme diese ernst, auch wenn sie im Gegensatz zu meinen Erwartungen stehen?

I-1.5.2 Ethik als Basis

In jedem von uns wirken tradierte Erzählungen, Bilder und Vorurteile – über andere Menschen, ganz besonders aber über Tiere. Durch unreflektierte Übernahme und Weitergabe dieser Stigmatisierungen und Meinungen setzen sich neue Erkenntnisse und Überzeugungen nur langsam durch. Dadurch bleiben Formen des ungerechten Umgangs mit anderen gesellschaftlich lange erhalten (vgl. Wolf, 2012). Niemand ist davon unbeeinflusst, auch wir TGI-Fachkräfte nicht. Wir müssen uns frei machen von falschen Bildern und einen unvoreingenommenen Blick auf die verschiedenen Klientengruppen und Tierarten finden, um einen eigenen Weg zur Beziehungsgestaltung mit ihnen gehen zu können. Dazu braucht es die gezielte Auseinandersetzung mit persönlichen Haltungen, Überzeugungen und Verhaltensweisen. Insbesondere mit Blick auf Tiere ist es in diesem Zusammenhang hilfreich zu verstehen, woher die »alten« Sichtweisen stammen. Diese haben sowohl gesellschaftsgeschichtliche als auch familienbedingte Wurzeln.

Die Überlegungen dieses Kapitels wollen zur Reflexion anregen und dabei helfen, neue Wege im Umgang mit ethischen Fragen zu finden und neue Haltungen zu begründen. In diesem Sinne stellen sie die Ausgangslage für alle weiteren Überlegungen in diesem Buch dar.

Da die Tiere im Interventionsdreieck der TGI diejenigen sind, die aufgrund falscher Bilder am meisten Fürsprache benötigen, fassen wir die für sie wichtigsten Aspekte noch einmal zusammen. Als Grundsatz gilt: Tiere sind um ihrer selbst willen und auf die ihnen jeweils entsprechende Art und Weise, d. h. in ihrem Sinne, gut zu behandeln. Sie haben ein Anrecht darauf, ein gutes Leben gemäß ihren artspezifischen und persönlichen Bedürfnissen, Interessen und Wünschen führen zu können. Um den Tieren in der TGI gerecht zu werden, muss ihre Empfindsamkeit, Verwundbarkeit und ihr Interesse an einem für sie guten Leben anerkannt werden und Grundlage für jegliches Handeln sein.

» Das heißt, dass für jedes Tier jeweils individuell reflektiert werden muss, ob und unter welchen Bedingungen der Einbezug in die TGI positiv zu dessen Leben beiträgt. «

Wie wir in den kommenden Kapiteln noch vertiefen werden, spielt die Freiwilligkeit der Tiere dabei eine zentrale Rolle. »Der bloße Umstand, dass Tiere keine Mitsprachemöglichkeiten bei der Gestaltung tiergestützter Interventionen haben, dass Menschen sie oft als ihr Eigentum betrachten, rechtfertigt nicht, über sie zu verfügen« (Wohlfarth & Olbrich, 2014, S. 12). Tiere sind nicht dazu da, um uns zu dienen (Pelluchon, 2020). Und sie sind »nicht lediglich Objekte unseres Schutzes, sondern moralische Subjekte, bei deren Rechten berücksichtigt werden sollte, was sie selbst mitzuteilen haben« (ebd., S. 15).

» Um allen Beteiligten im Rahmen der TGI gerecht zu werden, brauchen TGI-Fachkräfte vielfältige Kenntnisse und entsprechende innere Haltungen. «

Bevor wir aktuelle Erkenntnisse sammeln und darauf basierend Empfehlungen geben (s. Teil II), gibt es noch einen kurzen ergänzenden Abstecher zu systemischen Sichtweisen.

I-2 Jeder ein Teil des Ganzen: Grundlagen des systemischen Verständnisses in der TGI

Im Folgenden geht es um ausgewählte Aspekte des systemischen Grundverständnisses. Sie ergänzen und untermauern die ethischen Überlegungen des vorherigen Kapitels. Zudem liefern sie wichtige Impulse zum achtsamen Umgang mit Mensch und Tier in der TGI. Allerdings geht es hier nicht um Methoden, sondern um Sichtweisen und Haltungen, die für den systemischen Ansatz kennzeichnend sind. Die Erkenntnisse gehen zurück auf die Systemtheorie des Soziologen Niklas Luhmann (1927 – 1998), der einen wichtigen Beitrag zur Beschreibung der vielschichtigen Wechselwirkungen in sozialen Systemen entwickelt hat.

» Systemische Sichtweisen sind heutzutage in allen Disziplinen der Geistes- und Sozialwissenschaften zu finden, weil sie helfen, komplexe Situationen zu verstehen. In der TGI fördern sie einen achtsamen Blick auf das Zusammenspiel von Klient, Tier und Rahmenbedingungen. «

I-2.1 Systemische Grundsätze

Ein Grundgedanke der Theorie ist, dass alle Elemente des Lebens miteinander in Verbindung stehen, und dass die Beziehungen und Wechselwirkungen zwischen ihnen von enormer Bedeutung sind. Das Leben ist letztlich eine dynamische Gemengelage aus physikalischen, biologischen, psychologischen und sozialen Elementen (von Schlippe & Schweitzer, 2012). Am Beispiel eines ökologischen Gleichgewichts in der Natur ist zu erkennen, wie komplex die zahlreichen, filigranen Zusammenhänge, Einflüsse und Abhängigkeiten sind. Bezogen auf das menschliche Miteinander zeigt das bekannte Hammer-Beispiel von Watzlawick (2005) auf unterhaltsame Weise, dass das Verhalten von jemandem allein schon davon beeinflusst ist, wie er über andere denkt. Eine negative Meinung über das Gegenüber wirkt sich auf das eigene Verhalten aus. Wenn man voreingenommen ist, entwickelt das wechselseitige Verhalten eine dementsprechende Dynamik. Um Interaktionen zu verstehen, sind z.B. folgende systemische Fragen wichtig: In welcher Beziehung stehen die Einzelnen zueinander? Inwiefern beeinflussen sie sich gegenseitig – gewollt und ungewollt, bewusst und unbewusst? Wie machen sich positive oder negative Haltungen und Erwartungen bemerkbar?

Ein weiterer Grundgedanke besagt, dass jedes Lebewesen die Welt aufgrund seiner Sinne und Fähigkeiten auf ganz eigene Weise wahrnimmt. Leben wird daher als »eine Form von Erkennen« verstanden (von Schlippe & Schweitzer, 2012, S. 94).

» Die Wahrnehmung und Verarbeitung der Sinneseindrücke sind ausschlaggebend für die Art und Weise, wie die Welt erscheint, wie ein Individuum die Welt erlebt. Ein Hund, ein Schaf oder ein Mensch nehmen die Umwelt jeweils auf ihre Weise wahr, und dennoch ist jede Wahrnehmung ›wahr‹. «

Jeder von ihnen gehört einer Art an, die im Laufe der Evolution ganz spezifische Besonderheiten in Bezug auf Sinnesleistungen, Verhaltens- und Kommunikationsformen entwickelt hat. Darüber hinaus hat jeder von ihnen individuell prägende Lebenserfahrungen gesammelt. Jeder hat Stärken und Schwächen, aber auch Vorlieben, Abneigungen und Erwartungen ausgebildet. Jegliche Wahrnehmung ist beeinflusst durch diese artspezifischen und individuellen Besonderheiten und lässt eine eigene Verhaltenslogik entstehen. Zugleich gibt es unglaublich viele Gemeinsamkeiten, wie (soziale) Lernfähigkeit und das Vermögen, mit anderen zu interagieren und zu kommunizieren. Mensch und Tier stimmen ihr Verständigungsvermögen und ihr Verhalten auf Artgenossen und Artfremde, auf Verwandte, Freunde und Fremde ab. Durch die Anpassungsfähigkeiten und das Aufeinanderbeziehen der Kommunikation und des Verhaltens schaffen Individuen eine Schnittmenge für gemeinsames Erleben.

Die Frage ist:
Wie nehmen Menschen und Tiere sich jeweils gegenseitig wahr, wie erleben sie artspezifische oder individuelle Ähnlichkeiten und Unterschiede?
Was erkennen sie am anderen?
Worauf beziehen sie sich in ihrem Verhalten?
Was drücken sie mit ihrem Verhalten aus?
Inwiefern sind sie bereit, ihr Verhalten und Kommunizieren auf den anderen abzustimmen? Was verstehen sie vom anderen?

Die Welt bewirkt eine unglaubliche Flut an Sinneseindrücken. Die artspezifischen und persönlichen Wahrnehmungsfilter reduzieren diese Fülle. Daraus entsteht ein Ausschnitt aus der Gesamtmenge und das »Bild«, das jemand von seiner Umwelt hat. Auf dieser Basis ist die Definition eines Systems verständlich: Ein System ist zunächst »eine beliebige Gruppe von Elementen, die durch Beziehungen verbunden und durch eine Grenze von ihren Umwelten abgrenzbar ist« (von Schlippe & Schweitzer, 2012, S. 31). Die Grenze ist nicht per se vorhanden, sie entsteht durch Wahrnehmung und Deutung eines Beobachters, der innerhalb oder außerhalb dieses Systems sein kann. Erst der fokussierende Blick des Betrachters lässt aus einzelnen Elementen die Gestalt eines Systems entstehen.

» Die Welt lässt sich daher nicht im Sinne einer einzigen Wirklichkeit erkennen. «

Man muss sich vielmehr klarmachen, dass die eigene Wahrnehmungsperspektive eine von mehreren möglichen ist, die alle gleichermaßen berechtigt sind. Das, was gesehen bzw. erkannt wird, kann also artspezifisch oder auch individuell ganz unterschiedlich sein. Die Frage ist daher: Wie nehme ich die Welt wahr? Worauf blicke ich, worauf achte ich – worauf der andere? Was kann ich erkennen? Und was erkennt ein anderer Beobachter? Wie deute ich das Wahrgenommene? Dies ermöglicht eine wichtige Erkenntnismethode:

» Durch Perspektivwechsel kann ich eine Situation anders betrachten als mit meinen bisher gewohnten Wahrnehmungs- und Wertungsmustern. Die gleiche Situation stellt sich aus der Perspektive eines anderen Menschen oder eines Tieres anders dar. «

Um das Verhalten von Einzelnen oder Gruppen verstehen zu können, sind die Wechselwirkungen von biologischen, psychischen sowie sozialen Mechanismen und Dynamiken gleichermaßen zu berücksichtigen. Der Einzelne und sein Verhalten können daher nicht isoliert von seiner Umwelt betrachtet werden, sondern immer im Zusammenhang: die Beziehung zu sich selbst, die Beziehungen zu anderen sowie die sozialen und auch materiellen, physikalischen, biologischen Bedingungen und Einflüsse. Dadurch lässt sich erkennen, wo welche Hinderungen und Hemmnisse wirken. Die Systemtheorie schaut ebenso auf Ressourcen und Möglichkeiten, weil jede Situation zugleich unerkannte und ungenutzte Potenziale und Handlungsoptionen beinhaltet. Dadurch hilft das systemische Verständnis, Verhaltensweisen und soziale Dynamiken nachzuvollziehen, um gleichzeitig alternative Verhaltensmöglichkeiten zu entdecken. Das macht sie so wertvoll für die Anwendung in allen Berufsfeldern, in denen Individuen miteinander interagieren.

Um Dynamiken zu verstehen, wird danach gefragt:
Wer reagiert wann wie auf wen?
Was geschieht zwischen den einzelnen Akteuren und wie gehen sie miteinander um?
Wie kommunizieren sie miteinander?
Wie gestalten sie ihre Beziehung?
Welchen Einfluss hat das Umfeld?
Welche Chancen sind zu erkennen?

Systemische Theorien gehen zudem davon aus, dass jedes Verhalten dazu dient, ein inneres oder äußeres Gleichgewicht (wieder) herzustellen, sei es biologischer, psychologischer oder sozialer Natur (von Schlippe & Schweitzer, 2012). Gleichgewicht (Homöostase) wird erlebt als Harmonie von Individuen untereinander oder als Passung zwischen Individuum und Umweltbedingungen oder auch als innere Ausgeglichenheit eines Individuums. Lebewesen brauchen einerseits die Möglichkeit, stets so handeln zu können, dass dieses Gleichgewicht gefunden bzw. immer wieder hergestellt werden kann. Andererseits brauchen sie die Fähigkeit, ein unabänderliches oder notwendiges Ungleichgewicht zu akzeptieren und sich damit zu arrangieren. Beides ist die Voraussetzung für konstruktives Miteinander und individuelles Wohlbefinden (vgl. Kap. Ethik, Kap. Wohlbefinden II-1).

I-2.2 Der systemische Blick in der TGI

» Die systemischen Grundsätze beinhalten wichtige Erkenntnisse für die TGI: Sie untermauern, dass bei Menschen und Tieren die gleichen Prinzipien wirken, um Einflüsse und Herausforderungen bewältigen zu können. «

Sie zeigen auch, dass das Wohlbefinden des einen nicht zu Lasten des anderen verbessert werden kann. Zudem bestärken die systemischen Grundsätze die Notwendigkeit eines umfassenden ethischen Grundverständnisses, das für Menschen und Tiere in der TGI gleichermaßen gilt.

I-2.2.1 Das Interaktionsdreieck ist ein eigenes System

Im Sinne der Systemtheorie bilden alle an der TGI-Einheit beteiligten Menschen und Tiere ein eigenes System. Sie beeinflussen sich wechselseitig. Anders als der Einbezug unbelebter Dinge (bspw. Stofftier), trägt das Tier als lebendiger Teil aktiv zum System bei, mit eigenen Wahrnehmungen, Bedürfnissen, Emotionen, Persönlichkeitsanteilen, Mitteilungen, Absichten und entsprechenden Interaktionen.

» Jeder der Beteiligten ist Akteur im System der TGI-Einheit und zählt durch seine Anwesenheit für die anderen zugleich zum Umfeld. «

Der Einfluss des Einzelnen auf das TGI-Geschehen geschieht somit aktiv wie auch passiv.

Das Erleben der TGI-Situation und die Wahrnehmung aller Beteiligten basiert auf artspezifischen Wahrnehmungsfähigkeiten und Verhaltensmustern. Allein durch die jeweils unterschiedlichen Fähigkeiten der Sinnesorgane wird die Welt bzw. die TGI-Situation teilweise ganz anders wahrgenommen. Und aufgrund unterschiedlicher Verhaltenslogiken wird in sozialen Situationen u. U. anders aufeinander reagiert. Ein Individuum »konstruiert« sich in der ihm eigenen Weise seine Wirklichkeit. Dennoch sind alle Teil des gemeinsamen Systems. Auch wenn Mensch und Tier sich entsprechend ihrer speziesbedingten oder individuellen Besonderheiten, Bedarfe und sozialen Logiken teilweise unterscheiden, so sind sie aus Sicht der Systemtheorie durch ihre unauflösliche gegenseitige Beeinflussung miteinander verbunden.

Zudem ermöglicht ihnen ihre biologische Verwandtschaft, d.h. die Übereinstimmungen und Ähnlichkeiten von (neuro-)biologischen Voraussetzungen, Sinnesleistungen, Wahrnehmungsweisen, Kognitions- und Kommunikationsfähigkeiten und sozialen Verhaltensmustern (bspw. Spiegelneuronen sowie Bindungs- und Fürsorgesystem), eine gemeinsame Verständigung, gegenseitiges Einfühlen, aufeinander abgestimmtes Handeln, gegenseitige Bindung bzw. Beziehung und miteinander Lernen (Julius et al., 2014).

I-2.2.2 Jeder TGI-Beteiligte beeinflusst den Verlauf der TGI-Einheit und wird davon beeinflusst

Jeder der TGI-Beteiligten, egal ob Mensch oder Tier, ist einflussnehmender Teilnehmer und zugleich interpretierender Beobachter des Systems »TGI-Situation«. Das hat bedeutsame Auswirkungen auf die Entwicklung der TGI-Situation und das Erleben jedes Teilnehmenden: Durch seine Anwesenheit und seine Interaktionen beeinflusst jeder den Verlauf der TGI-Sequenz, bewusst und unbewusst, gezielt und beiläufig, aktiv und passiv, gewollt und ungewollt. Und jeder Beteiligte ist zugleich Beobachter. Daraus entstehen mehrere Wahrnehmungsperspektiven und Erlebensmöglichkeiten in Bezug auf ein und dieselbe Situation. So unterschiedlich oder widersprüchlich die Wahrnehmungen und Empfindungen der Beteiligten zunächst auch sein mögen, sie alle sind real. Dies betrifft einerseits die Wahrnehmung auf sich selbst bezogen, z.B. das Empfinden von Freude, Anspannung oder Erschöpfung. Andererseits betrifft es die Wahrnehmungen in Bezug auf die anderen, wie deren Verhalten erlebt wird – in Bezug auf sich selbst wie auch untereinander. Die beobachteten Interaktionen lösen Assoziationen zur Beziehungsqualität der anderen aus, bspw. ob sie freundlich miteinander umgehen, ob sie einander vertrauen, wer sich durchsetzt usw. Das weckt zugleich auch Empfindungen und Gedanken im Beobachtenden, bspw. ob er beunruhigt ist, sich zum Reagieren aufgefordert fühlt, ob er entspannt ist oder das Interesse verliert usw.

Beobachtung ist natürlicher Bestandteil jeder Interaktion, zugleich ist es eine wertvolle Methode in der TGI. Durch das Beobachten oder die gemeinsamen Interaktionen entstehen neue Impulse, Fragen und Antworten, die den therapeutischen oder pädagogischen Prozess befördern.

» Auch die Tiere beobachten, verstehen, stimmen ihr eigenes Verhalten auf das Wahrgenommene ab oder lernen durch Beobachtung von anderen. Erlebt sich der Klient durch das Tier beobachtet, kann auch das in den Prozess mit aufgenommen werden und zu neuen Erkenntnissen zu sich selbst führen. «

I-2.2.3 Durch das Befinden und die Emotionen jedes Einzelnen wird jeder Prozess einzigartig

In einem System wirkt sich das Befinden eines einzelnen Mitglieds stets auch auf den Zustand der anderen aus, im positiven wie im negativen. Jede TGI-Einheit ist durch die jeweils Teilnehmenden und ihr Befinden zum Durchführungszeitpunkt einzigartig. Bereits die physische Anwesenheit jedes einzelnen hat Einfluss auf die Gesamtsituation. Außerdem wirken sich die bewussten und unbewussten Signale, wie bspw. Entspannung oder Anspannung, Interesse oder Desinteresse, auf die weiteren Anwesenden aus. Zum einen finden Reaktionen auf die wahrgenommenen Signale statt. Insbesondere Tiere sind sehr empfindsam und reagieren auf die Verhaltensweisen von Menschen. Zum anderen können subtilere Effekte wie Stimmungsübertragung, z. B. durch Spiegelneuronen, auftreten.

> » Die grundlegende Form der Empathie wird emotionale Ansteckung oder affektive Resonanz genannt. Dabei handelt es sich um eine spontane Antwort auf die Gefühle eines Anderen. «
>
> (Gruen, 2017, S. 395)

Bei einigen Tierarten ist dieses Phänomen genauer untersucht, z.B. bei Hunden. Sie sind wie »emotionale Schwämme« (ebd.) und lassen sich vom Stress und den Gefühlen ihres Bezugsmenschen anstecken. Es ist zudem bekannt, dass sie die an sie gestellten Erwartungshaltungen spüren und diese erfüllen wollen. Das kann zu Problemen führen, wenn Tiere, aber auch Menschen, deswegen unangenehme Situationen erdulden oder sich entgegen ihren eigenen Bedürfnissen verhalten.

Ein Einfluss aufeinander und auf die Gesamtsituation geschieht außerdem durch die Art und Weise der Interaktionen. Lebewesen, die gestresst sind bzw. sich unwohl fühlen, verhalten sich anders als Lebewesen, die entspannt sind bzw. sich wohlfühlen. Insofern wirkt sich das Befinden, ebenso die Tagesform unmittelbar auf das Miteinander aus. Vor diesem Hintergrund ist in der TGI daher die gegenseitige Rücksichtnahme und Beachtung des Wohlbefindens aller Beteiligten wichtig.

I-2.2.4 Die Rahmenbedingungen beeinflussen den TGI-Prozess

Systemisch betrachtet besteht eine Wechselwirkung zwischen Lebewesen und der sie umgebenden Umwelt (Maturana, 1987; Simon, 2013). Menschen und Tiere nehmen auf ihre Weise die Umgebung wahr und reagieren darauf u.a. mit Empfindungen und entsprechendem Verhalten. Mit Umwelt ist alles gemeint, »was nicht dem System zugehört, also was das System selbst nicht ausmacht [...]« (Simon, 2013, S. 15). Übertragen auf die TGI heißt das, dass das Interaktionsdreieck von Klient, Tier und Fachkraft beeinflusst wird durch das räumliche und soziale Umfeld am Durchführungsort. D. h. dass die Orte, Räumlichkeiten und dort zusätzlich anwesenden Personen, wie bspw. nicht direkt beteiligtes Personal in einer Institution, Einfluss auf den Einzelnen haben. Daher sind die Rahmenbedingungen der TGI-Einheit ein wichtiger Gelingens- und Qualitätsfaktor. Wie wohl und frei fühlt sich das Tier, der Klient oder die Fachkraft in einer Einrichtung, z. B. im Seniorenheim? Wie reagieren andere Menschen und evtl. Tiere auf die Drei? Was in der Umgebung löst u. U. Stress bei einem TGI-Beteiligten aus? Im Umfeld sind zahlreiche Faktoren denkbar, die sich auf den gemeinsamen TGI-Prozess auswirken können. Der Verlauf und die Ergebnisse der TGI-Einheit können also von Umweltbedingungen abhängen, die von der Fachkraft u. U. nicht steuerbar sind, oder die ihr gar nicht aufgefallen sind. Umwelteinflüsse sind somit ständige Wegbegleiter in der TGI, mit förderlichen wie auch hinderlichen Effekten. Aus diesem Grund braucht es eine Art konzeptionellen »Schutzschirm« für die TGI-Einheiten, der »wetterfest« in Bezug auf Einflüsse und Störungen und gleichzeitig durchlässig und anpassungsfähig in Bezug auf die Bedürfnisse der TGI-Teilnehmenden ist.

I-2.2.5 Jeder Beteiligte trägt durch sein individuelles Erleben zum Gesamtverständnis bei

Der Kontakt von Mensch und Tier geschieht auf Basis von Übereinstimmungen wie auch Unterschieden in Bezug auf Sinnes- und Wahrnehmungsfähigkeiten, Verhaltensweisen, Persönlichkeitsanteilen und Erfahrungen. Dadurch können für jeden Beteiligten in der Interaktion andere Aspekte bedeutsam und handlungsleitend sein. Das Erleben und Streben der Einzelnen beeinflusst den Verlauf der Interaktionen. Im Sinne des systemischen Verständnisses und auf Basis der ethischen Überzeugungen (vgl. Kapitel Ethik) ist es wichtig, sowohl dem Klienten als auch dem Tier zuzugestehen, eine gemeinsam erlebte Situation zunächst aus der jeweils individuellen Perspektive wahrzunehmen und entsprechend zu reagieren. Eventuelle Missverständnisse bleiben da nicht aus. Sie sind kein Fehler, sondern konstruktiver Anlass, um andere Perspektiven kennenzulernen. Dadurch entsteht viel Raum für neuartige Sichtweisen und für gegenseitige Erkenntnisse und Verstehen.

Bspw. können sich aus der Beobachtung der Interaktion von Klient und Tier neue Erkenntnisse für die Fachkraft ergeben. Vielleicht nimmt das Tier emotionale Anteile des Klienten wahr, die der Fachkraft bis dahin entgangen waren. Eventuell reagiert das Tier auf ängstlich-zweifelnde Anzeichen, obwohl sich der Klient alle Mühe gibt, vor der Fachkraft selbstbewusst und bestimmt zu wirken. So können emotionale Aspekte mit dem Klienten thematisiert werden. Grundvoraussetzung ist, dass die Signale und Verhaltensweisen des Tieres ernstgenommen werden.

Das Ernstnehmen und der respektvolle Umgang stärken die Beziehungen untereinander. Sie befördern den Entwicklungsprozess des Klienten und damit auch die Wirksamkeit der TGI. Eine autoritär-dominant geführte Intervention seitens der Fachkraft würden das Tier instrumentalisieren und den gemeinsamen Prozess im Keim ersticken.

I-2.2.6 Jeder TGI-Prozess hat seine eigene Dynamik (Prinzip der Selbstorganisation)

Lebendige Systeme entwickeln ihre eigene Dynamik, das trifft ganz besonders auf das Zusammenspiel von Mensch und Tier in der TGI zu. Durch die Interaktionen der Beteiligten entsteht ein einzigartiger Prozess. Dadurch organisiert sich das System »TGI-Einheit« selbst und strebt nach einem gemeinsamen Gleichgewicht (s. o.). Eingriffe von außen können den Prozess der Selbstorganisation und die entstehende dynamische Balance stören. Deshalb ist es wichtig, bei der TGI-Einheit für eine Art »geschützten Raum« zu sorgen, im konkreten wie im übertragenen Sinn. Als Fachkraft ist es eine wichtige Aufgabe, Klient und Tier in ihrem Interagieren achtsam und respektvoll zu begleiten und den Aufbau ihrer Beziehung zu unterstützen.

> » Begleitung heißt, dass sich der Prozess zwischen Klient und Tier frei entwickeln darf, ohne durch die Erwartungen und Vorstellungen der Fachkraft fremdgesteuert zu sein. «

Die Fachkraft achtet jedoch darauf, dass weder Klient noch Tier in Bedrängnis gerät. Es geht darum, beiden einen geschützten Raum des achtsamen Kontakts, der Kommunikation und des gegenseitigen Erkennens zu ermöglichen. Auf diese Weise können sich beide im Miteinander authentisch erleben und ausdrücken, damit sie in einen ausgewogenen Prozess des gegenseitigen Gebens und Nehmens gelangen. Die Einflussnahme als Fachkraft ist nur dann nötig und wichtig, wenn das Tier oder der Klient im gemeinsamen Prozess Unterstützung braucht, z. B. bei Ratlosigkeit oder Grenzüberschreitungen. Steuerung ist also als jeweils fachlich begründete Intervention wichtig. Sie kann auch dann angezeigt sein, wenn die äußeren Gegebenheiten der TGI-Situation nicht ideal sind und sich negativ auf die TGI-Situation insgesamt oder auf einzelne Beteiligte auswirken. In Schulklassen, Krankenhäusern oder Seniorenheimen können beengte Situationen für Klient oder Tier entstehen, die die Bewegungsmöglichkeiten oder das Austarieren von Nähe und Distanz einschränken. Es ist also stets vorab sorgfältig und genau zu überlegen, welche Bedingungen notwendig sind (räumlich, zeitlich usw.), damit ein eigener Prozess entstehen kann.

I-2.2.7 Den Erfolg des TGI-Prozesses bestimmt jeder Beteiligte aus seiner subjektiven Perspektive

Ob und wodurch die TGI erfolgreich bzw. als gelungenes Miteinander erlebt wird, bewertet jeder der Beteiligten zunächst aus seiner eigenen Perspektive. Dabei können verschiedene Faktoren zum Tragen kommen, z. B. die Aufgaben und Aktionen, die Beziehung zueinander, das Erfüllen von Erwartungen, das Erreichen von Zielen, aber auch die Umgebung. Aus der individuellen Perspektive sind diese Aspekte von unterschiedlicher Bedeutung. Der Klient wird zunächst aus seiner persönlichen Perspektive den Erfolg der TGI definieren. Das Tier wird für sich empfinden, ob das Dabeisein bzw. das Mitmachen lohnend ist. Auch die Fachkraft definiert den Erfolg zunächst aus ihrem Blickwinkel. In ihrer professionellen Rolle ist sie aber im Rahmen der Prozessbegleitung kontinuierlich gefordert, sich in die Perspektiven von Klient und Tier hineinzuversetzen und deren Erleben in ihr Resümee mit einzubeziehen. Das systemische Verständnis widerspricht somit den üblichen Machtverhältnissen und Deutungshoheiten, indem es die Sichtweisen jedes Beteiligten gleichwertig ernst nimmt.

» Das Interventionsdreieck ist ein komplexes und dynamisches Beziehungssystem. Alle Beteiligten sind aktiv erlebende und handelnde Individuen, die den Verlauf der Interventionen maßgeblich beeinflussen. «

Das Wohlbefinden eines Beteiligten wirkt sich immer auch auf die anderen aus, sei es in positiver oder belastender Weise.

Die systemischen Erkenntnisse zeigen, wie wichtig entsprechende ethische Haltungen und ein achtsamer Umgang miteinander sind.

In Teil II des Buches schauen wir uns nun ganz konkret an, was für einen respektvollen und wertschätzenden Umgang in der TGI unerlässlich ist. Dazu haben wir fünf zentrale Schwerpunkte ausgewählt: Wohlbefinden, Emotionen, Beziehung, Kommunikation und Beteiligung.

Teil II

Fundierung und Bedeutung für die TGI

Einleitung

Die beiden vorherigen Kapitel zeigen, wie wichtig ethische und systemische Grundlagen zum Gelingen der tiergestützten Arbeit sind. Sie verbessern das Verständnis für soziale Phänomene und helfen, in konkreten Situationen ein Gespür und Ideen für angemessenes Handeln zu bekommen. Zugleich ist das eigene Verhalten immer auch vom jeweils übernommenen Menschen- und Tierbild abhängig. Das Menschenbild in Bezug auf die Klientel ist u. a. von der Grundqualifikation beeinflusst, bspw. als Psychotherapeut, Sozialarbeiter oder Mediziner. Zusätzlich braucht es ein leitendes Bild mit Blick auf das Tier. Hierzu wurden im ersten Buchteil bereits wichtige Aspekte beschrieben. Diese tierbezogenen Überlegungen werden nun weiter ergänzt und konkretisiert, sie nehmen daher entsprechend mehr Raum ein. Dennoch ist der achtsame Blick auf die Klienten genauso wichtig.

In den kommenden Kapiteln gehen wir auf Themen ein, die wir für das ethische Handeln in der TGI zentral finden. Als Ausgangspunkt beziehen wir uns stets auf naturwissenschaftliche Erkenntnisse, sozial- und geisteswissenschaftliche Ansätze und formulieren Annahmen. Der Bezug zur Forschung ist wichtig, sollte allerdings kontinuierlich überprüft und aktualisiert werden. Ein tragisches Beispiel aus der Medizin soll das verdeutlichen: Lange Zeit war es normal, an Säuglingen schwere Operationen ohne Betäubungs- und Schmerzmittel vorzunehmen. Zum einen waren übliche Narkoseverfahren durch anatomische und physiologische Besonderheiten bei Babys schwer einzusetzen. Zum anderen war man überzeugt, dass sie unvollständige, defizitäre Menschen seien. Man ging fälschlicherweise davon aus, dass das Nervensystem in diesem Entwicklungsalter zu unausgereift sei und Säuglinge daher noch kein Schmerzempfinden hätten (Sanides, 1991). Die Babys bekamen vor dem Eingriff lediglich ein muskellähmendes Medikament injiziert, sonst nichts. Dieses Vorgehen wurde Ende der 1980er Jahre zum Glück erneut überprüft, erwies sich als falsch, und die Anästhesie für Säuglinge wurde daraufhin grundlegend verbessert.

In Bezug auf Tiere ging man bis in die jüngste Vergangenheit davon aus, dass sie körperlich und geistig völlig anders seien als Menschen (vgl. Descartes, Kap. Ethik). Heute weiß man um die neurophysiologischen Parallelen und um das Kontinuum an Grundlagen und Fähigkeiten bei Mensch und Tier, wie bspw. Schmerzempfinden, kognitive oder emotionale Prozesse. Es gibt viele Übereinstimmungen. Zugleich ist bekannt, dass es selbst innerhalb einer Spezies zu großen individuellen Unterschieden kommen kann, z.B. in Bezug auf Schmerzwahrnehmung, Denkvermögen oder emotionalem Erleben. Ähnlichkeiten und Unterschiede sind daher immer zu beachten.

Mit Blick auf die Fähigkeiten von Tieren gibt es mittlerweile viele fundierte Erkenntnisse. Doch auch Phänomene, für die es bislang noch keine zweifelsfreie Erklärung gibt, sind durchaus real (de Waal, 2016). Bei vielen Fragen sind wir vielleicht erst einmal auf logische, gut begründete Annahmen angewiesen, die so lange gelten, bis sie widerlegt sind. Wo wissenschaftliche Ergebnisse fehlen, können Beobachtungen und passende Vergleiche weiterhelfen. Und es lassen sich sowieso nur Antworten auf Fragen finden, die auch gestellt werden. Wenn eine Fähigkeit bei einem Tier gar nicht vermutet wird, ist es schwer, diese überhaupt zu entdecken. Hätte sich niemand gefragt, ob Spinnen träumen (Rößler et al., 2022), würde uns diese spannende Erkenntnis heute fehlen.

Naturwissenschaftliche Beweise sind dennoch nur eine Annäherung an die Vielfalt und Komplexität von Lebewesen. Denn die Forschungsmöglichkeiten und unser menschliches Erkenntnisvermögen entwickeln sich zwar weiter, sind aber generell begrenzt (Precht, 2016), wie auch unser Bild von Tieren: »What we observe is not nature itself, but nature exposed to our method of questioning« (Heisenberg, 1958, in de Waal, 2016, S. 7).

In diesem Buchteil plädieren wir für eine unvoreingenommene Offenheit und Zuwendung zu Tieren, um sich von ihrem Wesen und ihren Fähigkeiten, von ihrer Gleichartigkeit und Andersartigkeit positiv überraschen zu lassen. Dabei dürfen wir nicht vergessen, dass eine ähnlich offene Haltung auch gegenüber anderen Menschen angebracht ist. Die Zugehörigkeit zur gleichen biologischen Spezies darf über die Auswirkungen von individuellen oder kulturellen Unterschieden nicht hinwegtäuschen. Niemand weiß, ob zwei Menschen eine Farbe identisch wahrnehmen oder eine Emotion genau gleich empfinden.

In unserer Grundhaltung gehen wir davon aus, dass die Unterschiede zwischen uns und unseren Tieren nur graduell sind (Darwin). Zudem halten wir uns an neurophysiologische Erkenntnisse, die besagen, dass Umwelterfahrungen die Entwicklung des Gehirns mitbestimmen (vgl. Hüther, 2005). Labortiere, die mit sehr eingeschränkten Lebensbedingungen zurechtkommen müssen, zeigen nur anteilig das Repertoire von Tieren, die unter völlig anderen Bedingungen leben. Komfortable und gleichzeitig anregende Lebensbedingungen, die Beziehung und Kommunikation mit Menschen, der Einbezug in komplexe Interaktionen usw. fördert entsprechende neuronale Strukturen. Wie beim Menschen gehen wir davon aus, dass auch Tiere unter günstigen und förderlichen Bedingungen ein Potenzial entfalten und Fähigkeiten offenbaren, die sie unter schlechten Bedingungen nicht zeigen oder nicht entwickeln. Tiere im Labor zeigen Verhaltensweisen, die zu ihren Lebensumständen passen. Ein Beispiel ist der Versuch der kichernden Ratten von Jaak Panksepp (2005). Dieses Verhalten wurde entdeckt, weil die Forscher im Labor überhaupt die Frage nach dem Lachen stellten und sich den Tieren gegenüber entsprechend verhielten: Sie kitzelten sie. Viele Farbrattenhalter haben dieses Phänomen vielleicht weit früher bemerkt, weil sie im Alltag anders mit ihren Tieren leben und interagieren. Solche Beispiele führen uns vor Augen, dass wir bei Tieren die richtigen Fragen stellen, mit ihnen interagieren, genau hinschauen und uns einfühlen müssen, um ihr Potenzial zu erkennen und ihr Erleben richtig zu deuten. Dabei können große Übereinstimmungen und Ähnlichkeiten von Mensch und Tier zutage treten. Gleichzeitig können sich speziesbedingt einige tierliche Fähigkeiten, Eigenschaften, Erlebensweisen und Bedürfnisse deutlich vom Menschen unterscheiden.

In der TGI haben die Beziehung zur Fachkraft und die Lebensbedingungen der Tiere eine immense Bedeutung. Durch anregende Alltagsgestaltung, die Anforderungen in der TGI und kompetenzerweiterndes Training entfalten diese Tiere besondere Fähigkeiten. Dies soll nicht die Fertigkeiten und den Wert von Tieren schmälern, die nicht in die TGI einbezogen werden. Stattdessen soll es darauf aufmerksam machen, dass auf unsere Tiere ganz besonders geachtet und im Sinne von Wohlbefinden und Ethik besonders gesorgt werden muss. Wir Fachkräfte sollten Vorbilder dafür sein, wie Leben mit Tieren und der Einbezug in die TGI zum Vorteil für alle gelingt.

» Der Leitgedanke dazu ist, dass Tiere wie Menschen individuelle Akteure ihres eigenen Lebens sind, Leid meiden und nach einem guten Leben auf Grundlage ihrer Bedürfnisse und Interessen streben. «

Aus all diesen Gründen haben Tiere ein Recht auf beste Lebensbedingungen, auf Mitgefühl und Respekt sowie auf einen achtsamen und förderlichen Umgang mit ihnen.

Was das im Einzelnen heißt, wird in den folgenden Kapiteln erläutert.

II-1 Bloß kein Stress: Warum Wohlbefinden so wichtig ist

» Das Angebot an Tiergestützten Interventionen wächst kontinuierlich. Gleichzeitig steigen die Anforderungen an Professionalität und Wirksamkeit. «

In den fachlichen Diskussionen nehmen zudem Überlegungen zum Befinden der Tiere und Klienten zu. Im Zusammenhang mit den ethischen und systemischen Grundlagen konnte gezeigt werden, wie wichtig das Wohlbefinden aller Beteiligten ist. Das führen wir weiter aus: Warum kann TGI nicht gelingen, wenn sich einer der Beteiligten dabei dauerhaft nicht wohlfühlt? Wie kann dazu beigetragen werden, dass es allen Beteiligten gut geht?

II-1.1 Wohlbefinden und Stress

Wohlbefinden ist ein sehr komplexes und vielschichtiges Empfinden, das physische, psychische und soziale Aspekte beinhaltet (Alexander et al., 2021; Fritz-Schubert, 2017). Letztlich ist Wohlbefinden Teil der Lebensqualität und abhängig davon, ob Bedürfnisse erfüllt, Potenziale entfaltet sowie positive und negative Lebensbedingungen und -erfahrungen ausbalanciert werden können (Fritz-Schubert, 2017).

» Da das Leben insgesamt immer aus einer Mischung von gut und schlecht empfundenen Bedingungen und Erfahrungen besteht, kann Wohlbefinden als Summe daraus verstanden werden. «

Negatives muss überwunden oder akzeptiert werden, demgegenüber muss genügend Positives vorhanden sein. Neben objektiven Faktoren spielen dabei subjektive Empfindungen, Emotionen, Erwartungen, Handlungsmöglichkeiten und vor allem Bewertungen eine Rolle (Röhrle, 2023; Wawrzyniak, 2019).

» Für das individuelle Wohlbefinden ist maßgeblich, was als Summe ›unter dem Strich‹ an Zufriedenheit mit dem eigenen Leben empfunden wird. «

Dabei ist wichtig, dass sich ein Lebewesen den negativen Bedingungen und Ereignissen nicht hilflos ausgesetzt fühlt, sondern dass es reagieren und handeln kann. Insofern geht es hier um Handlungsfähigkeiten und -kompetenzen, aber auch darum, dass eine Einflussnahme auf die eigenen Lebensumstände überhaupt ermöglicht wird. Zusammengefasst heißt das, dass das individuelle Wohlbefinden an positiv bewertete Bedingungen und Handlungsoptionen geknüpft ist: »Einem Individuum ergeht es genau dann wohl, wenn es mit seinen objektiven Lebensumständen in autonomer Weise für sich zufriedenstellend zurecht kommen kann« (Wawrzyniak, 2019, S. 190). Im Ergebnis gehört dazu, sich sicher zu fühlen, sozial eingebunden zu sein, positive Erfahrungen zu machen, eigene Entscheidungsmöglichkeiten zu haben und sich so verhalten zu können, wie es den artspezifischen Veranlagungen, Fähigkeiten und Bedürfnissen, aber auch den individuellen Begabungen, Vorlieben und dem eigenen Willen entspricht (vgl. Röhrle, 2023; Wawrzyniak, 2019).

Stress ist ein hochkomplexes Phänomen, dass vielfach erforscht ist (bspw. W. Cannon, H. Selye, L. Levi, R. Lazarus & S. Folkman). Das neurophysiologische Stresssystem und die Stressreaktionen sind grundsätzlich bei allen Wirbeltieren funktional gleich (Julius et al., 2014). Folglich gibt es einerseits universelle, andererseits auch artspezifische Stressauslöser. Zudem spielen beim

Stresserleben und bei der Stressverarbeitung individuelle Faktoren eine wichtige Rolle, so z. B. Temperament, Persönlichkeit und Erfahrungen (Glenk, 2014). Durch Stress kann das Wohlbefinden von Mensch und Tier erheblich beeinträchtigt werden. Doch Leben beinhaltet unweigerlich Stress, mal mehr, mal weniger. Dabei kann zwischen zwei verschiedenen Funktionen von Stress differenziert werden, die sich unterschiedlich auf Körper, Psyche und geistige Leistungen auswirken. Dauerhaft hohe Belastungen, Ängste, Sorgen, Verunsicherung, Überforderungsgefühle oder fehlende Befriedigung von grundlegenden Bedürfnissen werden als negativer Stress erlebt. Dieser sogenannte Disstress vermindert oder verhindert Wohlbefinden. Er reduziert die Konzentrations- und Leistungsfähigkeit, erschwert das Lernen und raubt Kraft. Permanenter Disstress, z.B. durch anhaltend belastende Lebensumstände, kann zu ernsthaften Erkrankungen führen – erst recht, wenn derjenige keine Einflussmöglichkeiten darauf hat, um seine Situation zu verbessern. Durch Dauerstress entstehen Muskelverspannungen, aber auch Erkrankungen von Magen und Darm, Herz-Kreislauf- oder Immun-System sowie Verhaltensauffälligkeiten und psychische Krankheiten (vgl. Strobel, 2021).

Der Gegenpol von Disstress ist Eustress. Große Freude, Aufregung vor positiven Ereignissen oder selbstgesetzte Anstrengungen werden meist als positiver Stress erlebt. Dieser verleiht zunächst Energie und steigert die Konzentrations- und Leistungsfähigkeit, wirkt beflügelnd, motivierend und erhöht die Aufnahmefähigkeit beim Lernen. Doch wenn der ursprünglich freudige Erregungszustand zu stark ist bzw. zu lange andauert, kann dieser in negativ erlebten Stress kippen, mit all seinen Folgen (ebd.).

Was jeweils als Eustress oder Disstress empfunden wird oder wann positiver zu negativem Stress wird, kann artspezifisch und individuell sehr unterschiedlich sein (vgl. Julius et al., 2014). Dabei spielen persönliche Wahrnehmungen und innere Haltungen eine große Rolle (Strobel, 2021).

» Vor allem die Bewertung einer Situation und die Einschätzung der eigenen Handlungsmöglichkeiten sind ausschlaggebend dafür, ob und welcher Stress empfunden wird. «

Wohldosierter positiver Stress, der aus Sicht des jeweiligen Individuums aktivierend ist, zu schönen Erlebnissen führt und das Leben bereichert, trägt zu Wohlbefinden und Lebenszufriedenheit bei.

II-1.1.1 Wohlbefinden bei Menschen

Wohlbefinden wird durch das Erfüllen von naturgemäßen Bedürfnissen, aber auch durch individuelles Vergnügen gefördert. Dazu gehört alles, was positive Emotionen auslöst und das Leben für den Betreffenden anreichert und lebenswert macht (Fritz-Schubert, 2017, in Bezug auf Seligman).

» Eine positive Grundstimmung ist sowohl Voraussetzung als auch Ergebnis von Wohlbefinden. «

Positive Grundstimmung ist eine wichtige Energiequelle, um die Herausforderungen des Lebens bewältigen und Wohlbefinden stets wieder neu herstellen zu können (Fritz-Schubert, 2017). Zudem besteht ein wechselseitiger Zusammenhang mit Gesundheit (vgl. Röhrle, 2023). Das Fördern von Wohlbefinden ist daher kein Selbstzweck, sondern eine wichtige Grundlage für die Bewältigung von alltäglichen Herausforderungen, von persönlichen Entwicklungsaufgaben und für physische und psychische Gesundheit. Wohlbefinden lässt sich gezielt stärken durch Gemeinschaftserleben, sich verstanden fühlen, Zuneigung empfangen und geben, kreative Betätigung, seine Fähigkeiten entdecken, sich kompetent fühlen und explizit auch durch Naturerfahrungen (Fritz-Schubert, 2017). Was jeweils konkret zum Wohlbefinden beiträgt, kann darüber hinaus durch kulturelle Gewohnheiten und Besonderheiten beeinflusst sein (Alexander et al., 2021).

II-1.1.2 Wohlbefinden bei Tieren

Durch die grundsätzlichen biologischen und neurophysiologischen Übereinstimmungen lassen sich etliche Erkenntnisse aus der Humanforschung auf Tiere übertragen. Daher – und weil der Begriff des Tierwohls mittlerweile von der (Lebensmittel-)Industrie vereinnahmt wurde und zu kurz greift – werden die Begriffe Wohlbefinden, Wohlergehen und gutes Leben auch in Bezug auf Tiere angewendet (vgl. von Gall & Gjerris 2017; Wolf 2012). In der tierbezogenen Literatur wird Wohlbefinden beschrieben als ein »Zustand physischer und psychischer Harmonie des Tieres in sich und – entsprechend seinen angeborenen Lebensbedürfnissen – mit der Umwelt« (Lorz, 1999 in Wille, 2011, S. 10). Auch hier ist Wohlbefinden kein absoluter oder dauerhafter Zustand. Es muss immer wieder neu hergestellt werden und hängt von den Lebensbedingungen und von den eigenen Handlungsmöglichkeiten des Tieres ab (Wawrzyniak, 2019). Als empfindende und handelnde Wesen haben Tiere eigene Vorlieben, Abneigungen und ein eigenes Wollen, daher nimmt das Streben nach Wohlbefinden auf der Empfindungsebene bei ihnen den gleichen Stellenwert ein wie beim Menschen (Wawrzyniak, 2019; Wolf, 2012). Bei der Literatursichtung zeigt sich, dass in Bezug auf Wohlbefinden und Lebenszufriedenheit grundsätzlich das gleiche zählt wie beim Menschen: Sicherheit verspüren, Bedürfnisse stillen, sich zugehörig fühlen, in Beziehung sein, Zuneigung geben und empfangen, Fähigkeiten ausleben sowie sich handlungsfähig und selbstwirksam fühlen. Was das im Einzelnen konkret heißt, kann von artspezifischen und individuellen Besonderheiten abhängig sein.

» In der TGI spielt das tierliche Wohlbefinden eine zentrale Rolle. Es ist gleichermaßen in Bezug auf die Tierhaltung, das Training, die Beziehung von Fachkraft und Tier sowie die Durchführung der TGI-Einheiten zu berücksichtigen. «

Um einschätzen zu können, wie es einem Tier geht, müssen jeweils die Anzeichen von Wohlbefinden bzw. Unwohlsein frühzeitig erkannt werden. Anhand von konkreten Stress- oder Schmerzanzeichen im Gesichts- und Körperausdruck (vgl. bspw. Lundblatt et al., 2020) und am Äußern bzw. Ausbleiben von Sozial-, Erkundungs-, Komfort- und Spielverhalten (Wille, 2011) lässt sich das Befinden von Tieren differenziert erfassen. Wie beim Menschen auch, ist das Befinden mit Emotionen verknüpft. Daher ist es wichtig, ebenso die Gefühlsäußerungen des Tieres wahr- und ernstzunehmen (vgl. Kap. Emotionen). Dazu braucht ein Mensch gezielte ethologische Kenntnisse zum Ausdrucksverhalten des Tieres, ein gutes Beobachtungs- und Interpretationsvermögen sowie Einfühlungsvermögen und Reflexionsbereitschaft. Weil Tiere in menschlicher Obhut von uns abhängig sind, stehen wir in der Verantwortung, die Auslöser für Unwohlsein zu erkennen und Bedingungen herzustellen, die das Wohlbefinden der Tiere umfassend sichern (Wawrzyniak, 2019).

Aus der tiergestützten Praxis

Benjamin ist Sozialarbeiter und arbeitet hundegestützt mit Strafgefangenen. Er mache sich schon seit Jahren Gedanken über die Mensch-Tier-Kommunikation und habe bereits vor langer Zeit seine Sprachgewohnheiten verändert, erzählt er. Er gebe seinen Hunden z. B. keine »Kommandos«, sondern bezeichne das als »Signale«. Das komme ihm jetzt bei seiner Arbeit zugute, in der Zusammenarbeit mit seinen Klienten. Denn bei dem Begriff Kommando haben viele gleich Bilder vom Kasernenhof vor Augen. Vielen Menschen falle es schwer, sich klar und bestimmt auszudrücken und dabei dennoch freundlich zu bleiben. Unsicherheit und Selbstzweifel werden oftmals durch Härte und eine herrische Stimmlage und Wortwahl überspielt. Es sei daher eine gute Übung, wenn die Männer einen anspruchsvollen Parcours mit Hund durchlaufen, dabei aber nicht nur die Geschwindigkeit zählt, sondern wie harmonisch das jeweilige Mann-Hund-Team die Aufgabe bewältigt. Die Kommunikation sei dabei ein Kriterium. Außerdem dürfen die Hunde die Aufgabe selbstständig abbrechen, wenn sie das Interesse verlieren oder sich unwohl fühlen. Da das tatsächlich schon vorkam, bemühen sich die Männer, es auch für die Hunde gut zu machen.

Das hedonische Budget

Damit Tiere sich wohl fühlen, braucht es eine artgerechte Versorgung und alltagsbereichernde Lebensbedingungen. Die Vorgaben zur Tierhaltung bemessen sich an objektiven Kriterien. Darüber hinaus müssen das subjektive Erleben und die individuellen Vorlieben der einzelnen Tiere berücksichtigt werden (Wawrzyniak, 2019). Hierfür bietet der Ansatz des Hedonischen Budgets eine hilfreiche Herangehensweise. Der Begriff ist im deutschen Sprachgebrauch etwas unglücklich gewählt und darf nicht verwechselt werden mit Hedonischer Bewertungsmethode (Volkswirtschaft) oder Hedonismus (Philosophie). Er geht stattdessen zurück auf einen Ansatz von britischen Verhaltensforschern und bezeichnet das Wohlfühlbudget eines Tieres (Falconer-Taylor et al., 2013; siehe auch Drees, 2011). Damit ist die Summe der Verhaltensbedürfnisse gemeint, die zur Lebenszufriedenheit beitragen. Es umfasst alle art- und rassespezifischen sowie individuellen Bedürfnisse und Interessen, die zum Wohlbefinden wichtig sind. Durch den Ansatz wird die Perspektive des Tieres eingenommen, um die Lebensbedingungen aus dessen Sicht zu erfassen. Welche Bedürfnisse sind auf welche Weise erfüllt? Welche Bedürfnisse sind unter den bestehenden Haltungs- und Lebensbedingungen unerfüllt? Was kann zur Behebung eines Mangels konkret getan werden? Das Grundverständnis dabei ist, dass Tiere ebenso wie Menschen bestrebt sind, Zufriedenheit und Freude zu empfinden (vgl. von Gall & Gjerris, 2017).

> » Nur wenn Tiere die Möglichkeit haben, ihr art- und rassegemäß bestimmtes und individuell bevorzugtes Verhaltensrepertoire auszuleben, können sie sich körperlich und psychisch wohlfühlen und auf Dauer gesund bleiben. «
> (Drees, 2018; Falconer-Taylor et al., 2013; Wawrzyniak, 2019; Wille, 2011)

Das hedonische Budget differenziert dazu in körperliche, soziale, emotionale und geistige Aspekte, wie Ernährungsverhalten, Bewegungs-, Erkundungs-, Beschäftigungs- und Spielverhalten, Revier- und Beziehungsverhalten, Sexual- und Nachwuchspflegeverhalten, Körperpflege-, Komfort-, Ruhe- und Schlafverhalten sowie tageszeitliche und altersabhängige Bedürfnisse (Falconer Taylor et al., 2013). Da in menschlicher Obhut auch unter besten Bedingungen einige artspezifische Verhaltensweisen nicht ausgelebt werden können (bspw. Beutejagd), braucht es geeignete Alternativen, die dem Tier gleiche oder sogar mehr Befriedigung, Wohlbefinden und Freude ermöglichen.

Insbesondere Tiere, die in die TGI einbezogen werden, haben aus ethischen Gründen den Anspruch auf beste Lebensbedingungen. Zugleich ist dies eine wesentliche Grundlage für gelingende Interventionen, da die Tiere für ihren Einbezug entspannt und ausgeglichen sein müssen. Nur dann zeigen sie eine freiwillige, positive Motivation zur Kontaktaufnahme und sind bereit für authentische Interaktionen. Unausgeglichene, überreizte oder Mangel leidende Tiere können sich nicht entspannt und aufmerksam auf den Kontakt mit Klienten einlassen. Dies kann durchaus zu einem erhöhten Unfallrisiko bzw. Gefährdungspotenzial im TGI-Setting führen.

Ein Leben in menschlicher Obhut bringt für Tiere zwar etliche Vorteile mit sich, dennoch ist es selbst unter guten Bedingungen mit Anpassungen und Einschränkungen verbunden. Umso gravierender ist es, wenn die Anforderungen an die Tierhaltung mit den Kenntnissen, Gewohnheiten oder Möglichkeiten eines Tierhalters kollidieren: Aus unpassenden Lebensbedingungen und unerkannten Stressquellen entstehen sehr oft Verhaltensauffälligkeiten und körperliche Beschwerden der Tiere (Drees, 2018; Falconer-Taylor et al., 2013).

» Aus ethischen und Tierschutzgründen, und für ein entspanntes Zusammensein von Mensch und Tier, braucht es daher tiergerechte Haltungsbedingungen sowie einen physisch auslastenden und psychisch erfüllenden Alltag. «

Darüber hinaus kann das Wohlfühlbudget auf die Gestaltung der tiergestützten Arbeit übertragen werden (Drees, 2018). So können im Einsatz objektiv gute Bedingungen und Tätigkeiten auf Basis der tierlichen Bedürfnisse und Interessen geschaffen werden (ebd.; vgl. auch Wawrzyniak, 2019). Das Ausrichten der Abläufe und Inhalte der TGI-Einheiten an den Talenten und Vorlieben des Tieres schafft zudem den erforderlichen Mehrwert.

II-1.2 Wohlbefinden in der TGI

» In der TGI ist das Wohlbefinden von Mensch und Tier gleichermaßen wichtig. Alle brauchen das Gefühl von Sicherheit, Entspanntheit und die Bereitschaft für die Begegnungen. «

Daher sind negative Stressquellen zu minimieren und Anlässe für positive Emotionen zu schaffen (Drees, 2018). Wie ähnlich die

Bedingungen für Wohlbefinden bei Mensch und Tier sind, zeigen die Ergebnisse einer Studie (Alexander et al., 2021), die sich auf Selbstberichte aus der Humanforschung sowie auf Verhaltensbeobachtungen und neurophysiologische Untersuchungen jeweils aus der Human- und der Tierforschung bezieht: Im Grunde geht es stets um soziale Beziehungen und Verbundenheit, vergnügliche Beschäftigungen (bspw. Spielen oder andere erfüllende Tätigkeiten) und eine anregende, bedürfnis- und interessengerechte Umwelt. Artspezifische Besonderheiten spielen erst bei der konkreten Art und Weise der Gestaltung eine Rolle.

II-1.2.1 Leitlinien für die TGI-Praxis zu Wohlbefinden

Unter allen möglichen therapeutischen und pädagogischen Ansätzen ist das tiergestützte Vorgehen etwas ganz Besonderes. Ein wesentlicher Qualitätsaspekt bemisst sich daran, wie gut für Wohlbefinden, einschließlich Sicherheit und Entspannung, für Tier und Mensch gesorgt ist (Drees, 2018). Hier sind wir Fachkräfte gefordert, gute Bedingungen auf Grundlage von fachlichen Kenntnissen, emotionalem Einfühlen und vorausschauendem Planen zu gestalten. Denn »gut gemeint« heißt nicht automatisch »gut gemacht«. Die Leitlinien geben Orientierung, was zum Gelingen beiträgt.

Tierliches Wohlbefinden als gezielter Aspekt

Was für tierliches Wohlbefinden wichtig ist, richtet sich individuell nach jedem Tier und orientiert sich zugleich an objektiven Faktoren. Es braucht die innere Haltung, dass es jedem Individuum in unserer Obhut nach dessen Maßstäben gut geht (vgl. Pelluchon, 2019; Sachser et al. 2022; Wawrzyniak, 2019; Wolf, 2012). Dieser Grundsatz gilt ganz besonders für Tiere, die in die Arbeit für menschliches Wohl einbezogen werden. Er gilt auch für jedes weitere Tier, selbst wenn es keine Aufgaben in der TGI übernimmt. Wohlfühlen meint dabei weit mehr, als punktuell schöne Erlebnisse in einem sonst eher tristen oder anstrengenden Alltag. »Ihr Wohl ausschließlich an isolierten ›glücklich-freudvollen

Augenblicken‹ festzumachen oder an deren Summe, wird der Lebensverfasstheit dieser Individuen nicht gerecht« (Steinfath, 1998, S. 9 in Wawrzyniak, 2019, S. 125, Hervorh. i.O.). Es erfordert kontinuierlich beste Lebensbedingungen im Alltag, zwangfreies Training und motivierende Einsatzbedingungen. Die Kernfrage dabei ist, ob die Lebensumstände und -inhalte aus Sicht des Tieres zu einem tiergerecht zufriedenstellenden Leben beitragen (vgl. Wawrzyniak, 2019).

TGI als Mehrwert

Um das Wohlbefinden der Tiere zu sichern, ist jeder Einbezug in die TGI mit einem Mehrwert für das Tier zu konzipieren und durchzuführen (Drees, 2018; Wohlfarth & Hediger, 2022). Dazu braucht es eine Ausrichtung an den Talenten, Vorlieben und dem Trainingsstand des jeweiligen Tieres. Die Teilnahme ist für das Tier so positiv und bereichernd zu gestalten, dass es einen Mehrwert für sich empfindet. Das bedeutet auch, dass Stressmomente nur eventueller und punktueller Natur sind (s. u.). Idealerweise sollte der Einbezug für jedes Tier zu den »beglückenden Tätigkeiten« (Wawrzyniak, 2019, S. 131) in einem insgesamt guten Leben gehören. »Gut« ist, was wir dem Tier »vernünftiger Weise wünschen können, wenn uns dieses Individuum wirklich am Herzen liegt« (Wawrzyniak, 2019, S. 175). Das bedeutet folglich, dass Tiere nicht zu Lasten ihres Wohlergehens für die Ziele von Menschen eingesetzt werden.

Wie kann ich für jedes Tier einen verlässlichen Mehrwert herstellen?

Der zweite Aspekt des Mehrwerts betrifft die TGI als gewählte Methode für den Klienten. Zu den Qualitätskriterien achtsamer Interventionen zählt die Überlegung, ob durch den Einbezug des Tieres ein Mehrwert für den Klienten bzw. für die Zielerreichung geschaffen wird, der ohne es nicht möglich wäre (Wohlfarth & Olbrich, 2014). Dies wäre bspw. die Motivation zur Teilnahme an einer Therapie, die Erleichterung der Kontaktaufnahme und des Beziehungsaufbaus zwischen Klient und Fachkraft, eine nur über das Tier initiierbare Anregung von Kommunikation oder das Gewahrwerden von Gefühlen u. v. m. (vgl. Vernooij & Schneider, 2018; Wohlfahrt & Mutschler, 2017).

Welchen echten Mehrwert hat der Einbezug eines Tieres für den jeweiligen Klienten?

TGI an den Teilnehmenden im Interventionsdreieck ausrichten

Wenn tiergestützte Arbeit auf Dauer einen Mehrwert für die einbezogenen Tiere und förderliche Effekte für die Klienten beibehalten soll, dann muss sie beiden gerecht werden. Ein allgemeines Grundkonzept ist wichtig, darf aber nicht zur Blaupause für jede TGI-Einheit werden. Wechselnde menschliche oder tierliche Teilnehmer, die Tagesform aller Beteiligten, situative Besonderheiten sowie die Weiterentwicklung von Klient und Tier sind von Mal zu Mal neu zu berücksichtigen. Über wachsende Erfahrungen können wir Fachkräfte feinfühliger handeln und Prozesse achtsamer begleiten. Unter Umständen wird deutlich, dass bisher gewohnte Abläufe oder Techniken nicht für jedes Tier und auch nicht für jeden Klienten passend sind. Konsequenterweise ist auch zu berücksichtigen, dass nicht jedes Tier für die TGI geeignet ist (siehe Kap. Eignung, Training). Sensible oder vorbelastete Tiere haben ein frühzeitigeres bzw. höheres Stressempfinden oder können Stress schlechter verarbeiten (Schöberl, 2022). Zudem gibt es Tiere, die wenig Freude bei bestimmten Zielgruppen zeigen, oder die am Kontakt mit fremden Menschen generell wenig Interesse haben. »Je mehr wir über die konkrete biologische Beschaffenheit eines Lebewesens [und seine psychische Verfasstheit, Anm. Verf.] wissen, und welche Lebenserfahrungen und Entscheidungen in seiner Vergangenheit liegen, umso feinkörnigere Urteile können wir fällen über das, was seinem Wohl zu- oder abträglich ist« (Wawrzyniak, 2019, S. 187).

Die passgenaue Ausrichtung am Wohl der Teilnehmenden heißt auch, flexibel zu bleiben. »Bei der tiergestützten Arbeit haben Sie die Rolle des Vermittlers, und Sie müssen für das Wohl von Mensch und Tier geradestehen. Sie werden sehr sensibel sein müssen, denn was gestern für das Tier gut war, kann am nächsten Tag, kann im nächsten Lebensabschnitt zu viel sein. Obwohl man einen Plan und ein Konzept für die tiergestützte Arbeit erstellt, muss man immer flexibel genug sein, diesen Plan zum Wohl von Tier und Mensch (was in diesem Fall ganz und gar zusammenhängt) wieder umzuschmeißen« (Drees, 2018, S. 19).

Was hilft mir, langfristig achtsam, einfühlsam, flexibel und kreativ zu sein, um stets das Wohl aller Beteiligten zu sichern?

Gezielt für Sicherheit sorgen

Je nachdem, wie die Rahmenbedingungen des Settings gestaltet sind, befördern oder beeinträchtigen sie das Sicherheitsgefühl und Wohlbefinden der Teilnehmenden. Die Atmosphäre und Ausstattung des Ortes, der Zeitpunkt und -umfang der einzelnen TGI-Einheit, der Ablauf, die gewählten Methoden, die Beziehungsqualität u.v.m. spielen dabei eine große Rolle. Mit einzurechnen sind auch potenzielle Belastungen vor und nach der TGI-Einheit, wie bspw. die Anfahrt für die Tiere bei mobilen Einsätzen oder die Anfahrt für die Klienten zum Durchführungsort. Zuweilen wird übersehen, dass sich das eigene Stresserleben und -verhalten der Fachkraft auf die Atmosphäre, die Tiere und auch auf die Klienten überträgt (Butler, 2004).

» Sicherheit und Entspannung vermitteln heißt daher, auch gut für sich als TGI-Fachkraft zu sorgen. «

Es ist zu prüfen, inwiefern der gemeinsame Prozess Freude macht. Das Ermöglichen von Freude ist bei Mensch und Tier ein zentraler Aspekt von Wohlbefinden (von Gall & Gjerris, 2017).

Wodurch kann ich negative Auswirkungen vermeiden?
Und womit kann ich gezielt für Freude sorgen?

Innere Haltung und Kenntnisse der Fachkraft

Sicherheit und Wohlbefinden sind bei Mensch und Tier notwendige Voraussetzungen für entspannte Interaktionen, für Freude sowie für Lernen und Veränderung. Unter Stress oder Angst ist kein Miteinander und kein kreatives Denken, Handeln, Lernen möglich. Das gilt für die Tiere, die Klienten wie auch für die Fachkraft. Das Wohlbefinden aller Teilnehmenden ist als erklärtes Ziel im Konzept zu berücksichtigen, damit dies nicht nur vom Zufall abhängt. Die innere Haltung der Fachkraft gehört wesentlich dazu. Darüber hinaus ist wichtig, auf die Abhängigkeitsstrukturen in der TGI zu schauen. Die Tiere sind auf das Wohlwollen und die Achtsamkeit der anwesenden Menschen angewiesen. Die Klienten sind abhängig von den Rahmenbedingungen, den Kenntnissen und dem fachkundigen wie auch zugewandten Verhalten der Fachkraft.

» Als Durchführender ist es daher wichtig, sich mit fachlichen und ethischen Fragen auseinandergesetzt und eigene Haltungen entwickelt zu haben, um eine Art Kompass für das eigene Handeln zu haben. «

Das betrifft insbesondere die Vermeidung von angstauslösenden oder überfordernden Situationen.

Wie verlässlich und feinsinnig ist mein innerer Kompass?

Negativen Stress vermeiden und Stress regulieren

Zum einen geht es darum, vermeidbaren negativen Stress für alle Beteiligten vorausschauend auszuschließen. Dazu sind potenzielle Stressquellen im Rahmen der Konzeptentwicklung und vor jeder einzelnen TGI-Durchführung zu identifizieren. Stressursachen können physikalisch (z. B. Lärm, Temperatur, Gerüche, Raumbeschaffenheit), physisch (z. B. Schmerz, Hunger, Östrus), sozial (z. B. Trennung, Isolation, Bedrängnis, Konkurrenz), kognitiv (z. B. Über- oder Unterforderung), psychisch (z. B. Angst, erlernte Hilflosigkeit) oder chemisch (z. B. Medikamente) sein (Glenk, 2022 nach Glenk & Kothgassner, 2017).

Faktoren, die das Wohlbefinden beeinträchtigen bzw. Stress auslösen

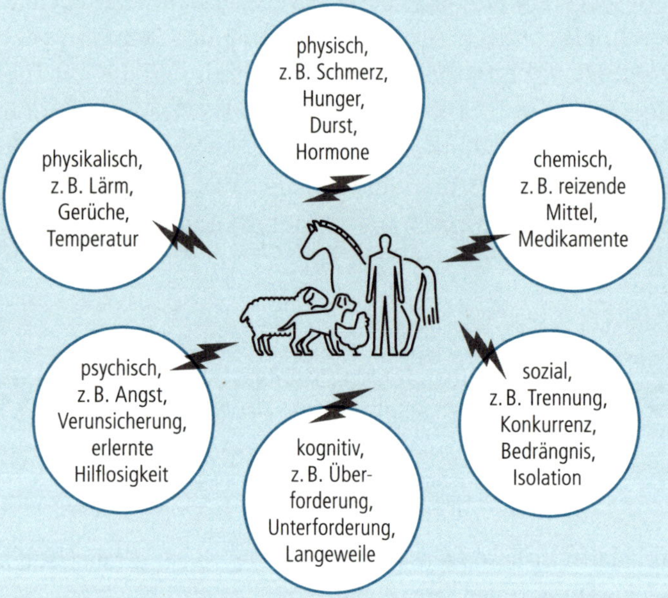

Um den Menschen erweiterte Darstellung; Stressoren in Anlehnung an Glenk (2017) und Glenk & Kothgassner (2017)

Zum anderen braucht es Kompetenzen im Umgang mit unvorhergesehenen stressigen Momenten. Hier sind die Stressverarbeitungsstrategien der Fachkraft immens wichtig. Die eigene Entspanntheit und Stressregulation sind Grundvoraussetzung für entspannte Interventionen.

» Nur wer selbst eine gute Stresskompetenz besitzt, kann dem Tier ebenso wie dem Klienten Sicherheit vermitteln und deren Stressverarbeitung unterstützen. «

(Butler, 2004; Foltin, 2023; Hediger & Zink, 2017)

Insbesondere ist das Tier auf die emotionale Unterstützung der Fachkraft als Vertrauensperson angewiesen (vgl. Julius et al., 2014). Es braucht die Gewissheit, dass eine unangenehme Situation aufgelöst wird, und dass anschließend gezielt etwas für Entspannung und Freude getan wird. Mit einigen Tierarten können zudem weitere Formen der Stressreduktion eingeübt werden. Beispiele dafür sind das gezielte Stressschütteln bei Hunden oder das Abschnauben bei Pferden (vgl. Hediger & Zink, 2017).

Zu vielen Tierarten, wie bspw. Pferde, Hunde, Alpakas, Meerschweinchen, gibt es mittlerweile fundierte Erkenntnisse, was im Einsatz negativen Stress auslöst und wie dieser vermieden werden kann (z. B. Glenk, 2017; Gut et al., 2018). Auch wenn es dazu noch weiterer, tierartspezifischer Untersuchungen bedarf, so kann doch davon ausgegangen werden, dass vor allem stressvermeidende Rahmenbedingungen, freundliche Aufmerksamkeit, verlässliche Beachtung der Signale des Tieres und positive Verstärkung, auch in Form von Leckerlies, eine wichtige Rolle bei der Stressprävention und -minderung spielen (Glenk, 2014).

Habe ich die zur Verfügung stehenden Möglichkeiten zur Stressprävention ausgeschöpft?
Habe ich ein klares Gespür für mein eigenes Stresslevel und für Stressmomente des Tieres bzw. des Klienten?
Weiß ich, wie ich Sicherheit vermitteln bzw. Stresssituationen schnell auflösen kann?

Wohlbefinden stets wieder herstellen

Eine positive Motivation aller Beteiligten und eine gemeinsame sichere Basis entsteht am ehesten, wenn während der TGI-Einheit für alle eine emotionale Wohlfühlzone geschaffen wird, in die sie nach anstrengenden oder stressbehafteten Sequenzen stets zurückkehren können. Aufgabe der Fachkraft ist es, Kriterien für diese Wohlfühlzone zu kennen und zu gestalten. Sie braucht Beobachtungsgabe und ein Gespür dafür, wie Klient und Tier sich emotional fühlen, ohne sich selbst dabei zu übergehen. Und sie muss Handlungsmöglichkeiten kennen, um die gemeinsame positive Basis halten bzw. wieder herstellen zu können. Da sich das Befinden eines jeden Beteiligten immer auch auf die anderen auswirkt, sowohl in positiver als auch in belastender Weise (Julius et al., 2014; Hüther, 1998), spielen positive Empfindungen im Interventionsdreieck eine zentrale Rolle (s. Kap. Systemisches). Gestützt wird diese Annahme zusätzlich durch die These der Spiegelneuronen, denen eine zentrale Funktion bei der innerartlichen und speziesübergreifenden Stimmungsübertragung zukommt (Julius et al., 2014).

» Wenn TGI gelingt, entsteht zwischen Klient und Tier daher das bereichernde Gefühl von emotionaler Nähe, gegenseitigem Wohlwollen und Verstehen. «

Wie sorge ich dafür, dass die TGI-Einheit von allen Beteiligten als sicher und positiv erlebt wird?

Wohlbefinden braucht Mitsprache

Um sich sicher zu fühlen, darf bei keinem der Teilnehmenden das Gefühl aufkommen, einer Situation hilflos ausgeliefert zu sein. Die Klienten müssen sich darauf verlassen können, dass sie Einfluss haben auf das, was passiert bzw. geschehen soll. Die Tiere müssen darauf vertrauen können, dass ihre Signale wahr- und ernstgenommen werden, dass zwischen ihnen und den Menschen grundsätzlich gegenseitige Verständigung und Verstehen möglich ist (siehe Kap. Kommunikation), und dass das Verhalten von Menschen beeinflussbar ist (s. Kapitel Beteiligung). Dies betrifft die Interaktion mit den Klienten, aber im Besonderen die Beziehung zur Fachkraft. Neben dem erforderlichen Grundgehorsam (im Sinne der verlässlichen Beeinflussbarkeit des Verhaltens), brauchen die Tiere daher auch die Erlaubnis zum freien Agieren und zu eigenen Entscheidungen (Drees, 2018; Hediger & Zink, 2017; Wohlfarth & Hediger, 2022). »Einfluss auf die Umwelt nehmen zu können, ist wesentlich für das Wohl von Tieren« (Hediger & Zink, 2017, S. 80 in Bezug auf Ohl & Van der Staay, 2012). In diesem Sinne sind Selbstwirksamkeitserfahrungen für alle Beteiligten von hoher Bedeutung.

Inwiefern können Klient und Tier aktiv Einfluss auf den Verlauf der TGI nehmen, z. B. durch eigene Ideen?
Welche eigenen Entscheidungen darf mein Tier treffen?

Wohlbefinden hat höchste Priorität

Insbesondere unter finanziellem Druck besteht in der TGI die Gefahr, dass das tierliche Wohl zugunsten menschlicher Ziele vernachlässigt wird, bspw. um einen Klienten zufriedenzustellen oder weitere Aufträge zu erhalten.

> » Es braucht daher konzeptionell gesicherte, unumstößliche Eckpunkte, mit denen das jeweils höchstmögliche Wohl für das individuelle Tier und die Klienten gesichert wird, ohne dass dies zu Lasten eines der Beteiligten geht. «

Dazu gehört z. B. das Festlegen von Grenzen, die weder beim Klienten noch beim Tier überschritten werden. Für das Tier betrifft es bspw. die Anzahl an Terminen pro Woche, die Dauer der einzelnen Termine, die Entfernungen und Wegzeiten zu potenziellen Klienten, die methodischen Inhalte und Aufgaben usw. »In der Praxis bedeutet dies, dass Therapeut:innen, die mit Tieren arbeiten, Gesundheitsrisiken und -vorteile wie Wohlbefinden und Stress bewerten und dabei auch die Persönlichkeit des einzelnen Tieres berücksichtigen müssen« (Wohlfarth & Hediger, 2022, S. 25). Darüber hinaus sind vorsorgliche Überlegungen wichtig, ob weitere Situationen entstehen könnten, die das Wohl des Tieres beeinträchtigen. In der mobilen Arbeit können manchmal die äußeren Gegebenheiten zu problematisch sein, z. B. durch ungünstige räumliche Verhältnisse. Es gilt also im Vorhinein sorgfältig zu überlegen, was dem Tier zugemutet werden kann und was nicht. Und nicht nur das: Letztlich geht es nicht nur darum, Beeinträchtigungen des Wohlbefindens auszuschließen, sondern mit der TGI einen echten Mehrwert für das Tier zu schaffen (s. o.).

Wie konsequent achte ich auf das Wohl?
Wie konsequent definiere ich Belastungsgrenzen
und halte diese ein?

In den folgenden Kapiteln gehen wir auf weitere Aspekte ein, die für das Wohlbefinden wichtig sind, wie bspw. die vertrauensvolle Beziehung als Sicherheitsmoment, die verlässliche Kommunikation und die Möglichkeit für das Tier, die Teilnahme oder eine Aufgabe abzulehnen bzw. sich zurückziehen zu dürfen.

II-2 Ein gutes Gefühl: Die Rolle von Emotionen

Emotionen sind vor langer Zeit im Laufe der evolutionären Entwicklung des Lebens entstanden. Sie sind zentrale Bestandteile des Wohlbefindens (s. vorheriges Kapitel). Doch ihr Sinn bzw. ihre Funktion reicht noch viel weiter: Sie sind kein Nebenprodukt der Evolution, sondern sie lenken das Verhalten von Lebewesen (Gygax, 2017). Das betrifft in besonderem Maße das Handeln in sozialen Situationen. Zudem wären viele der positiven Effekte der TGI ohne Emotionen nicht möglich.

II-2.1. Emotionen, Gefühle, Stimmungen

Zu den Emotionen gehören eine Vielzahl an Gefühlen, Empfindungen, Stimmungen und Affekten. Diese sind untrennbar verknüpft mit physiologischen und kognitiven Vorgängen und mit Verhaltensweisen (Mendl & Paul, 2004), bspw. gehen sie stets mit Körperspannung und -haltung, Mimik und Gedanken einher und wirken sich auf das Verhalten aus. Auch wenn dazu schon viel erforscht ist – das Phänomen der Emotionen ist immer noch nicht vollständig geklärt. Es gibt weiterhin etliche offene Fragen, unterschiedliche Erklärungsansätze und uneinheitliche Begriffsdefinitionen. Das schlägt sich in den wissenschaftlichen Systematiken (z. B. in Biologie, Psychologie oder Soziologie) nieder wie auch im alltäglichen Sprachgebrauch: Die Begriffe Emotion, Gefühl, Stimmung oder Affekt werden z. T. unterschiedlich benutzt (Ciompi, 1998; Schröder 2020). Einige Ansätze definieren Emotion als Gesamtkonstrukt aus Gefühl, Gedanken, physiologischen Vorgängen bzw. Empfindungen und Verhalten. Mit Verweis auf die uneinige Forschungsliteratur werden die Begriffe Gefühl und Emotion allerdings meist synonym verwendet und beziehen sich auf das kurzfristige psychische Erleben (Schröder,

2020). Dagegen sind Stimmungen ein eher anhaltendes mentales Befinden, eine Art emotionale Grundfärbung. Sie sind »der emotionale Hintergrund [...], vor dem sich unser *(Er-)Leben* abspielt« (Schröder 2020, S. 116; Hervorhebung im Original). Demgegenüber bezeichnet der Begriff Affekt meist einen spontanen und unreflektierten Impuls, der in seiner Dauer noch kurzweiliger ist als eine Emotion und »zu unwillentlich gesteuerte(n) Handlungen« (Schröder, 2020, S. 116) führen kann.

Das Erfassen von Emotionen birgt zahlreiche Herausforderungen: Sie sind äußerst komplexe Phänomene, situationsabhängig und höchst individuell. Auch wenn die physiologischen Reaktionen messbar (z. B. Herzfrequenz, Hautdurchblutung, Ausschüttung von Botenstoffen) und die körperlichen Ausdrucksweisen beobachtbar sind (z. B. Körperhaltung und -spannung, Gestik, Mimik und Stimmlage), ist das eigentliche Gefühl für einen Außenstehenden nur schwer zu greifen. Das genaue Gefühl kennt nur der, der es empfindet. Selbst über sprachliche Begriffe und Schilderungen lässt sich bloß annähernd vermitteln, wie es sich individuell für den Empfindenden anfühlt. Es ist so, als müsste man jemandem am Telefon eine Farbe beschreiben. Daher lässt sich auch nicht sagen, ob zwei Menschen ein Gefühl wirklich gleich empfinden.

Unabhängig davon, wie sich eine Emotion anfühlt, lässt sie sich anhand von drei Dimensionen beschreiben (nach Russell & Mehrabian, 1974). Zunächst geht es um die Bewertung, ob es ein positives oder negatives Gefühl ist: Will man das Gefühl beibehalten, vielleicht sogar mehr davon – oder will man das Gefühl meiden? Im Weiteren geht es um den Erregungsgrad: Ist die Emotion eher ruhig, introvertiert oder eher lebhaft, extrovertiert? Und drittens geht es um die Intensität: Ist das Gefühl schwach oder stark?

Zur Entstehung von Gefühlen gibt es keine einheitliche bzw. eindeutige Erklärung. Moderne Emotionstheorien gehen davon aus, dass sowohl (neuro-)physiologische Prozesse als auch kognitive

Faktoren gleichermaßen und untrennbar mit dem Erleben von Gefühlen zusammenhängen und sich gegenseitig bedingen. Das bezieht sich nicht nur auf Menschen, sondern ebenso auf Tiere (Schröder, 2020).

Um eine Systematik in die Vielfalt an Emotionen und deren Funktion zu bekommen, wird häufig in Primär- und Sekundäremotionen unterschieden. Demnach gibt es Emotionen, die von Geburt an vorhanden sind und weitere, die erst später entstehen. Erstere gelten als evolutionär sehr alt, universell und dienen grundlegenden Überlebensmechanismen. Diese Basisemotionen sind bei Mensch und Tier gleichermaßen vorhanden und stehen in Verbindung mit lebenswichtigen Verhaltensweisen wie Beziehungen, Umgebungsexploration, Flucht, Kampf, Nahrungsaufnahme, Sexualität und Überwinden von Verlustsituationen (Ciompi, 1998). Von unterschiedlichen Autoren werden allerdings verschiedene Emotionen genannt, z. B. Neugier, Interesse, Angst, Ärger, Wut, Freude, Glück, Überraschung, Empörung, Ekel sowie Traurigkeit und Trauer. Verschiedene Begrifflichkeiten könnten durch unterschiedliche Erklärungsansätze, Definitionen oder sprachliche Übersetzungen entstanden sein.

Über die Basisemotionen hinaus gibt es Gefühle, die sich erst im Verlauf des Lebens ausbilden. Diese Sekundäremotionen können z. B. Nuancierungen oder Mischungen der Basisemotionen sein. Sie entstehen erst durch Interaktionserfahrungen und werden durch kulturelle Einflüsse geprägt (Ciompi, 1998). Dadurch entstehen Unterschiede, welche Gefühle empfunden, wodurch sie ausgelöst, wie sie ausgedrückt und wie sie benannt werden (z. B. Stolz, Ehre).

Im bisherigen Verständnis werden angeborene Emotionen reflexhaft aktiviert, zugleich ist das durch sie ausgelöste Verhalten aber beeinflussbar durch später erworbene Emotionen. »Bewusstes Überlegen und sekundäre Emotionen können beeinflussen, wie wir auf Situationen reagieren, die Primäremotionen hervorrufen« (Bekoff, 2008, S. 28). Es kann z. B. sein, dass jemand durch eine unvermittelte, heftige Kopfbewegung eines Pferdes urplötzlich einen Fluchtreflex verspürt (Furcht). Durch kurzes Prüfen des Situationskontextes stellt derjenige aber schnell fest, dass ihm keine Gefahr droht, da das Tier weiterhin ruhig steht. Er unterdrückt also seinen Weglaufimpuls, zumal er sich vor der TGI-Fachkraft keine Blöße geben möchte (Scham).

II-2.1.1 Emotionen bei Menschen

Es gibt zahlreiche Emotionen. Lange Zeit ging man davon aus, dass alle Gefühle weltweit, d.h. kulturübergreifend identisch ausgedrückt und gegenseitig verstanden werden. Seitdem die Forschung jedoch kultursensibler vorgeht, wird deutlich, dass dies nicht so ist. Es bestehen kulturelle Variationen und Unterschiede, welche Gefühle empfunden und wie sie geäußert werden und mit welchen Situationen sie verbunden sind. Daraus ergeben sich Emotionen, die sehr speziell sein können. Es gibt daher keine festgeschriebenen Einzelemotionen, sondern eine Vielfalt an verschiedenen, individuell gefärbten und situationsbezogenen Gefühlen (Scherer & Moors, 2013). Die Kombination aus genetischer Anlage und sozialer bzw. kultureller Prägung hat also allein beim Menschen einen ganzen Strauß an Gefühlen und Ausdrucksweisen hervorgebracht: »cultural facts have led some scholars to assume that diverse cultural backgrounds produce variation in how humans around the world experience, express and perceive emotions« (Lindquist et al., 2022, S. 1).

Da es sich bei all dem um Ergebnisse aus der Humanforschung handelt, ist umso erstaunlicher, dass eine Emotion in der Fachliteratur eher selten beim Namen genannt wird: nämlich Zuneigung bzw. Liebe. Dies liegt vielleicht daran, dass dieses Gefühl neben der neurobiologischen Wurzel der Bindung individuell sehr nuanciert erlebt und interpretiert wird, kulturell stark beeinflusst ist und unterschiedlichen normativen Vorstellungen unterliegt. Dennoch scheint es eines der Gefühle zu sein, das nicht nur innerhalb unserer eigenen Spezies sehr bedeutsam ist, sondern auch bei anderen.

II-2.1.2 Emotionen bei Tieren

Die Suche nach dem Unterschied zwischen Menschen und nichtmenschlichen Tieren betraf lange Zeit ausdrücklich die Emotionsforschung. Doch die Erkenntnisse zeigen: Tiere haben ebenfalls vielerlei Gefühle. Trotz aller Unterschiede zwischen den Lebewesen kann davon ausgegangen werden, dass Menschen und andere Tiere einen wesentlichen Kern an Emotionen teilen (Bekoff, 2008; Sachser et al., 2022). Ein Erklärungsansatz liegt z.B. im sogenannten Homologieprinzip. »Wenn ein nicht-menschliches Lebewesen über die gleichen Sinnesorgane, Gehirnfunktionen und dazugehörigen Nervenverknüpfungen verfügt und in vergleichbaren Situationen mit dem Menschen vergleichbares Ausdrucksverhalten zeigt, dann kann auch für dieses Tier eine den menschlichen Empfindungen vergleichbare Interpretation gewagt werden« (Gansloßer, 2023, S. 10). Es kann sogar davon ausgegangen werden, »dass viele Tiere genauso viele Emotionen empfinden wie Menschen« (Bekoff, 2008, S. 68). Zugleich ist es wahrscheinlich, dass es einige artspezifische und individuelle, d.h. persönlichkeitsbedingte Unterschiede gibt, wie Emotionen empfunden werden (Bekoff, 2008). Beim Menschen wurde durch die kultursensible Emotionsforschung deutlich, dass Gefühle innerhalb einer Spezies verschiedene Variationen umfassen können. Entsprechend ist es möglich, dass es sehr spezielle Gefühlsnuancen, Auslöser und Ausdrucksformen bei Tieren geben kann. Die Tatsache, dass Gefühle variieren oder nur von Teilgruppen empfunden werden, heißt also nicht, dass es diese Emotionen nicht gäbe. Auch wenn wir uns nur bedingt in andere hineinversetzen können, ist nicht mehr fraglich, *ob* andere Lebewesen Emotionen haben. Die neue Fragestellung lautet: *Welche* Emotionen empfinden andere? Wie fühlt es sich für *sie* an?

Aktuelle Forschungserkenntnisse

Der Evolutionsprozess hat ein Kontinuum an Fähigkeiten hervorgebracht, die bei Menschen und Tieren dem Überleben des Einzelnen und der ganzen Art dienen. Das hat zur Folge, dass vieles davon bei Menschen und anderen Spezies gleichermaßen vorhanden ist. »Wenn wir genau genug hinsehen, finden wir die Wurzeln unserer eigenen Intelligenz und Emotionen in anderen Tieren« (Bekoff, 2008, S. 55). Da soziale Lebewesen sich mit ihrem Verhalten an dem der anderen orientieren, spielt das Erkennen und Verstehen von emotionalen Inhalten eine äußerst wichtige Rolle, insbesondere wenn es sich um ein hochkomplexes Sozialleben handelt. Emotionen lassen nicht nur erkennen, wie sich das Gegenüber gerade fühlt. Sie können darüber hinaus Hinweise geben, wie sich derjenige im nächsten Moment voraussichtlich verhalten wird. Durch Emotionserkennung lassen sich die Situation und Absicht des Gegenübers intuitiv verstehen (Glenk, 2022). So gesehen zählen Emotionen zu den ursprünglichen Inhalten von sozialen Interaktionen. Sie erfüllen dabei eine wichtige Aufgabe, indem sie »das Verhalten regulieren und kontrollieren; sie sind Phänomene, die uns ausdrücken und die uns bewegen« (Bekoff, 2008, S. 26). Zudem sind sie unverzichtbar, um Entscheidungen treffen zu können, da weniger die Fakten, Berechnungen oder Analysen, sondern das Gefühl dabei leitend ist – auch beim Menschen (Damasio, 2017).

» Für das reichhaltige Repertoire an tierlichen Emotionen gibt es zunehmend mehr Belege, die auf wissenschaftlichen Kriterien basieren. «

Bei Schweinen ist z. B. anhand ihrer Lautäußerungen zu erkennen, ob sie positive oder negative Gefühle mitteilen und wie stark diese ausgeprägt sind (Mandel-Briefer, 2022). In weiteren Forschungen stellte sich zudem heraus, dass Schweine emotional auf Musik reagieren. Ähnlich wie auch Menschen lassen sie sich von der durch die Musik übertragenen Stimmung anstecken. »We concluded that pigs have a wide variety of emotional responses, with different affective states related to the music structure used, providing evidence of its potential use as environmental enrichment for this species« (Zapata Cardona et al., 2022, S. 1).

Die Emotionen von Schafen lassen sich mit einer Art Übersetzungsskala u.a. an Gesichtsausdruck und Ohrenstellung ablesen (Lu et al., 2017), ergänzt durch individuelle Signale.

Hühner erledigen nicht einfach stereotyp die Aufzucht von Küken, sondern die Glucken handeln empathisch. Anhand von neurophysiologischen Veränderungen und Verhaltensweisen lässt sich nachweisen, dass sie aus entsprechenden Emotionen heraus handeln, wie bspw. aus Sorge um das Wohlergehen der Küken (Edgar, 2011). Hühner verfügen generell über ausgeprägte Fähigkeiten in den Bereichen Kognition, Emotionen, Persönlichkeit und Sozialverhalten (Marino, 2017).

Hunde und Menschen weisen hohe Ähnlichkeiten in ihren Gefühls-, Sozial- und Bedeutungswelten auf (Feddersen-Petersen, 2008). Bei Hunden, die zuvor nur kurz von ihrem Hauptbezugsmenschen getrennt waren, lässt sich die Wiedersehensfreude auf der körperlichen Ebene nicht nur anhand eines erhöhten Oxytocin-Spiegels sondern auch an einer Zunahme an Tränenflüssigkeit belegen (Kikusui et al., 2022).

Rinder freuen sich überschwänglich, wenn sie ein Problem selbstständig lösen konnten. Man nennt es den »Eureka-Moment«: »It may be that the animals were aware of their own success in solving a problem, so the phenomenon was called the eureka effect« (Broom, 2010).

Weitere Forschungen, z.B. zu Bienen, Hummeln, Fischen, Zehnfußkrebsen und Kopffüßern zeigen, dass kognitive und soziale Fähigkeiten, Empfindsamkeit und intensive Emotionen nicht nur bei Wirbel- oder Säugetieren vorhanden sind (Chittka, 2022; de Waal & Andrews, 2022; Kaiser & Richter, 2022; Solvi et al., 2016). Bienen führen ein komplexes Sozialleben und sind zu vielfältigen kognitiven Leistungen und Problemlösungen imstande. Sie verfügen über ein Dopaminsystem und empfinden positive wie negative Gefühle (Spielfreude, Angst, depressive oder pessimistische Stimmungen) (Bekoff, 2022; Mendl & Paul, 2020).

Die Liste ließe sich mit zahlreichen Beispielen zum emotionalen Erleben und Verhalten von Tieren verlängern. Alle zeigen:

Lebewesen haben Emotionen, weil sie eine wichtige Funktion erfüllen (Gygax, 2017). Sie helfen, sich in einer komplexen Welt zurechtzufinden, Situationen einzuschätzen, Entscheidungen zu treffen und sich für das eigene Wohlbefinden und Überleben einzusetzen sowie auch für das von anderen. Evolutionär betrachtet trägt all das letztlich dazu bei, den Erhalt einer Art zu sichern. Daher kann davon ausgegangen werden, dass Emotionen ein frühzeitiges, biologisches Prinzip der Evolution sind, das viele Spezies teilen (ebd.). So kann auch ohne weitere Einzelnachweise für alle Tiere in der TGI angenommen werden, dass sie über ein differenziertes Spektrum an Emotionen und Stimmungen verfügen und diese bewusst erleben (vgl. Kriegel & von Gall, 2020).

Neurobiologische Basis

Emotionen sind bei Wirbel- bzw. Säugetieren auf neurobiologischer Ebene nahezu übereinstimmend angelegt. Das betrifft die dafür erforderlichen Grundlagen wie zuständige Hirnstrukturen, Neurophysiologie, Botenstoffe sowie emotionale Ausdrucks- und Verhaltensweisen (Bekoff, 2008; Feddersen-Petersen, 2016; Sachser et al., 2022). Es ist unübersehbar, dass Tiere und Menschen viele ähnliche Emotionen haben und sogar sehr wahrscheinlich, dass sie die Basisgefühle sehr ähnlich erleben (Bekoff, 2008).

Bei allen Übereinstimmungen und Ähnlichkeiten geht es zudem darum, Offenheit zu bewahren gegenüber den vorhandenen Unterschieden. Über den großen gemeinsamen Pool an Emotionen hinaus kann es sein, dass einzelne Emotionen bei bestimmten Tierarten, Menschen, Kulturen oder Individuen ganz speziell sind (Bekoff, 2008; Kaiser & Richter, 2022). Emotionen sind also etwas ganz Persönliches.

Emotionen und Persönlichkeit

Evolutionsgeschichtlich betrachtet ist die Entwicklung von Emotionen eng verknüpft mit der Entwicklung von Bewusstsein und Subjektivität (Damasio, 2017). Daraus entstand Individualität bzw. individuelle Vielfalt innerhalb einer Spezies. Sie lässt sich u.a. anhand von Persönlichkeitsmerkmalen wie Grundstimmung, Temperament und Verhaltensmustern beschreiben. Persönlichkeit ist zum Teil genetisch bedingt und zugleich durch Sozialisations- und Umweltfaktoren während des Aufwachsens geprägt (Julius et al., 2014). Viele individuelle Eigenheiten haben ihren Ursprung in den sensiblen Entwicklungsphasen (bspw. Präge- oder Sozialisierungsphase). Gerade die in den ersten Lebensphasen erworbenen Reaktionsmuster und Verhaltensweisen wirken im Nachhinein wie angeboren und bleiben oft fest verinnerlicht. Einige Eigenschaften bleiben daher über die gesamte Lebensspanne hinweg relativ konstant. Doch insbesondere die sozial bezogenen Persönlichkeitsmerkmale, die eher durch Erfahrungen geformt werden, können sich wandeln. Zu den sozialen Faktoren, die die Persönlichkeit und den Interaktionsstil von Tieren beeinflussen, zählen die Artgenossen und auch wir Menschen (Julius et al., 2014).

Persönlichkeitsforschung gibt es nicht nur in Bezug auf Menschen, sondern bspw. auch zu Hunden, Pferden, Katzen, Schafen, Wildschweinen, Vögeln, Eidechsen und Insekten (Winkler & Tebelmann, 2023). Von beobachteten Verhaltensmustern werden jeweils Persönlichkeitstypen abgeleitet. Diese zeigen Übereinstimmungen zwischen den verschiedenen Spezies, bspw. in Bezug auf die Ausprägung von Ängstlichkeit, Neugier oder Geselligkeit. Es gibt aber auch artspezifische Besonderheiten, sodass artbezogene Kategorien sinnvoll sind (ebd.). Ein speziesübergreifendes Persönlichkeitsmodell ist daher umso schwieriger zu erstellen. Zudem müssen dazu menschliche und nichtmenschliche Tiere gleichwertig betrachtet werden (Kotrschal, 2014; Winkler & Tebelmann, 2023). Das bringt Herausforderungen mit sich, weil man als Mensch zunächst typisch menschliche Wahrnehmungen und Vorstellungen hat, die sich nur schwer ablegen lassen. Zudem lassen sich komplexe Wesenszüge mit verallgemeinernden Kategorien nur sehr vereinfacht und oberflächlich darstellen. Um die vielfältigen Facetten von Persönlichkeit nachvollziehbar zu beschreiben, insbesondere von einer anderen Art, reicht das nicht aus. Es wird dem jeweiligen Individuum nicht gerecht. Statt einer vereinfachenden »Typen«-Sichtweise braucht es vielmehr Nähe, Zeit, Respekt und Zuneigung, um das Wesen eines anderen wirklich erfassen zu können (Birmelin, 2014). Das ist auch wichtig für die TGI. Um Klient und Tier verstehen und in ihren Interaktionen gut begleiten zu können, brauchen wir Fachkräfte ein Gespür für die jeweilige Persönlichkeit. Zudem braucht es einen sicheren Rahmen und Interaktionsmöglichkeiten, damit sich beide mit ihren Wesenszügen näherkommen und verstehen lernen. Insbesondere für den Klienten liegen darin ungeahnte Erkenntnis- und Entwicklungschancen. Aber auch für unsere Tiere ist es anregend, mit unterschiedlichen Menschen gemeinsam gelingende Erfahrungen zu sammeln.

Aus der tiergestützten Praxis

Tanja ist Ergotherapeutin in eigener Praxis und bezieht ihre Kaninchen, Meerschweinchen und Hühner in die Arbeit ein. Ihre Klienten kommen hauptsächlich aus einer nahe gelegenen Reha-Klinik. Sie erzählt, wie sich ihre Arbeitsweise über die Jahre verändert und verfeinert hat. Bei allen Klienten achtet sie mittlerweile darauf, Achtsamkeitsansätze in den Therapieablauf einzubauen. In diesem Zusammenhang ist es ihr wichtig, neben den therapeutischen Zielen stets auch gezielt die Klient-Tier-Beziehung zu fördern. Dazu erläutert Tanja nicht nur Persönlichkeitsmerkmale eines jeden Tieres, sondern nutzt Reflexionsfragen, über die sie das Erleben der Tiere für den Klienten nachvollziehbar macht und ihn Ähnlichkeiten sowie Unterschiede entdecken lässt. Sie hat den Eindruck, dass sich dadurch in mehrerlei Hinsicht etwas verändert: Die Atmosphäre während der Einheit ist entspannter und rücksichtsvoller. Die Tiere haben ein größeres Interesse, sich auf die Interaktionen einzulassen. Zugleich vertiefen sich die Gesprächsthemen mit den Klienten, was wiederum Auswirkung auf deren mentale und körperliche Verfassung hat. Tanja nennt es daher den »doppelten Boden« ihrer Arbeit.

II-2.2 Emotionen in der TGI

Emotionen sind ein stetes, wichtiges Element der Interaktion und des basalen, gegenseitigen Verstehens. Es ist die ursprünglichste Form der Verständigung, zwischenmenschlich ebenso wie unter Tieren bzw. in der Mensch-Tier-Beziehung. Die gemeinsamen evolutionären Wurzeln der Emotionen führen dazu, dass Verständigung bzw. gegenseitiges Verstehen möglich ist (Julius et al. 2014; Filippi, 2017). Zwischen Menschen und Tieren können z. B. die Grundemotionen artübergreifend erkannt werden (vgl. Wille, 2011; Julius et al., 2014). Durch Stimmungsübertragung bzw. emotionale Ansteckung werden zudem spontane Empfindungen und Reaktionen auf die Gefühle von anderen ausgelöst. Dadurch können Stimmungen nicht nur Einzelne, sondern eine ganze Gruppe beeinflussen. Beziehungs- bzw. Gruppendynamiken sind daher stets auch vor diesem Hintergrund zu reflektieren.

» Das emotionale Mitschwingen und Einfühlen beeinflusst nicht nur das Verhalten, sondern ist auch die Basis von Empathie. «

Damit ist gemeint, sich in die Situation eines anderen hineinversetzen und dessen Erleben, Absichten oder Erwartungen erkennen zu können. Die Fähigkeit ist wichtig, um das Verhalten anderer zu verstehen und angemessen beantworten zu können. Sie ist eine Grundlage des sozialen Zusammenlebens. Die Entwicklung dieser Fähigkeit muss bei Mensch und Tier von Kindheit an gefördert bzw. verfeinert werden. »Störungen in diesen frühen sozialen Lernvorgängen ziehen gewöhnlich eingeschränkte soziale Kompetenz und eine mangelnde Empathiefähigkeit im Erwachsenenstadium nach sich« (Julius et al., 2014, S. 42). Das betrifft die sozialen Interaktionen unter Menschen, ebenso wie die unter Tieren, als auch zwischen Mensch und Tier. »Wie innerartlich, wird auch die Bedeutung des emotionalen Ausdrucks eines Sozialkumpans einer anderen Art gelernt und feinjustiert« (ebd., S. 42).

> »Die ausgebildeten Mensch-Tier-Teams in der TGI sollten daher besonders geübt sein in der Fähigkeit, speziesübergreifend Emotionen zu erkennen und darauf zu reagieren.«

Insbesondere wir Fachkräfte »sollten immer darum bemüht sein, Wissen, Handlung und Mitgefühl miteinander zu verbinden« (Bekoff, 2008, S. 25). Das ist die Basis gelingender Interventionen in der TGI.

II-2.2.1 Leitlinien für die TGI-Praxis zu Emotionen

Der Blick auf Emotionen und Persönlichkeit bietet spannende Aspekte in Bezug auf Mensch-Tier-Beziehungen. Im Folgenden konzentrieren wir uns auf die wichtigsten Erkenntnisse, die als Grundlage für die TGI bedeutsam sind.

Emotionen wahrnehmen

> »Emotionen spielen in der Kommunikation und Beziehungsgestaltung von sozialen Lebewesen eine zentrale Rolle, egal ob bei Mensch oder Tier.«

Nichtmenschliche Tiere haben ebenfalls ein reiches emotionales Innenleben, auch wenn dies nicht immer auf Anhieb erkennbar ist. Die Emotionen können sowohl artintern als auch artübergreifend gleich, ähnlich oder anders sein. Für das alltägliche Zusammensein und für den Umgang miteinander in der TGI heißt das, dass wir Fachkräfte genau hinschauen, uns einfühlen und das Erleben der Tiere und Klienten ernst nehmen. Nur dann können wir sie verstehen, feinfühlig und angemessen miteinander interagieren und für eine entspannte Atmosphäre sorgen. Allerdings können falsch interpretierte Gefühle auch manchmal in die Irre führen (vgl. Lohmar, 2016). So können z. B. das Verhalten oder die Absichten anderer falsch gedeutet werden. Doch auch zu den eigenen emotionalen Zuständen und Beweggründen braucht es Klarheit. Als Fachkraft erfordert es daher nicht nur einen reflektierten Umgang mit den Gefühlen von Tier und Klient, sondern auch mit den eigenen.

Schenke ich meinen Gefühlen und denen der anderen im Rahmen der TGI genügend Beachtung?

Gefühle schaffen Tatsachen

> »Gefühle sind Teil des Erlebens und Verhaltens. Ein Gefühl ist für denjenigen, der es empfindet, zunächst die alles bestimmende Realität.«

Es gibt keine »als-ob«-Gefühle (Bekoff, 2008). Ein Kind, das enttäuscht und emotional verletzt ist, verhält sich nicht so, »als ob« es ihm weh tun würde – es spürt reale psychische Schmerzen, darauf muss in der TGI eingegangen werden. Ein Hund, der trauert, verhält sich nicht so, »als ob« er seinen verstorbenen Freund vermisst – er spürt Verlust und Sehnsucht und kann sich nicht auf die TGI einlassen. Eine Kuh, die beim Klientenspaziergang nach ihrer Herde ruft, folgt nicht stumpf ihren Instinkten – sie spürt Verunsicherung durch die Trennung oder gibt vielleicht sogar einem Gefühl Ausdruck, das Menschen so nicht kennen. Alle zeigen ihre Gefühle, die für sie das Hier und Jetzt bestimmen. Das Einzige, was wir nicht genau wissen, ist, *wie* sich die Emotion speziell für den Betreffenden anfühlt. Aber das wissen wir bei unseren nächsten Mitmenschen auch nicht genau.

Für den Empfindenden, egal ob Mensch oder Tier, schaffen die Emotionen Tatsachen, auch wenn es aus der Perspektive des Beobachters nicht sofort nachvollziehbar ist. Das Beachten der Gefühle eines Jeden spielt daher eine große Rolle. So gesehen basiert TGI auf dem emotionsfokussierten Dialog zwischen Mensch und Tier. Dazu braucht es Rahmenbedingungen, in denen sich alle Beteiligten sicher und akzeptiert fühlen. Nur dann finden entspannte Interaktionen statt, die wiederum die angestrebten Heilungs-, Lern- und Weiterentwicklungsprozesse ermöglichen. Nehme ich die Emotionen anderer ernst, auch wenn ich sie erst mal nicht nachvollziehen kann?

Gefühle als Ausdruck von Persönlichkeit verstehen

> »Kein Tier oder Mensch gleicht dem anderen, weder äußerlich noch hinsichtlich der charakterlichen Merkmale. Alle sind unverwechselbare Individuen.«

Jeder empfindet und äußert nicht nur Gefühle, sondern bringt sich zudem durch sein »typisches« Verhalten und Auftreten als Persönlichkeit zum Ausdruck. Davon zeugen z. B. Pose, Muskelspannung, Gang, Gesichtsausdruck, Blicke, Lautäußerungen oder auch Gerüche (Pheromone etc.) (vgl. Bekoff, 2008). Neben den Erbanlagen bestimmen die Sozial- und Umwelterfahrungen die individuelle Persönlichkeitsentwicklung. Dieses Prinzip ist bei Mensch und Tier identisch. »Durch das Zusammenspiel von genetischer Veranlagung und Umwelt-, Lern- und Sozialisationseinflüssen bilden sich auch bei Tieren einzigartige Charaktere heraus, die über lange Zeiträume hinweg stabil bleiben« (Sachser et al., 2022, S. 27). Menschen und Tiere verhalten sich daher auch entsprechend ihrer Persönlichkeit. Deswegen sollten die Inhalte und Methoden der TGI zu den Beteiligten passen und ihre charakterlichen Eigenheiten berücksichtigen. Nicht jedes Huhn mag körperliche Nähe, nicht jeder Hund findet Apportierspiele gut, nicht jedes Kind mag Ballspiele, nicht jeder alte Mensch findet Gefallen daran, im Sitzkreis Lieder zu singen. Die Bereitschaft, auf welche Interventionen sich Mensch und Tier einlassen, und die Art und Weise ihres Interagierens, sagen viel über die Persönlichkeit aus. Achtsame TGI-Methoden beachten das und geben dafür Raum. Ebenso sollten das Handlungsfeld und die Zielgruppe passen. Wer als Fachkraft bspw. keinen inneren Draht zu alten Menschen hat, der sollte mit ihnen auch dann nicht arbeiten, wenn gut bezahlte Aufträge winken. Die beteiligten Klienten und Tiere werden spüren, ob eine Fachkraft aus Überzeugung und mit Herz dabei ist. Ebenso sind Vorlieben und Abneigungen der Tiere zu berücksichtigen. Wem kleine Kinder zu quirlig und unberechenbar sind, der sollte nicht zu einem Einsatz im Kindergarten genötigt werden.

Nehme ich die unterschiedlichen Vorlieben und Abneigungen der jeweiligen Beteiligten wahr? Nehme ich Rücksicht darauf?

Stimmungen und Gefühle übertragen sich

Unsere eigenen Emotionen haben Auswirkungen auf Klient und Tier. Daher haben in erster Linie wir Fachkräfte dafür zu sorgen, dass wir entspannt und motiviert sind. Nur dann kann eine entsprechende Atmosphäre entstehen. Mit einer zuversichtlichen und ermutigenden Haltung tragen wir dazu bei, dass die Klienten sich an die Aufgaben heranwagen. Zugleich brauchen unsere Tiere uns als ausgeglichenen und sicheren Bezugspunkt. Wir sind die Voraussetzung dafür, dass sie sich auf die Klienten einlassen, kreativ mit Herausforderungen umgehen und eventuell auftretende Stressmomente schnell überwinden (s. Kap. Wohlbefinden, Kap. Beziehung). Die Stimmungsübertragung ist zugleich ein wichtiger Grund, warum insbesondere für den Einbezug der Tiere klare Vorgaben und Beschränkungen einzuhalten sind: Der regelmäßige Umgang und das Mitschwingen mit Klienten, die aufgrund von Belastungen unwillkürlich negative Gefühlszustände in das Interventionsdreieck mitbringen, erfordert eine Begrenzung der TGI-Einheiten hinsichtlich der Dauer und Anzahl sowie gezielte Ausgleichstätigkeiten und lange Ruhephasen zwischen den Einsätzen (vgl. TVT-Merkblätter).

Was hilft mir, die Emotionen von Klient und Tier zu erfassen und richtig zu interpretieren?
Wie schütze ich mich, den Klienten und mein Tier vor emotionaler Überforderung?

Aus der tiergstützten Praxis

Miriam bezieht ihren Wallach Bravo punktuell in die Arbeit mit Borderline-Patienten ein. Sie erzählt, wie sehr ihre Erfahrungen im Laufe der Zeit ihre Wahrnehmung und ihren Arbeitsstil verändert haben. Ausschlaggebend war folgendes Erlebnis: Am Ende einer TGI-Sequenz mit einer jungen Frau legte Bravo seinen Kopf auf Miriams Schulter. Was von der begleitenden Kollegin als berührende Vertrautheitsgeste interpretiert wurde, fühlte sich für Miriam ganz anders an. Sie sagt, dass sie mit einem Mal die unglaubliche Schwere und Erschöpfung ihres Pferdes mitempfand. Die Intensität der Belastung hatte sie bis dahin nicht so gravierend eingeschätzt.

Positive Emotionen fördern

Trotz aller Belastungen, um die es in der TGI auftragsbezogen oft geht, liegt ein Schwerpunkt immer auf positiven Emotionen. Sich aufeinander einlassen, miteinander im Kontakt sein, miteinander aktiv sein, immer wieder zu gemeinsamer Entspannung finden, sich miteinander sicher und wohl fühlen – all das braucht positive Momente und Gefühle. Sie sind zudem wichtige Grundlage für Lernen und Entwicklung. Mit dem Klienten ist daher stets darauf zu schauen, dass immer auch Positives vorhanden ist und Raum hat. Und auch mit Blick auf die Tiere ist darauf zu achten, dass gezielt Anlässe für Freude und Spaß, d.h. positive Emotionen geschaffen werden.

Wie kann ich immer wieder für positive Emotionen während der TGI sorgen?

Emotionale Gesundheit der Tiere erhalten

Das Stärken von positiven Gefühlen und der differenzierte Umgang mit unterschiedlichen Emotionen und Stimmungen sind bei Mensch und Tier die Voraussetzung für den langfristigen Erhalt der Gesundheit. Da auch Tiere emotionale Belastungen und Stress durch Frustration oder Eifersucht kennen oder sich ungerecht behandelt fühlen können (Sachser et al., 2022), ist wiederkehrenden oder anhaltenden negativen Empfindungen rechtzeitig entgegenzuwirken. Nur dann zeigen sie auch dauerhaft Freude am Einbezug in die TGI. Für Hunde ist mittlerweile sehr gut untersucht, welche psychischen Erkrankungen durch Stress entstehen können und wie für mehr Resilienz gesorgt werden kann (Foltin, 2023). Etliche Erkenntnisse sind vermutlich ebenso auf andere Tierarten zu übertragen. Es geht einmal mehr darum, nicht erst abzuwarten, bis die Tiere Krankheits- oder Schmerzäußerungen zeigen, sondern präventiv viel dafür zu tun, dass sie sich physisch und psychisch wohlfühlen, Freude haben und gesund bleiben.

Wie kann ich konkret für mein Tier sorgen, damit es langfristig psychisch stabil und gesund bleibt?

»Negative« Gefühle sind wichtige Anzeichen

Das Anstreben von Wohlbefinden und positiven Gefühlen bedeutet auch, als negativ bewertete Stimmungen und Emotionen ernst zu nehmen. Wenn also das Tier Widerstände zeigt, oder wenn der Klient oder wir selbst unzufrieden oder emotional angespannt sind, dann ist das ein wichtiger Hinweis. Es können Indizien dafür sein, dass z. B. der methodische Verlauf der TGI-Einheit nicht stimmig ist. Die emotionalen Äußerungen eines jeden Beteiligten sind dafür wichtige Gradmesser. Um das Tier vor emotionaler Überforderung zu schützen, muss verlässlich die Möglichkeit gegeben sein, dass es sich aus einer laufenden Intervention an einen sicheren Ort zurückziehen kann. Mit dem Klienten sollte stets zwischendurch geprüft werden, wie sein Befinden ist und ob das Vorgehen auch aus seiner Perspektive passt. Zur Sicherheit kann ein Veto-Signal vereinbart werden. Als Fachkraft ist für solche Situationen stets ein »Plan B« als alternative Gestaltungsmöglichkeit bereitzuhalten, um bspw. Klient und Tier nicht zu überfordern. Zudem sollte der Verlauf im Nachhinein reflektiert werden. Dadurch lassen sich für kommende Einheiten konkrete Verbesserungsmöglichkeiten erkennen.

Reagiere ich flexibel auf Veränderungsbedarfe?
Nehme ich mir genügend Zeit für die Reflexion der emotionalen Anteile der TGI-Einheit?

Emotionen sind allgegenwärtig. Sie vereinfachen oder erschweren Prozesse und Beziehungen. Warum die Beziehungen in der TGI so wichtig sind, erläutern wir im nächsten Kapitel.

II-3 Du und ich = wir: Die Bedeutsamkeit der Beziehung

» Eine zentrale Aufgabe in der TGI ist es, Beziehungen zu gestalten. Gelingende Beziehungen sind in allen tiergestützten Handlungsfeldern die Grundvoraussetzung für Lernen, Veränderung und Heilung. «

Dabei sind drei Ebenen zu beachten: Erstens geht es um die professionelle Beziehung zwischen Fachkraft und Klient. Zweitens braucht es die wechselseitig tragfähige Nähe- und Vertrauensbeziehung von Fachkraft und Tier. Sie ist die Basis für die Arbeit mit Klienten. Zugleich ist sie unerlässlich für die Sicherung des Wohls des Tieres im Alltag und während der Interventionen. Denn nur wer sein Tier gut kennt und sich einfühlen kann, kann sein Tier gut »lesen« und auch gut für dessen Wohlbefinden sorgen. Drittens ist die wachsende Beziehung von Klient und Tier wichtig, damit sich die positiven Effekte der Mensch-Tier-Interaktionen entfalten können. Und nicht zuletzt ist die Beziehung der Fachkraft zu sich selbst von Bedeutung, um authentisch, achtsam und respektvoll während der Interventionen mit Klient und Tier in Kontakt sein zu können (vgl. Kap. Reflexion). Die Komplexität der Beziehungen lässt sich im Rahmen dieses Kapitels nur begrenzt abbilden. Es werden aber die wichtigsten Überlegungen für die TGI formuliert, getreu der Erkenntnis »Beziehung ist nicht alles [...], aber ohne Beziehung ist alles nichts« (Stadler, 2014).

II-3.1 Soziale Beziehungen

Im Leben von Menschen und anderen sozialen Tieren geht es darum, vielfältige Beziehungen zu gestalten. Sie sind in verschiedener Hinsicht lebensnotwendig. Beziehung bedeutet dabei mehr als einmalige oder unverbindliche Begegnungen (vgl. Gahleitner, 2017). Sie ist gekennzeichnet durch Bedeutsamkeit füreinander, durch wechselseitiges Kommunizieren und Handeln sowie entsprechende Erwartungen und Empfindungen. Soziale Beziehungen erstrecken sich über einen längerfristigen Zeitraum und lassen eine je eigene Beziehungsgeschichte entstehen. Jeder der Beteiligten verbindet mit der Beziehung eigene Bedürfnisse, Wahrnehmungen, Erinnerungen, Gedanken und Emotionen (Höger, 2008). In der TGI handelt es sich um ein Beziehungsdreieck aus Fachkraft – Tier – Klient. Wenn mehrere Klienten oder Tiere teilnehmen, erhöht sich die Komplexität der Beziehungsgeflechte. Das Dreieck lässt sich beschreiben als professionelle Beziehung zwischen Fachkraft und Klient, als Nähebeziehung zwischen Fachkraft und Tier (vgl. Kap. Ethik) und als Beziehung von Klient und Tier, die im Verlauf der TGI-Einheiten Züge einer Nähebeziehung entwickelt Die professionelle Beziehung Fachkraft – Klient ist durch Rollenzuteilung mit entsprechenden Zielen, Aufgaben, Verantwortlichkeiten und Erwartungen gekennzeichnet.

» Im Kontext der sozialen, therapeutischen oder medizinischen Arbeit geht es dabei nicht nur um das vereinbarte Ziel, sondern zugleich immer auch um die Beziehung selbst. «

Daher spielen hier die Sympathie füreinander, gegenseitiges Vertrauen und das persönliche Einlassen aufeinander ebenfalls eine Rolle. Im Vergleich dazu weist eine Nähebeziehung einen noch höheren Grad an persönlichem Interesse, gegenseitiger Vertrautheit und emotionaler Bedeutsamkeit auf (Wolf, 2012). Allerdings wächst damit auch die gegenseitige emotionale Verletzbarkeit. Für die Beteiligten stellen sich hierdurch besondere Anforderungen an gegenseitige Achtsamkeit und Rücksicht, aus Perspektive der Fachkraft zudem hinsichtlich Verantwortung und Fürsorge sowie nötige Freiräume für die Betreffenden (vgl. Wawrzyniak 2019; Wolf, 2012).

II-3.1.1 Professionelle Beziehungsarbeit mit Menschen

Die Beziehungsforschung umfasst verschiedene Fachrichtungen, wie z. B. Psychologie, Soziologie, Neurobiologie und Pädagogik. Sie alle betonen, wie bedeutsam Beziehungen für Menschen sind, auch in professionellen Kontexten: »Beziehungsarbeit, genauer die Ausgestaltung und Qualität der professionellen Beziehung, ist ein Wirkfaktor. Man würde ihrer enormen Bedeutung nicht gerecht werden, wenn man sie lediglich als einen weiteren Wirkfaktor unter vielen verstehen würde. Beziehung ist viel mehr, sie ist der Boden, auf dem alle übrigen Wirkfaktoren gedeihen können.« (Rothballer, 2018, S. 15). Jedoch ist letztlich nicht einheitlich geklärt, was professionelle Beziehungen im Detail gelingen lässt (Frank, 2022). Uns scheinen dennoch ein paar grundsätzliche Kriterien leitend, die für die TGI passend sind.

Als zentrale Bausteine braucht eine Fachkraft klare Präsenz, respektvolles Verhalten anderen gegenüber und entsprechende innere Haltungen (vgl. Frank, 2022). Sie sollte sich ihrer professionellen Rolle und Verantwortung bewusst sein. Einfühlendes und authentisches Beziehungshandeln baut, über die Fachlichkeit hinaus, gleichermaßen auf der Persönlichkeit der Fachkraft auf. Daher sollte sie, ergänzend zu ihren fachlichen Fähigkeiten, in reflektierter Weise als »Mensch mit seinen spezifischen Kompetenzen und Herangehensweisen, mit seinen Vorlieben, Stärken und Schwächen sichtbar« und nahbar sein (Frank, 2022, S. 317; vgl. Gahleitner, 2017). Es kommt auf das »Zusammenspiel von Erfahrung, Wissen und Werten« sowohl der professionellen als auch persönlichen Anteile der Fachkraft an (Frank, 2022, S. 323). Selbst wenn es einigen Fachkräften aufgrund ihrer Persönlichkeit oder ihrer eigenen Bindungs- und Beziehungserfahrungen leichter fällt, in angemessener Weise Beziehungen einzugehen und zu gestalten, so besitzt doch grundsätzlich jeder diese Fähigkeit. »Eine gute Beziehung [...] ist keine Sache der ›Chemie‹, des Zufalls oder einer ganz speziellen ›Sozialarbeiter-Persönlichkeit‹. Sie ist eine Frage von Methodik und Technik, sie kann gelernt und geübt werden« (Herwig-Lempp, 2002, S. 60; Hervorhebung im Original).

II-3.1.2 Tierliche Beziehungen

Die in die TGI hauptsächlich einbezogenen Tierarten leben artgemäß in komplexen Sozialgefügen. Sie verfügen wie der Mensch über neurophysiologische Grundlagen, die das soziale Verhalten und Zusammenleben steuern (Julius et al., 2014). Daher ist bei diesen Tieren Beziehungsverhalten zu finden, wie wir es auch beim Menschen kennen, z. B. Bindungs- und Fürsorgeverhalten, dyadische Beziehungen, Stimmungsübertragung, Perspektivenübernahme, soziale Unterstützung, Konfliktverhalten incl. Versöhnungs- und Trostverhalten, Wissen über Beziehungen Dritter, Regel- und Traditionsbildung und vieles mehr (ebd.). Viele dieser Fähigkeiten und Verhaltensweisen sind auch bei Vögeln bekannt, die Forschung zu Hühnern bestätigt dies (vgl. Marino, 2017). Zu den größten Bedürfnissen von sozialen Tierarten gehört, mit anderen vertrauten Individuen zusammen zu sein, eingebunden in eine Schar, Herde oder einen Familienverband. Daher gehört zu einem erfüllten Leben in menschlicher Umgebung dazu, dass die Tiere Beziehungen zu ihresgleichen pflegen können. Für einige Tiere ist die konstante Nähe zu anderen unerlässlich für das Gefühl von Sicherheit, Entspanntheit und Wohlbefinden, weshalb z. B. Meerschweinchen niemals isoliert in die Arbeit mit Klienten einbezogen werden dürfen.

In ihren artgleichen Beziehungen erlernen die Tiere alles, was sie als Zugehörige der jeweiligen Art ausmacht, und welche Sozialkompetenzen sie im Umgang mit ihresgleichen brauchen. Davon leiten sie zunächst ihre Fähigkeiten zum Umgang auch mit Menschen ab.

» Für die psychische und physische Gesundheit der Tiere und für das Entwickeln ihrer Kompetenzen ist es daher unerlässlich, dass die in die TGI einbezogenen Tiere von Geburt an art- und tiergerecht leben. «

II-3.2 Mensch-Tier-Beziehungen in der TGI

Mensch und Tier verfügen über neurophysiologische und sozio-kognitive Gemeinsamkeiten, die das Sozialverhalten artübergreifend kompatibel machen und gegenseitiges Verstehen ermöglichen (Julius et al., 2014; Kotrschal, 2014). Die in die TGI hauptsächlich einbezogenen Tiere gehören domestizierten Tierarten an. Die Domestikation hat zu Veränderungen des Gehirns und des Verhaltensrepertoires geführt, sodass sie generell zahmer sind und sich leichter auf Menschen einlassen als ihre Wildformen (Julius et al., 2014). Sie besitzen im besonderen Maße die Fähigkeit, Beziehungen mit Menschen einzugehen, die auf gegenseitigem Vertrauen und Kommunikation basieren (Donaldson & Kymlicka, 2015). Auch wenn zu einzelnen dieser Tierarten noch immer vertiefende bzw. differenzierende Studien fehlen, lassen sich aus der vorhandenen Forschung allgemeine Erkenntnisse ableiten und als These auf andere übertragen. Zu den grundsätzlichen Erkenntnissen gehört, dass all diese Tiere über entsprechende Mechanismen zur Regulation von Sozialbeziehungen verfügen, wie Menschen auch (Julius et al., 2014). Mensch und Tier können daher »in ›echte‹ Sozialbeziehungen und Partnerschaften treten, weil wir artübergreifend gleichartige soziale Mechanismen in Gehirn und Physiologie teilen und weil die Sozialsysteme aller Arten unter ähnlichen Selektionsdrucken evoluierten« (ebd., S. 48, Hervorhebung im Original). Sie teilen ähnliche soziale Bedürfnisse und Verhaltensmuster, auf die zusätzlich die Zuchtselektion auf Zahmheit einwirkte, teilweise über viele Jahrtausende hinweg (bspw. Hund, Katze, Huhn, Rind, Pferd, Schaf, Ziege, Schwein). Das legt heute den Grundstein dafür, dass Menschen und domestizierte Tierarten sich besonders gut miteinander verständigen und intensive Verbindungen eingehen können (ebd.). Die Erklärungsansätze für die Mensch-Tier-Beziehungen sind gleichzeitig auch die Wirkmechanismen der TGI, so z. B. die Spiegelneuronen, die Affektabstimmung, die Kommunikation, die Bindungstheorie und das Vermögen, artübergreifend im

Anderen ein Du zu erkennen. Da diese Grundlagen in der Fachliteratur bereits mehrfach ausführlich beschrieben sind, werden sie an dieser Stelle nicht weiter erläutert. Stattdessen soll hier der Aspekt der individuellen Bedeutsamkeit des Menschen ergänzt werden. Es gibt dazu nur wenig gezielte Literatur, und diese auch nur zu wenigen Tierarten, wie etwa Katzen, Hunde und Wölfe. Bislang ging man davon aus, dass einige Tiere von Geburt an automatisch die Bedeutung von menschlichen Signalhandlungen verstehen, z. B. die Bedeutung von Blick- oder Zeigegesten, und andere nicht. Es stellte sich aber heraus, dass das Wahrnehmen und Verstehen von Gesten erst erlernt werden muss. Genau dafür ist die Beziehung zum Menschen wichtig (Wynne, 2019; Kotrschal, 2022). Bspw. achten Hunde auf das Verhalten von Menschen und erlernen die Bedeutung von menschlichen Gesten, wenn sie ihre Menschen und deren Handlungen als bedeutsam erleben. Die Beziehung ist hier der Schlüssel. Wechselseitige Interaktion, Kommunikation und Verstehen sind der Nährboden für das Erkennen von Bedeutung des Handelns und für das Erleben von Bedeutsamkeit füreinander. Das wirkt sich wiederum stärkend auf das gegenseitige Interesse und die Interaktionen aus. Dieses Prinzip trifft vermutlich ebenso auf weitere Tierarten zu, muss für verlässliche Aussagen aber erst noch weiter erforscht werden.

Grundlagen der wechselseitigen Beziehung zwischen Menschen und Tieren

Mensch und Tier besitzen eine »gemeinsame ›Werkzeugkiste‹ von Strukturen, Mechanismen und Funktionen« (Julius et al., 2014, S. 31; Hervorhebung im Original), die artübergreifende Vertrauens- und Nähebeziehungen möglich machen. Zu den Verhaltensweisen, durch die Beziehungen aufgebaut und dauerhaft gepflegt werden, zählen z. B.: episodisches Gedächtnis, Fähigkeit zur Perspektivenübernahme (»Theory of Mind«), Wissen über die Beziehung Dritter (nicht nur wie andere zu ihnen stehen, sondern wie andere zueinander stehen), planvolles Handeln, Versöhnen und Trösten nach Konflikten und sozialer Beistand für andere

(Bekoff, 2008; Julius et al., 2014). Damit echte Mensch-Tier-Beziehungen entstehen können, ist es wichtig, dass wir Menschen uns diese tierlichen Fähigkeiten bewusst machen und berücksichtigen. Zudem müssen wir beachten, was aus Sicht des Tieres zu einem achtsamen Beziehungsverhalten dazugehört.

Beziehung als Basis für die Erziehung des Tieres

Der Begriff Erziehung wird teilweise kontrovers diskutiert. Wir wollen damit aussagen, dass ein Tier angemessene soziale Verhaltensweisen und -regeln erlernt, dass seine Fähigkeiten und Talente gefördert werden und seine Kompetenzen, darunter auch Adaptionsfähigkeit, gestärkt werden – und all dies unter Berücksichtigung der artgemäßen und individuellen Bedürfnisse und Interessen. Um artspezifische soziale Kompetenzen zu erwerben, brauchen Tiere die Einbindung in eine Gruppe von Gleichartigen. Die Kompetenzen im Umgang mit Menschen erlernen sie in erster Linie über die Interaktionen mit ihren menschlichen Bezugspersonen, d.h. in der Regel durch uns Fachkräfte. Die Erziehungs- und Lernprozesse finden anhand von wechselseitigen Interaktionen statt und brauchen als Basis eine gegenseitig vertrauensvolle Beziehung (Julius et al., 2014; Kotrschal, 2018; Wynne, 2019; Hediger & Zink, 2017). Diese entsteht durch gemeinsame Alltagssituationen, regelmäßige Aktivitäten und besondere Erlebnisse sowie über Kommunikation. Hierüber lernen die Tiere das Wesen, das Verhalten und die Umgangsregeln der Spezies Mensch kennen. Bereits in ganz alltäglichen Interaktionen erfahren sie Resonanz auf ihr Verhalten und lernen mit dem Menschen. Und sie festigen die besondere Vertrauensbeziehung zu ihrer Hauptbezugsperson. Dies erleichtert ihnen, sich an die Besonderheiten des Lebens mit Menschen und des menschlichen Umfelds anzupassen. Zudem legt die stabile, vertrauensvolle Verbindung von Fachkraft und Tier den Grundstein für eine positive Beziehung zwischen Tier und Klient.

Letztlich braucht die Erziehung von sozialen Lebewesen die Einbettung in eine achtsame Beziehung mit einer verlässlichen

Bezugsperson, die Sicherheit und Orientierung vermittelt und zugleich Möglichkeiten bietet für Kompetenzzuwachs und individuelle Entfaltung.

» Tiere in der TGI sollen also nicht dressiert, sondern befähigt werden, in wechselnden Situationen mit Menschen authentisch und kompetent zu interagieren. «

Dabei darf nicht übersehen werden, dass daraus auch Erwartungen der Tiere entstehen: Menschen sind dann umso mehr aufgefordert, sich ihnen gegenüber respektvoll zu verhalten, ihnen Aufmerksamkeit zu schenken, mit ihnen zu kommunizieren.

II-3.2.1 Leitlinien für die TGI-Praxis zu Beziehungen

Erst die Beziehungsarbeit bereitet in der TGI den tragfähigen Boden für die Interventionen. Gute Beziehungen zwischen Fachkraft und Tier, Fachkraft und Klient sowie Klient und Tier entstehen allerdings nicht zufällig oder automatisch. Sie wachsen durch das Vermitteln von Sicherheit, durch Achtsamkeit im Miteinander sowie durch gemeinsame Aktionen und Erlebnisse, die positive Emotionen bewirken. Das heißt, Beziehungen entwickeln sich durch gemeinsames Tun.

» Das Verhalten der Beteiligten gibt Aufschluss über die Qualität der Beziehungen. Wichtig ist, dass die Beteiligten sich miteinander wohlfühlen, und dass Vertrauen, gegenseitiges Verstehen und Verbundenheit entstehen kann. Zugleich braucht es immer auch Freiräume und Eigenständigkeit der Beteiligten. «

Wie in den weiteren Kapiteln noch näher erläutert werden wird, gilt all dies sowohl für zwischenmenschliche als auch für Mensch-Tier-Beziehungen.

Beziehung als zentraler Wirkfaktor in der TGI

In allen Berufsfeldern, in denen Klienten Hilfe oder Entspannung suchen, Entwicklung oder Heilung anstreben, ist die Beziehung zum Helfer einer der wichtigsten Wirkfaktoren. Das heißt nicht, dass professionelle und zielgerichtete Methoden unwichtig wären. Doch für den Klienten bedeutet eine gelingende Beziehung eine überaus positive Erfahrung, die Entwicklungs- und Heilungsprozesse fördert. Eine Wirkungsanalyse zur TGI in der Kinder- und Jugendhilfe besagt sogar, dass sich eine Überfrachtung mit methodischen Interventionen negativ auf die Beziehungsqualität und infolgedessen nachteilig auf die eigentliche Zielerreichung auswirkt (Klein et al., 2018). Der Beziehung von Klient und Fachkraft sowie von Klient und Tier ist also ausreichend Aufmerksamkeit und Zeit zu geben. Dafür braucht es einerseits einen längerfristigen Prozess mit regelmäßigen TGI-Einheiten. Andererseits gilt für die inhaltliche Gestaltung jeder einzelnen Einheit das Motto »weniger ist mehr«, d. h. es reichen jeweils wenige, passende Methoden. So bleibt Raum für spontane Interaktionen und Austausch, die für die Pflege der Beziehungen im Interventionsdreieck förderlich sind.

Welche sinnvollen Methoden passen zu Klient und Tier? Wie lassen sie sich abwechslungsreich und dennoch wohldosiert umsetzen?

Sichere Fachkraft-Tier-Beziehung als Grundvoraussetzung für die TGI

» Die Qualität der Beziehung von Fachkraft und Tier ist grundlegend für die Qualität und den Erfolg der tiergestützten Interventionen. «

Eine gelingende Beziehung basiert auf gegenseitigem Vertrauen, einer verlässlichen wechselseitigen Kommunikation, dem frühzeitigen Erkennen und richtigen Deuten des Befindens des Tieres sowie feinfühligem und fürsorglichem Handeln der Fachkraft (vgl. Julius et al., 2014; Wawrzyniak, 2019; Wolf, 2012). Darüber hinaus ist die emotionale Komponente wichtig, wie füreinander bedeutsam zu sein, Verbundenheit zu spüren, Zuneigung zu empfinden und miteinander Freude zu haben. Für die TGI ist die beste Ausgangsbasis zudem eine gleichwürdig gestaltete Beziehung, mit einem Höchstmaß an Freiwilligkeit des Tieres (siehe dazu Kapitel Partizipation). Das heißt auch, dass Fachkräfte sich mit ihrem Tier als »Team« verstehen sollten und die Bedürfnisse, Talente und Vorlieben des Tieres berücksichtigen. Das Tier wird als individuelle Persönlichkeit geachtet, mit seinem Temperament, seinen Begabungen, Stärken und Schwächen angenommen und wertgeschätzt. Es wird als ein Kollege, Gefährte oder Angehöriger einbezogen, dessen Mitteilungen ernst genommen werden. Es erhält auf artentsprechende Weise emotionale Zuneigung und darf seinerseits Zuneigung ausdrücken. Es darf seinem Abgrenzungsbedürfnis folgen oder auf seine Weise Sicherheit und Schutz suchen. Letztlich sollten wir Fachkräfte durch unser Verhalten beweisen, dass wir für das Tier stets die zuverlässige Hauptbezugs- und Vertrauensperson sind. Dazu gehört, für das Tier orientierend und vorhersehbar zu handeln und Über- bzw. Unterforderung zu vermeiden. Eine so gelebte Beziehung ermöglicht eine tiefe Verbindung, die sich positiv auf die Kommunikation und das Verstehen auswirkt (vgl. Kap. Kommunikation). All das befördert wiederum die Motivation des Tieres, an der TGI teilzunehmen. So sind z. B. »Pferde, die eine stabile Beziehung zum Therapeuten haben, viel mutiger und motivierter, sich aktiv in die Therapie einzubringen« (Hediger & Zink, 2017, S. 68).

Nach heutigem Kenntnisstand lassen sich mit vielen Tierarten intensive Beziehungen eingehen, auch wenn Hunde und Katzen hier sicherlich eine Sonderrolle innehaben, da sie im Menschen einen echten Sozialpartner sehen und bisher stärker als andere Tiere am alltäglichen Leben des Menschen teilhaben. Bei anderen Tierarten ist der Grad an Nähe und Bindung davon abhängig, welche Priorität artgleiche Beziehungen bzw. die Zugehörigkeit zu einer artgleichen Gruppe für sie hat (z. B. bei Pferden, Schafen, Kaninchen, Hühnern). Dennoch entsteht auch hier Verbundenheit zwischen Fachkraft und Tier, wenn auch graduell anders.

Wodurch wächst zwischen meinem Tier und mir gegenseitiges Vertrauen, Nähe und Zuneigung?
Werden ebenfalls seine Bedürfnisse nach artgleichen Beziehungen erfüllt?

Fachkraft-Klient-Beziehung als Prozessbasis

In der Beziehung zum Klienten liegt die Hauptverantwortung ebenfalls bei der Fachkraft. In jeder Profession, egal ob Medizin, Pädagogik, Coaching oder Therapie, sind dazu ethische Verhaltensleitlinien zu finden. Sie geben Orientierung, worauf bei der professionellen Beziehungsgestaltung speziell für die betreffenden Klienten zu achten ist. Häufig ist der Hinweis auf Echtheit, Wertschätzung und Empathie zu finden (Carl Rogers). Jeder Klient braucht das Gefühl, wirklich gesehen und angenommen zu werden. Eine förderliche Beziehung bedeutet daher, Interesse, Respekt, Anerkennung und Verständnis für ihn zu entwickeln und ihn mit seinen Anliegen und Entscheidungen ernst zu nehmen (vgl. Kap. Partizipation). Dem widerspricht nicht, aus der Verantwortung als Fachkraft heraus eine Einschätzung des Klienten schützend zu korrigieren (vgl. Wawrzyniak, 2019). Ein Klient, der sich auf diese Weise verstanden, einbezogen und beraten fühlt, wird Vertrauen und Bereitschaft entwickeln, sich auf den gemeinsamen Prozess einzulassen (vgl. Herwig-Lempp, 2002).

Wie kann ich jeden meiner Klienten annehmen und individuell wertschätzen?
Was fällt mir ggf. schwer?

Die Kehrseite von Beziehungen beachten

Beziehungen sind nicht immer nur Quelle für Wohlbefinden. Sie können Segen und Fluch zugleich sein: Bei Menschen, wie bei anderen sozial organisierten Tieren auch, liegt eine Hauptursache für Stress in den Sozialbeziehungen. Gleichzeitig wird Stress aber auch durch Sozialbeziehungen reguliert bzw. gemindert, z. B. durch Zuwendung und Trost (Julius et al., 2014). Wenn Beziehungen gelingen, können sie gegenseitig positive, stresslindernde Auswirkungen haben.

Was sind evtl. Stressquellen in den Beziehungen der Akteure des Interventionsdreiecks?
Welche positiven Anteile in den Beziehungen lassen sich nutzen, um Entspannung, Wohlbefinden und Freude zu fördern?

Machtverhältnisse reflektieren

Macht ist zunächst ein neutraler Begriff und bezieht sich auf die Einflussmöglichkeiten, die jemand hat (Bosch, 2011). Macht kann also groß oder gering sein. Sie kann zudem positiv, d. h. zum Wohle anderer, oder negativ eingesetzt werden. Alle Beziehungen, egal ob professionell oder privat, enthalten Machtverhältnisse. Daher ist eine bewusste Auseinandersetzung mit Machtgefällen erforderlich (vgl. Kap. Partizipation). Ein größerer Machtanteil bzw. eine Überlegenheit darf nicht dazu führen, eigene Ziele gegen den Willen von anderen durchzusetzen. Leider ist Dominanz nicht immer sofort als solche erkennbar. Sie beginnt dort, wo der Wille eines anderen beiläufig übersehen wird, oder sie erscheint als wohlmeinende Handlung, mit der für einen anderen festgelegt wird, was richtig und gut für ihn sei (Pelluchon, 2019). Damit in Beziehungen alle Beteiligten gleichwürdig sind (vgl. Juul, 2006), müssen die Bedürfnisse und Interessen eines jeden gleichermaßen ernst genommen und berücksichtig werden. Als Fachkraft geht es darum, stets die Bereitschaft und das Wohl von Klient und Tier zu prüfen.

Wie nehme ich die vorhandenen Machtgefälle wahr?
Wie kann ich das in meiner Macht stehende tun, damit es dem Klienten, dem Tier und mir gut geht?

Intensive Nähe braucht gegenseitiges Vertrauen.

Der Vertrauensvorschuss des Menschen ermöglicht
freie Begegnung mit neuer Perspektive.

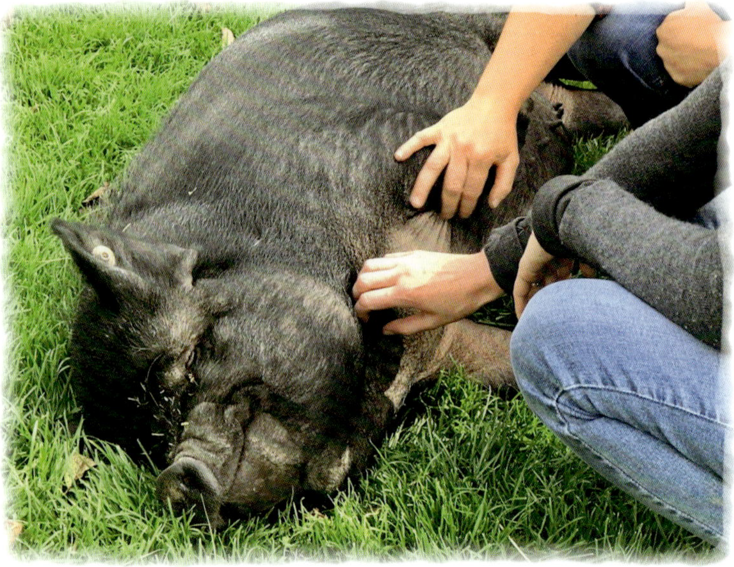

Achtsame Berührungen als Genussmomente für alle Beteiligten

Menschenhände bereiten Entspannung und Wohlgefühl, und fördern dieses Empfinden durch Übertragung beim Menschen.

Katzen als Vorbild für individuelle, eigeninitiierte Kontaktaufnahme

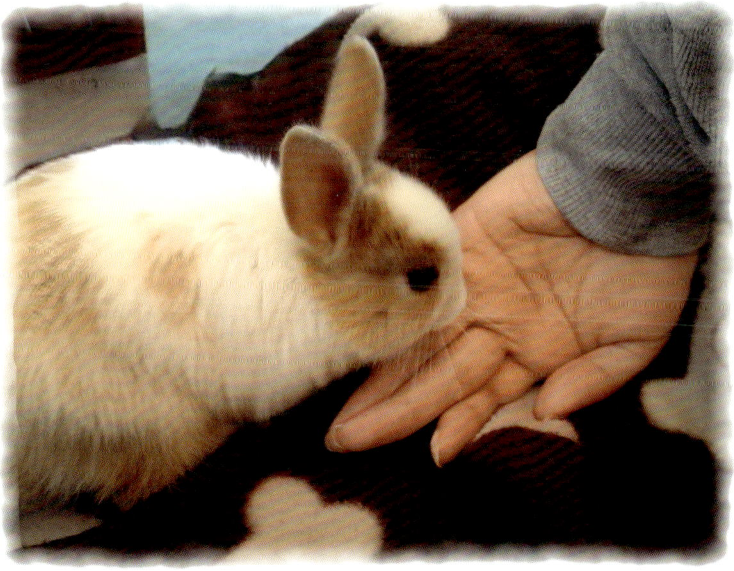

Als Kaninchen Selbstwirksamkeit in der Nähe-Distanz-Regulation im Setting erleben.

Ein Angebot auf Augenhöhe erleichtert Schaf Lotti die Kontaktaufnahme.

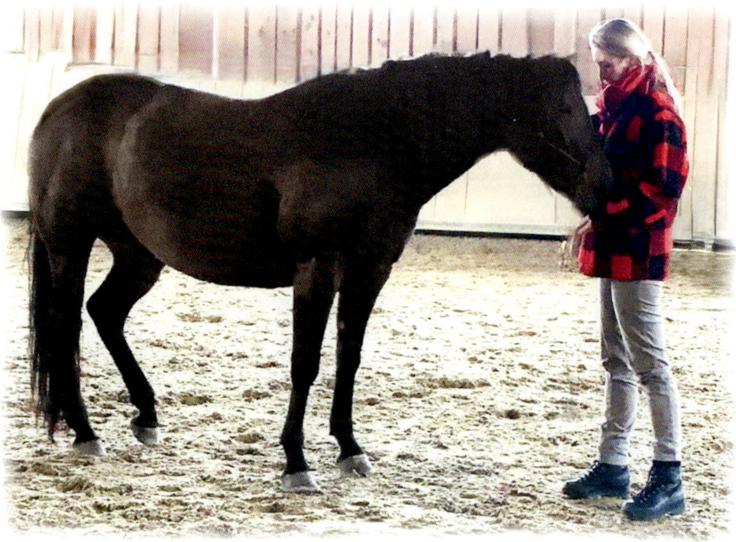

Jede Begegnung hat ihr eigenes Tempo.

Das Mehrwert-Prinzip: Hahn Franz stellt seine Aufgaben in der Hühnergruppe hintan und genießt Kontakt und Zuwendung durch Menschen.

Bezogenheit aufeinander ermöglicht gemeinsames Erleben.

Höfliche, auf das Tier abgestimmte Annährung des Menschen wird vom Pferd Heidi zugewandt und interessiert erwidert.

Wechselseitiges Interesse und achtsame Kommunikation
im Rahmen der freien Interaktion

Warme Sonne, im Gras liegen und gestreichelt werden –
Mehrwert für Schwein Uschi

Aufgenommen werden in einer Gruppe schafft ein Gefühl
von Zugehörigkeit, Geborgenheit und Sicherheit.

Momente der innigen Zweisamkeit

Das Einlassen auf Kater Fritzi kann eine tiefe Verbundenheit schaffen.

Im Erstkontakt mit Pferd Athos Nähe
und Grenzen ausloten

Die Esel Camillo und Eddy zeigen dem Menschen,
dass geteilte Nähe gewollt ist.

Freiwilligkeit – Huhn Dotti macht es sich auf dem Schoß bequem.

Gelungene freie Interaktion mit Ochse Beppo: Erleben eines ungewohnten Kräfteverhältnisses.

Die freie Begegnung schenkt einzigartige Momente.

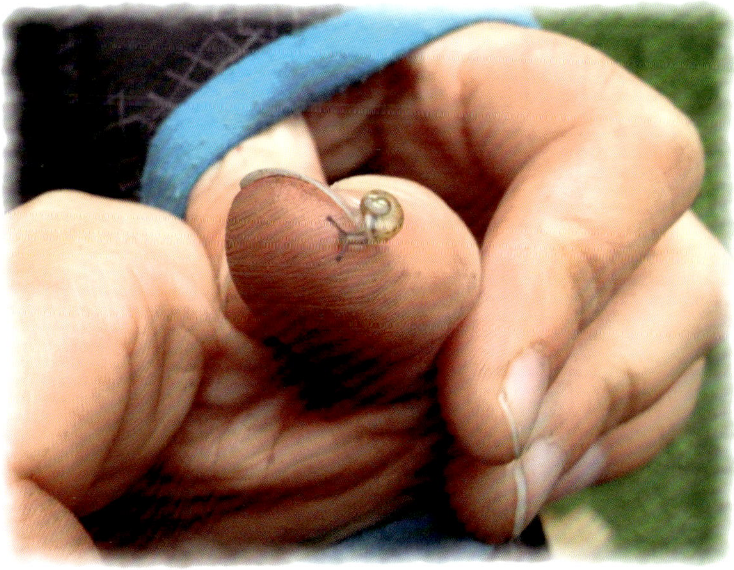

Respekt und Wertschätzung auch für die kleinsten Lebewesen

Lama und Mensch miteinander als Team: Führen, ohne zu dominieren auf Grundlage von fundiertem Fachwissen, tiergerechtem Umgang und Vertrauen

Das Vorleben und Anleiten des adäquaten, respektvollen Umgangs als Basis für wachsende Beziehung

Gemeinsam Aufgaben bewältigen durch Zuhören und freundliche Kommunikation

Mehrwert in der TGI – miteinander Spaß haben

Bitten, Nachfragen und Angebote machen im rücksichtsvollen, bedachten Umgang

Über Speziesgrenzen hinweg miteinander Verständigung erleben

Anwesenheit und wertfreie Aufmerksamkeit des Hundes stärken die Motivation des Kindes.

Das Erleben von Ausgelassenheit für sich selbst (wieder) entdecken.

Unterstützte Annährung durch Futterangebot im Rahmen von Kontakt-Training

Verantwortungsvolles Vorgehen: Futter darf nicht zum Überreden des Tieres dienen, oder dazu führen, dass Reaktionen und Verhalten verfälscht oder unterdrückt werden.

Ziege Sternschnuppe genießt die Aufmerksamkeit und Zuwendung.

Die Intensität und Authentizität analoger Kommunikation ermöglichen innige Momente.

Das Gefühl des wertschätzenden und schützenden »Getragen seins«

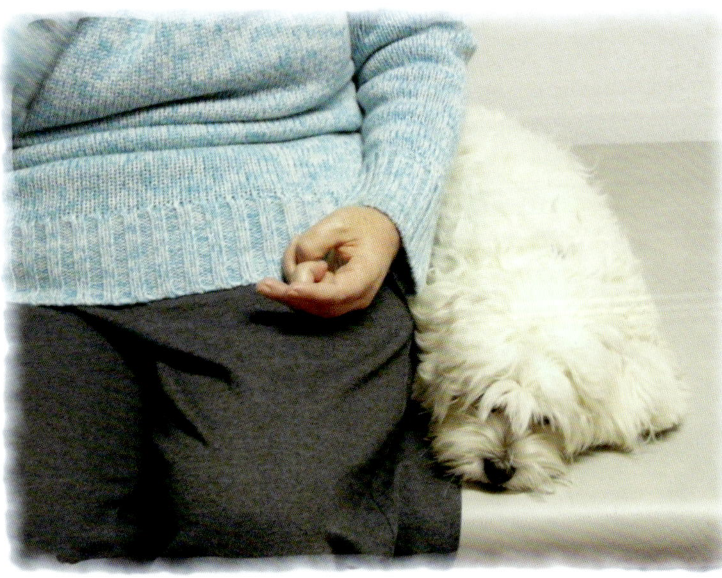

Dem Gespür und der freien, eigenständigen Entscheidung von Hund Dundy vertrauen.

Die vertrauens-basierte, gefestigte Bindung zwischen den Hunden und der Fachkraft bildet die Grundlage für die verschiedenen Einsätze in Tiergestützten Interventionen.

Menschliche Arme als einladendes, schützendes Nest
für Huhn Hennriette

Esel Jimmys ersichtliches Wohlbefinden durch achtsame Berührungen

Beobachtung ist immer wechselseitig.

Tiere sind eigenständige Persönlichkeiten.

Sicherheit vermitteln erfordert Aufmerksamkeit
für die Bedürfnisse des Tieres.

Neugierde und exploratives Verhalten sind ausdrücklich erwünscht in TGI.

Die Einsatzformen auf das Tier und die Klientel abstimmen, obliegt der Fachkraft und ihrem Gespür für Mensch und Tier.

Die entstehende Verbindung ist ein magischer Moment in TGI.

Taktiler Kontakt als bereichernde Erfahrung für Tier und Mensch

Wenn der Funke überspringt, ist der Weg für gemeinsames Erleben geebnet.

Egal ob Trostspender, Medium, Situationskatalysator – die Charaktere und Talente der Tiere sind vielfältig.

Gleichheit und Andersartigkeit in Einklang bringen

In Beziehung sein heißt, eine Verbindung zueinander aufzubauen. Das bedeutet auch, konstruktiv mit Gleichheit und Andersartigkeit umzugehen. Andersartigkeit betrifft nicht nur die Unterschiede zwischen Mensch und Tier, sondern ebenso die zwischen Menschen. Gleichheit betrifft nicht nur die Übereinstimmungen zwischen Menschen, sondern ebenso die von Mensch und Tier. In der TGI kann das auf eindrückliche Weise erlebt werden. Da weder alle Menschen gleich, noch alle Tiere gänzlich anders sind als Menschen, zeigen alle Beziehungen ihre ganz eigene Mischung aus Übereinstimmungen und Unterschieden. Das Erkennen von Gleichheit fördert das Gefühl von Verbundenheit. Das Verstehen von Andersartigkeit erweitert den Erfahrungshorizont und fördert Respekt. Ob das gelingt, hängt stark vom Verhalten der Fachkraft ab. Sie hat Einfluss darauf, dass sich eine gegenseitig vertrauensvolle Nähebeziehung zwischen Klient und Tier entwickeln kann, in der beide so sein dürfen, wie sie sind. Sie begleitet Klient und Tier bei ihren Interaktionen miteinander, ermöglicht Erfahrungsräume und hilft Grenzen zu wahren. Um als Fachkraft bei den vielfältigen Dynamiken in der TGI die Orientierung zu behalten und handlungssicher zu sein, ist es wichtig, sich zuvor mit tierethischen, humanethischen und berufsethischen Fragen bewusst auseinandergesetzt und Haltungen entwickelt zu haben.

Welche Haltungen leiten mich?
Bei welchen Fragen oder Situationen bin ich noch unsicher, welche innere Haltung die passende ist?

Auf Wohlbefinden in Beziehungen achten

Konstruktive, tragfähige Beziehungen brauchen eine positive Motivation aller Beteiligten und das Gefühl, gemeinsam eine sichere Basis zu haben. Dies entsteht am ehesten, wenn sich während der TGI-Einheit alle in einer emotionalen Wohlfühlzone aufhalten bzw. nach anstrengenden oder stressbehafteten

Sequenzen wieder in diese Zone zurückkehren können. Nicht zuletzt ist Wohlbefinden auch Voraussetzung dafür, dass Lern- und Entwicklungsprozesse überhaupt stattfinden können (s. Kap. Wohlbefinden). Da sich das Befinden eines jeden Beteiligten im Beziehungsdreieck immer auch auf die anderen auswirkt, sowohl in positiver als auch in belastender Weise (s. Kap. Systemisches), spielen positive Empfindungen eine wichtige Rolle. Gestützt wird diese Annahme durch die These der Spiegelneuronen, die eine zentrale Funktion bei der Stimmungsübertragung innehaben und innerartlich sowie speziesübergreifend wirken (vgl. Kap. Emotionen). Aufgabe als Fachkraft ist es, Kriterien für diese Wohlfühlzonen zu kennen und zu gestalten.

Habe ich ausreichend Beobachtungvermögen und Gespür dafür, wie Klient und Tier sich emotional fühlen, ohne mich selbst dabei zu vergessen?
Welche Handlungsmöglichkeiten kenne ich, um die gemeinsame positive Basis halten bzw. wieder herstellen zu können?

Gleichwürdigkeit vermitteln

» Die Beziehungsqualität zeigt sich in der Art des Umgangs miteinander. Dazu gehört gegenseitiger Respekt, Anerkennung und Wertschätzung, unabhängig von Übereinstimmungen oder Unterschieden in Bezug auf Bedürfnisse, Werte oder Ziele. «

Juul (2006) prägte dazu den Gedanken der Gleichwürdigkeit. Die Begriffskombination aus Gleichheit und Würde beschreibt Beziehungen auf Augenhöhe, ohne vorhandene Verantwortlichkeiten oder Machtverteilungen zu übersehen. Im Grundsatz vermittelt sie das Gegenteil von Diskriminierung, die jemand anderen bspw. aufgrund von Alter, Geisteszustand, Hautfarbe, Geschlecht, Kultur, Glaube oder Ansichten abwertet. Das Prinzip der Gleichwürdigkeit lässt sich auch auf Tiere übertragen (Wohlfarth & Hediger, 2022), indem sie als empfindende, willensfähige und handelnde Individuen ernstgenommen werden. Ihr Wert und ihre Würde sind nicht geringer, nur weil sie einer nichtmenschlichen Spezies angehören und ein Leben mit anderen Bedürfnissen bzw. nach anderen Regeln führen. Es bedeutet vielmehr, dass ein Tier als Subjekt seines Lebens einen Eigenwert hat (Ferrari, 2015), der nicht mit anderen verglichen und daher auch nicht an anderen gemessen werden kann.

» So ist die Anerkennung der Gleichwürdigkeit zunächst eine Frage der inneren Haltung. «

Selbst wenn dies im Alltag Herausforderungen mit sich bringt, darf die Konsequenz nicht sein, den Tieren die Gleichwürdigkeit der Einfachheit halber abzusprechen. Stattdessen braucht es eine Auseinandersetzung mit den damit verbundenen Fragen.

Egal ob mit Blick auf Tier oder Mensch: Es geht stets um die Anerkennung von Übereinstimmungen und Ähnlichkeiten, wie auch um »Respekt vor Unterschiedlichkeit und Verständnis für die Werte anderer« (Wohlfarth & Hediger, 2022, S. 45), um das Gefühl der Fremdheit zu überwinden und eine Abwertung zu verhindern. Die einfachste Form der Gleichwürdigkeit im Interventions-Dreieck bedeutet, dass Wertschätzung vermittelt und jedem ein eigenes Urteilsvermögen zugestanden wird. Die Fachkraft sorgt in ihrer Rolle dafür, dass jeder gesehen und gehört wird, und dass eine Kultur der Achtsamkeit und Gleichwürdigkeit gelebt wird, die alle Beteiligten einschließt. Sie »wird damit dem fundamentalen Bedürfnis aller Lebewesen gerecht, gesehen, gehört und als Individuum ernst genommen zu werden« (Wohlfarth & Hediger, 2022, S. 46).

Welche Umgangsweisen und Methoden wahren die Würde des Klienten und des Tieres? Welche setzen sie herab?

Vertrauen fördern

Das Gelingen der Interventionen hängt davon ab, dass sich alle Beteiligten, Mensch wie Tier, aufeinander und auf den gemeinsamen Prozess einlassen. Neben Interesse aneinander ist gegenseitiges Vertrauen wichtig. Die Besonderheit von Vertrauen ist, dass es kein automatisch gegebenes, beständiges Gefühl ist (Wagenblass, 2016). Es muss am Anfang einer Beziehung gewonnen und im Verlauf immer wieder gefestigt werden. Ein spezieller Vorteil der TGI ist, dass Klienten sich schnell auf Tiere einlassen und Vertrauen aufbauen (Tiere als Eisbrecher, Katalysator etc.). Gleichzeitig wird den Fachkräften ein Vertrauensvorschuss entgegengebracht, der sich auf ihren sozialen, therapeutischen oder medizinischen Beruf, aber auch auf sie als Person und ihre individuellen Eigenschaften und Fähigkeiten bezieht (Wagenblass, 2016). Damit verbunden ist die Erwartung, dass die Fachkräfte die Interessen ihrer Klienten vertreten und in deren Sinne angemessen handeln (ebd.). Da im Kontakt mit dem Tier Oxytocin ausgeschüttet wird (Julius et al., 2014), kann das Vertrauensgefühl der Klienten noch verstärkt werden. Das heißt aber auch, dass Klienten in TGI-Situationen sehr verletzlich sein können. In den Händen jeder Fachkraft liegt daher die Verantwortung für das Vertrauen des Klienten, zugleich auch für das des Tieres. Entstandenes Vertrauen darf nicht verletzt werden. Als Fachkraft muss ich mich für beide gleichermaßen vertrauenswürdig erweisen. Daher müssen alle Interventionen stets hinsichtlich ihrer Auswirkungen für Klient *und* Tier abgewogen werden. Vertrauensförderung bedeutet weiter, dass *alle* Beteiligten vertrauenswürdiges Verhalten zeigen.

Wie kann ich mich als Fachkraft verhalten, um für Klient und Tier berechenbar und gerecht zu sein? Wie fördere ich das gegenseitige Vertrauen von Klient und Tier?

Vertrauensbeziehungen brauchen Sicherheit

Vertrauen ist eng verknüpft mit dem Gefühl von Sicherheit. Beim Empfinden von Sicherheit oder Bedrohung spielen neben bewussten Wahrnehmungen und Einschätzungen auch unbewusste Vorgänge eine große Rolle: Die Wahrnehmung und Verarbeitung von Umweltsignalen, die einem Individuum Anzeichen für Sicherheit, Gefahr oder gar Lebensgefahr vermitteln, erfolgt hauptsächlich durch das autonome Nervensystem (Porges, 2005). Diese kontinuierliche, unbewusste Informationsverarbeitung wird Neurozeption bezeichnet. Bei Menschen und anderen Säugetieren »findet Neurozeption in primitiven Teilen des Gehirns statt, ohne bewusste Erkenntnis. Je nachdem, ob wir eine Person als sicher oder gefährlich wahrnehmen, löst das ein neurobiologisch gesteuertes, prosoziales oder ablehnendes Verhalten aus« (ebd., S. 7).

> » Sicherheit ist ein universelles Bedürfnis aller Tiere. Die wahrgenommenen Umwelteindrücke sind ausschlaggebend dafür, ob sich ein Individuum sicher fühlt oder nicht, und wie es sich entsprechend verhält. In der TGI sind die Bedingungen so zu gestalten, die jedem Beteiligten das Gefühl von Sicherheit möglich ist. «

Nur wenn Klient und Tier sich in der gemeinsamen Situation sicher fühlen, ist sozial-förderliches Verhalten und der Aufbau von Vertrauen möglich. Das Gefühl der Sicherheit hängt aber nicht nur von geeigneten Rahmenbedingungen, sondern auch stets vom konkreten Verhalten der Einzelnen ab. Denn ob das Gegenüber als ungefährlich und vertrauenswürdig wahrgenommen wird, hängt z. B. von dessen Körpersprache, Mimik und Lauten ab. Daher geht es auch darum, die Verhaltensweisen so aufeinander abzustimmen, dass sich jeder der Beteiligten sicher fühlen kann. Ggf. ist es erforderlich, das jeweilige Ausdrucksverhalten füreinander zu übersetzen, sodass keine Missverständnisse entstehen, die zu Verunsicherung oder Angst führen. Vielleicht zeigen Menschen mit neurologischen Störungen unkoordinierte Körperbewegungen, Menschen mit geistiger Behinderung äußern evtl. ungewöhnliche Töne. Tiere zeigen Körpersprache, die auf einen Klienten verunsichernd oder bedrohlich wirken kann, wenn die Bedeutung nicht verstanden wird. Als Fachkraft bin ich hier in meiner Rolle als Übersetzer und Sicherheitsbeauftragter gefragt (Drees, 2018). Ich brauche Kenntnisse und Fähigkeiten, um ein entspanntes, dialogisches Miteinander von Klient und Tier zu fördern.

Was kann und muss ich als guter Sicherheitsbeauftragter und Übersetzer wissen und tun?

Wertschätzung und Respekt vermitteln

Menschen erspüren meist sehr genau, mit welcher inneren Haltung ihnen andere gegenübertreten (vgl. Bosch, 2011). Tiere sind darin noch feinfühliger. Sie nehmen die Befindlichkeiten ihres Gegenübers nicht nur außerordentlich sensibel wahr, sondern spiegeln diese auch. Im Interventionsdreieck sind daher gegenseitig respektvolle Beziehungen von Fachkraft und Tier, von Fachkraft und Klient sowie von Klient und Tier wichtig. Darüber lässt sich Wertschätzung vermitteln.

Viele Klienten stehen unter physischen, psychischen oder sozialen Belastungen. Sie erfahren im Alltag oftmals wenig Wertschätzung. In einer leistungs- und konsumbezogenen Gesellschaft besteht für viele Menschen die Gefahr, sich unzulänglich oder als Außenseiter zu erleben. Auch Tiere werden in dieser Gesellschaft selten gleichwürdig wahrgenommen und eher hinsichtlich ihrer Nützlichkeit für den Menschen bewertet. Sie werden oft erst gar nicht in Zusammenhang gebracht mit Fragen nach Persönlichkeit, Eigenwert, Wertschätzung und Würde. An ihnen zeigt sich wie unter einem Brennglas, wie mit all jenen umgegangen wird, die »anders« oder »schwächer« sind. Beim genauen Hinsehen und Einfühlen stellt sich jedoch heraus, dass es trotz einiger Andersartigkeiten nur geringgradige Unterschiede gibt bei den grundsätzlichen Bedürfnissen. Darin liegt die Verbundenheit von Mensch zu Mensch wie auch von Mensch zu Tier begründet. Als Fachkräfte sind wir daher gefordert, unsere Verbundenheit mit anderen zu entdecken und Wertschätzung für jeden unserer Klienten und jedes Tier zu finden. Mit Blick auf die Klienten und Tiere lässt sich reflektieren, wie wir selbst uns in deren Lage einen wertschätzenden Umgang wünschen würden.

Was ist aus Sicht der Betreffenden respektvolles und wertschätzendes Verhalten?

Lebenslange Verantwortung tragen

» Nähebeziehungen mit Tieren haben eine Besonderheit: Sie sind nicht kündbar. Daher erfordern sie lebenslang ein gleichbleibendes Engagement für das körperliche und emotionale Wohl des Tieres. «

Insbesondere in der TGI bringt dies eine besondere Verantwortung mit sich: Zum einen muss rechtzeitig erkannt werden, wenn ein Tier z. B. aus Gesundheits- oder Altersgründen nicht mehr in die TGI einbezogen werden kann. Zum anderen besteht sodann die moralische Pflicht, ihm ein erfülltes Leben bis an sein Lebensende zu ermöglichen. Alles andere ist nicht nur eine Verletzung der moralischen Rechte des Tieres, sondern es wäre gleichbedeutend mit der »Ausbeutung des schwächeren Partners« (Wohlfarth & Hediger, 2022, S. 45).

Woran erkenne ich, wenn mein Tier nicht mehr will oder z. B. aufgrund von Überlastung, Überforderung nicht mehr kann?
Was braucht mein Tier im Alter?
Wie gelingt es mir, meinen im Ruhestand befindlichen Tieren ebenso viel Aufmerksamkeit und Bestätigung zu schenken, wie meinen aktiven Tieren?

Beziehungen erweisen sich als Dreh- und Angelpunkt in der TGI. Im nächsten Kapitel geht es darum, welche Rolle die Kommunikation dabei spielt.

II-4 Weißt du, was ich meine: Eine Frage der Kommunikation

Für die Arbeit mit anderen Lebewesen ist eines unerlässlich: gelingende Kommunikation.

II-4.1 Kommunikation

Kommunikation ist ein wechselseitiger Informationsprozess. Dabei wird zwischen digitalen (verbalen) und analogen (non-verbalen) Ausdrucksweisen unterschieden (May, 2017 in Bezug auf Watzlawick et al., 2007). Es gibt stets denjenigen, der Signale aussendet und denjenigen, der Signale empfängt. An der Reaktion des Empfängers ist zu erkennen, ob die gesendete Information angekommen ist bzw. ob die beabsichtigte Botschaft entsprechend interpretiert wurde. Hier zeigt sich, dass Kommunikation nicht nur komplex ist, sondern auch anfällig für Störungen, Unklarheiten oder Missverständnisse sein kann.

» Je komplexer die Lebewesen, die Botschaften und die Situationen sind, umso komplexer wird die Kommunikation. «

II-4.1.1 Kommunikation bei Menschen

Menschliche Kommunikation beinhaltet viele sprachliche Mitteilungen. Das Sprechen besteht aus einzelnen Lauten, aus denen Silben und Wörter und letztlich Sätze gebildet werden. Jede Sprache nutzt dazu ihre charakteristischen Lautäußerungen und Regeln. Jedes Wort hat eine Bedeutung. Jeder Satz folgt einer Systematik bzw. Grammatik (Satzbau usw.), um sinnhaft zu sein. Es sind Grundbausteine der lautsprachlichen Verständigung. Bei der menschlichen Kommunikation sind allerdings weitere Aspekte zu berücksichtigen.

Worte und Sachinformationen als kleinerer Teil der Kommunikation

Die gesprochenen Wörter und Sätze machen den kleineren Teil der Informationsübermittlung bzw. Verständigung aus (May, 2017). Der weitaus größere Teil wird vom Sender para- und nonverbal ausgedrückt und vom Empfänger (selektiv) wahrgenommen und interpretiert. Die paraverbalen Elemente sind z.B. Lautstärke, Tonlage, Betonung, Sprachmelodie, Sprechpausen, Seufzen oder Räuspern. Zu den nonverbalen Elementen gehören z.B. Mimik, Gestik, Körperhaltung, Körperspannung, Geruch usw. Die stets mitschwingende nonverbale Kommunikation ist auch der Grund, warum man nicht nicht-kommunizieren kann (P. Watzlawick), selbst wenn man schweigt. Denn jedes nichtsprachliche Verhalten beinhaltet Informationen und sendet Botschaften. Leben ist Kommunikation. Jedes gesprochene Wort wird von para- und nonverbalen Signalen begleitet, aus denen sich zusätzliche Informationen und Botschaften ergeben, gewollt oder unbeabsichtigt, deckungsgleich mit der Wortbedeutung oder widersprüchlich. »Du bist ein toller Typ« kann wertschätzend, anbiedernd, ironisch oder abwertend ausgedrückt werden.

Kommunikation transportiert also nicht nur sachliche Informationen. Sie hat stets einen Inhalts- und einen Beziehungsaspekt, die beide untrennbar miteinander verbunden sind (P. Watzlawick). Tonfall, Mimik und Gestik des Sprechenden sagen etwas über seine Haltung aus. Er vermittelt bspw. Lob oder Ironie oder überspielt seine ehrliche Meinung. Der Zuhörende nimmt die nicht-sprachlichen Signale auf und leitet daraus Botschaften über andere bzw. sich selbst ab, wie bspw. Respekt oder Abwertung. Daraufhin verhält er sich selbst wiederum so, dass der Sprechende daraus non- und paraverbale Botschaften »zwischen den Zeilen« ableitet, z.B. Anerkennung oder Ablehnung. Auf diese Weise erklärt sich Kommunikation als ein Kreislauf von aufeinander bezogenen Reaktionen, die durch das Verhalten der Beteiligten gegenseitig beeinflusst sind (May, 2017, in Bezug auf Streeck, 2004). Kommunikation ist daher immer Ursache und

Wirkung zugleich (P. Watzlawick). Das macht es z.B. bei Konfliktgesprächen so schwierig zu sagen, an welcher Stelle der Streit begonnen und wer angefangen hat.

Zwischenmenschliche Kommunikation ist also hochkomplex und umfasst viel mehr als die Sprachebene. Dennoch konzentrieren sich Menschen allzu oft nur auf die verbalen Anteile der Kommunikation. Dadurch entsteht manchmal der Eindruck, dass ohne menschliche Sprache keine Kommunikation möglich sei.

Ist die Sprache des Menschen einzigartig?

Auf den ersten Blick ist die menschliche Sprache etwas außergewöhnliches, sie scheint einzigartige Möglichkeiten zu eröffnen. Und es wurde bislang tatsächlich noch kein Beispiel für eine weitere Spezies gefunden, die bspw. Kommunikation auf einer Meta-Ebene diskutiert. Dies scheint eine Besonderheit des Menschen zu sein. Für die Einstufung von Lautäußerungen als Sprache gibt es Kriterien (z.B. Charles Hockett, 1960er Jahre). Doch die Kriterien bzw. Definitionen weichen voneinander ab (Meijer, 2018). Zudem basieren sie allein auf der menschlichen Vorstellung von Sprache und lassen alternative Merkmale außer Acht. Lautsprachliche Silben und Satzregeln von Menschen werden somit zum Maßstab für die Definition von Sprache allgemein. Aber »menschengemachte Definitionen bevorteilen Menschen« (Meijer, 2018., S. 69). »Ziehen wir die Menschensprache als Modell für alle Sprachen heran, so fallen viele Aspekte der Tiersprachen automatisch unter den Tisch.« (ebd., S. 128). Sprache sollte daher nicht allein nach menschlichen Prinzipien definiert werden. Da Tiere mit andersartigen Tönen und Lautfolge-Regeln, mit dem ganzen Körper oder mit chemischen Signalen kommunizieren, müssen auch all diese Ausdrucksweisen berücksichtigt werden (Meijer, 2018). Hier stoßen allerdings wir Menschen an die Grenzen unserer Vorstellungskraft.

In der Mensch-Tier-Kommunikation zeigt sich, dass einige Tiere abstrakte Begriffe aus der Menschensprache verstehen. Ein Beispiel ist die Border-Collie-Hündin Chaser des Kognitionspsychologen John Pilley. Sie erlernte nicht nur die Namen für ihre mehr als tausend Spielzeuge, sondern konnte die Gegenstände entsprechenden Kategorien zuordnen, wie Ball, Puppe usw. Darüber hinaus verstand sie Sinnzusammenhänge (Pilley, 2013; Wynne, 2019). Ein Satz wie bspw. »Leg den Ball zur Puppe«, erfordert ein eindeutiges Verständnis, was wohin gebracht werden soll. Auch die Forschung mit Primaten, Vögeln, Meeressäugern zeigt, dass Tiere menschliche Bedeutungen in Form von Lexigrammen oder in Gebärdensprache korrekt anwenden, eigene sinnvolle Begriffskombinationen erstellen und sich auf Vergangenheit bzw. Zukunft beziehen können. »Das mag zwar noch kein Beweis dafür sein, dass es in ihrer jeweils artenspezifischen Sprache häufig vorkäme (das wissen wir nicht), aber zumindest sehen wir, dass die Tiere die entsprechende Anlage in sich tragen« (Meijer, 2018, S. 67). Es zeigt zudem, dass sie fähig sind, sich auf die Methoden einzulassen und anzuwenden, die in der Kommunikation mit Menschen erforderlich sind.

Die Kommunikationsfähigkeiten gehören zum Kontinuum im Tierreich, wie andere Fähigkeiten auch (Emotionen, geistige Leistungen usw.).

» Tiere sind zu komplexer inner- und zwischenartlicher Kommunikation fähig. «

Teilweise erfüllen ihre Kommunikationsmuster sogar die bestehenden Kriterien für Sprache (Meijer, 2018). Tiere kommunizieren »auf eine Weise, die komplexer ist als bisher angenommen. Und bestimmte Merkmale stimmen auch mit der Sprache der Menschen überein« (Meijer, 2018, S. 68). Die menschliche Lautsprache mag in ihrer Ausprägung besonders sein und besondere Möglichkeiten eröffnen, »aber sie ist keineswegs das einzige System der Darstellung, das in der Lage ist, sich präzise auf kognitive, volitive und evaluative Inhalte zu beziehen« (Lohmar, 2016, S. 2; vgl. auch de Waal, 2017).

Menschliche Kommunikation ohne Worte
Kommunikation ohne Worte ist bspw. in Gebärdensprache möglich. Darüber hinaus findet man in menschlichen Gesellschaften erstaunliche Modelle für akustische Verständigung ohne Worte. Ein Beispiel ist die alte Pfeifsprache Kus Dili, in einer kleinen Provinz der Türkei. Sie wurde in die Liste des immateriellen Kulturerbes aufgenommen (UNESCO, 2017). Statt Worten besteht sie ausschließlich aus gepfiffenen Lauten. Mit den ca. 20 verschiedenen Pfiffen, ähnlich Silben, lassen sich verschiedene Kombinationen bilden und über große Entfernungen komplexe Inhalte austauschen. Man kann z. B. fragen, ob jemand zu Hause ist, wer zum Essen kommen mag oder was es zum Essen gibt. Es kann ebenso gut eine Einladung zur Hochzeit in vier Wochen mitgeteilt werden. Pfeifsprachen wie Kus Dili zeigen, dass Verständigung ohne herkömmliche Worte möglich ist.

II-4.1.2 Kommunikation bei Tieren

Soziale Tiere sind auf eine funktionierende Kommunikation angewiesen. Je komplexer die sozialen Verbände sind, in denen sie artgemäß leben, umso mehr ist miteinander kommunikativ zu regeln, wie bspw. die Nahrungssuche und -verteilung, die Beziehungen untereinander, die Erziehung des Nachwuchses, im Falle von Konflikten, Verteidigung usw. (vgl. Hediger & Zink, 2017). Die Grundlage tierlicher Kommunikation ist dabei vor allem Körpersprache, Mimik und Gestik sowie die räumliche Positionierung zueinander. Lange Zeit wurde nicht wahrgenommen, wie hochdifferenziert allein diese Kommunikationsformen sind. Stattdessen ging man davon aus, dass die Kommunikations- und Sprachfähigkeit ein unüberbrückbarer Unterschied zwischen Mensch und Tier sei. Je genauer die Wissenschaft nun bei Tieren in ihrem natürlichen Lebensraum hinsieht und hinhört, desto mehr weichen die ehemals starren Grenzen auf.

> Tiere haben ihre eigenen Formen von Verständigung, die viel komplexer sind als bisher gedacht.

Zu ihrer Verständigung gehören auch lautsprachliche Äußerungen. Delfine geben sich gegenseitig Namen, wilde Elefanten haben einen gesonderten Laut für »Mensch«, der Gefahr bedeutet, Präriehunde beschreiben das Aussehen von Menschen anhand deren Kleidung, Mantisgarnelen und Sepien verständigen sich mittels Farben, Sackflügelfledermäuse kommunizieren mit ihren Jungen in einer veränderten Stimmlage, ähnlich einer »Babysprache«, Weißbüschelaffen lassen einander ausreden und bringen diese Regel ihren Kindern bei (alle Beispiele unter www.ethologisch.de). Diese exotischen Beispiele dürfen nicht darüber hinwegtäuschen, dass unsere heimischen Haus- und sogenannten Nutztiere ebenfalls hochkomplexe Kommunikationsfähigkeiten entwickelt haben (vgl. Marino, 2017). Etliche tierliche Verständigungsformen sind nicht vollumfänglich angeboren, sondern müssen erlernt werden, da sie über Semantik bzw. grammatikalische Regeln verfügen (Marino, 2017; Meijer, 2018). Auch ohne Sprachdefinition im engsten Sinn weist tierliche Verständigung die Kriterien einer Sprache auf. Das wird bei immer mehr Tierarten entdeckt. Ihre Kommunikation ist kognitiv komplex und regelgesteuert, die spezifischen Signale haben Bedeutungen und vermitteln Zusammenhänge und Intentionen, die Signale werden situativ angewendet und spiegeln verschiedene mentale Zustände wider (Fuchs, E. et al., 2021; Hedwig & Kohlberg, 2024; Marino, 2017; Meijer, 2018).

Kommunikationsformen sind umweltabhängig

Es ist auffällig, dass die meisten Tierarten weniger lautsprachlich kommunizieren als Menschen. Zum einen nutzen einige Tiere (z. B. Elefanten, Mäuse) Tonfrequenzen, die für menschliche Ohren nicht hörbar sind. Zum anderen gibt es stille Kommunikationsformen, die uns Menschen eher fremd sind bzw. nur unterbewusst beeinflussen, wie z. B. Gerüche. Auch auf andere nonverbale Mitteilungen wie subtile Körpersprache oder räumliche Positionierung, die für viele Tiere zentraler Bestandteil der Kommunikation sind, achten Menschen generell weniger oder eher unbewusst, obwohl darüber ein Großteil an Informationen übermittelt wird (s. o.). Für den modernen Menschen hat die Lautsprache, d. h. die digitale Informationsübermittlung eine hohe Relevanz. Dass viele andere Tierarten sich insgesamt wenig und meist nur in entspannten oder besonderen Situationen stimmlich mitteilen, hat u. a. mit dem tief verwurzelten Verhalten als Jäger oder als potentielles Beutetier zu tun (vgl. Zink, 2018). Bei der Beutesuche und dem gemeinsamen Jagen bzw. beim Verstecken und Fliehen ist stille Verständigung von Vorteil. Neben etlichen Beispielen zu nonverbalen Kommunikationsformen gibt es dennoch zahlreiche Beispiele für lautsprachliche Verständigung (s. o.).

Ein spannendes Beispiel sind Katzen. Ihre Sinnesorgane sind auf die Wahrnehmung von Gerüchen und Geräuschen spezialisiert und lassen sie die Welt in einer Weise erleben, die visuellen Tieren, wie Menschen, fremd ist. Der Großteil ihrer Kommunikation findet über Düfte und Körpersprache statt. Im Zusammenleben mit Menschen haben Katzen jedoch ihre Kommunikationsform angepasst und teilen sich zusätzlich über Töne mit. Menschen gegenüber drücken sie ihre Gefühle, Bedürfnisse oder Wünsche durch Laute aus. Dabei entwickelt jede Katze ein individuelles Lautsystem, um mit ihren Menschen »auf besondere und einzigartige Weise zu kommunizieren« (Schötz, 2018, S. 142). Phonetische Untersuchungen der Katzenkommunikation zeigen, dass die Laute emotions-, situations- und gegenstandsbezogen variieren, und zwar bzgl. Stimmqualität (bspw. weich oder hart), Frequenz, Melodie, Rhythmus, Länge, Lautstärke sowie Kombination der Vokale und Konsonanten (Schötz, 2018). Eine Katze entwickelt so ein breites, individuelles Repertoire an zugeordneten, lautsprachlichen Ausdrücken. Wie viel und wie variationsreich Katzen mit ihren Menschen lautsprachlich kommunizieren, scheint neben individuellen Faktoren auch davon abzuhängen, dass zunächst die Menschen viel mit ihren Katzen sprechen (ebd.).

Sprachverständnis von Tieren

Für die Übermittlung von verbalen Informationen sind Sprachregeln erforderlich. Prominente Beispiele dafür, dass einige Tierarten die Bedeutung von Worten und den Sinn von Sätzen verstehen, sind bspw. die Hündin Chaser von John Pilley oder der Graupapagei Alex von Irene Pepperberg. Es kann sein, dass andere Tiersprachen nach ähnlichen Prinzipien aufgebaut sind, es kann aber genauso gut sein, dass sie nach anderen Regeln funktionieren (Meijer, 2018). Die jeweiligen Regeln sind notwendig, um lautsprachlichen Ausdrücken Inhalt und Sinn zu verleihen und die Bedeutung von Mitteilungen richtig zu erfassen. Soziale Tierarten leben in komplexen Gemeinschaften mit ebenso komplexen Herausforderungen. Sie müssen Regeln des Zusammenlebens verstehen und beachten, die Bedürfnisse und Stimmungen der anderen erkennen und ihr Handeln darauf abstimmen, sich gleichzeitig aber auch um ihre eigenen Bedürfnisse und Anliegen kümmern. Mit einem Kommunikationsmix aus lautsprachlichen und nonverbalen Signalen vermitteln sie sich gegenseitig entsprechende Informationen und stimmen ihr Verhalten ab. Es ist also sehr wahrscheinlich, »dass sich auch andere Tiere in ihrem Gemeinschaftsleben an Regeln halten und dass ihre Kommunikation Regeln und Mustern unterliegt, die ihr eine Bedeutung verleihen« (Meijer, 2018, S. 129).

II-4.1.3 Kommunikation von Mensch und Tier

Menschen und andere Tiere sind evolutionär auf die Kommunikation mit anderen Lebewesen vorbereitet (Kotrschal, 2014). Gegenseitiges Verständigen und Verstehen von Mensch und Tier ist also möglich. Dazu müssen Tiere nicht erst nach menschlichem Maßstab sprechen. »Wir als Menschen täten gut daran, nicht bei der Frage stehenzubleiben, ob die Kommunikationssysteme der

Tiere sprachlich sind, sondern zu erforschen, was uns die Tiere eigentlich sagen wollen« (Meijer, 2018, S. 152). Insbesondere in tiergestützten Interaktionen erfahren wir, dass sie eine Menge über sich und uns mitteilen. Als Voraussetzung müssen wir ihnen zutrauen, dass differenzierte Kommunikation und gegenseitiges Verstehen möglich sind. Wir müssen also offen für ihre Kommunikation sein.

Komplexe Kommunikation setzt voraus, dass man die Inhalte, die man jemand anderem vermitteln will, vorab in Form von Gedanken in sich trägt. Allerdings wird noch heute fast allen nichtmenschlichen Tieren die Denkfähigkeit aberkannt. Begründet wird dies mit der Annahme, dass Denken unweigerlich an Sprache gebunden sei. Denken sei nicht möglich, wenn man über keine Sprache verfüge, denn Gedanken seien stets so etwas wie unausgesprochene Worte. Diese These war offensichtlich zu kurz gedacht, denn Forschungsergebnisse und neue Theorien des Denkens zeichnen ein anderes Bild (Birmelin, 2014; Lohmar, 2016).

Bildlich-szenisches Denken

Wenn Denken ausschließlich an die uns heute bekannte, menschliche Sprachform geknüpft wäre, dann würde das bedeuten, dass auch die ersten modernen Menschen zunächst nicht denken konnten (Lohmar, 2016). Die Entwicklung des Homo Sapiens begann vor ca. 300.000 Jahren, aber Sprache im heutigen Sinn besteht erst seit ca. 120.000 Jahren. Es gibt Hinweise darauf, dass verschiedene Formen des Denkens existieren, und dass sich das sprachliche Denken, als evolutionär jüngere Form, mit zunehmender Sprachfähigkeit zusätzlich entwickelte (Lohmar, 2016). Die Definition, was Denken ist, muss daher über das sprachliche Denken hinausgehen, denn es ist nur *eine* Form, wie Denkprozesse ablaufen können. Menschen denken oftmals nicht-sprachlich. Eine verbreitete Art ist das Denken in Bilderfolgen (Lohmar, 2016). Bei der Frage »Was wünschst du dir?« hat man das Objekt der Begierde gleich bildlich im Sinn, noch bevor das Wort dazu parat ist. »Das, was ich wünsche oder befürchte, geschieht phantasmatisch ›vor meinen Augen‹« (Lohmar, 2016, S. 134, Hervorhebung im Original). Insbesondere in gefahrvollen Situationen, in denen schnelle Entscheidungen getroffen werden müssen, blitzen vor dem inneren Auge in Sekundenbruchteilen Bilder auf. Sie vermitteln nicht nur die verschiedenen Handlungsoptionen, sondern meist auch noch die damit verbundenen, möglichen Konsequenzen. Aber auch in normalen, alltäglichen Situationen laufen bildliche Denkprozesse ab, die für das Verhalten des Einzelnen leitend sind. Über szenisches Denken werden Situationen erfasst, Schlussfolgerungen gezogen oder alltägliche Entscheidungen getroffen, die erst nach der nicht-sprachlichen Vorstellung in Worte übersetzt werden (Lohmar, 2016). Innere Bilder sind zudem die Basis des episodischen Gedächtnisses, also des Rückblicks, gleichzeitig ermöglichen sie Vorstellungen über die Zukunft (ebd.). Da dieses nicht-sprachliche, szenische Denken evolutionär viel älter ist als die Sprache, ist davon auszugehen, dass das Denken in Bildern eine weit verbreitete Fähigkeit im Tierreich ist (ebd.). Ein Hinweis darauf sind komplexe Verhaltensabläufe, sie sind ohne gedankliche Abläufe nicht möglich. Zum bildlichen Denken gehört bspw. das »Wiederaufrufen von Erkenntnissen« (Lohmar, 2016, S. 76), die durch Erfahrung entstanden sind. Wer im Winter einmal auf glattem Eis ausgerutscht und hingefallen ist, der geht beim nächsten Mal vorsichtiger über jede Art von gefrorenen Wegen oder nimmt einen Umweg in Kauf. Dazu muss man nicht erst die Eisbildung oder den Aufbau der Eisoberfläche erklären können. Bildliches Denken ist daher die Basis für Entscheidungen und Verhalten; es ist der »handelnde Umgang mit meinem Wissen, meinen Plänen und Befürchtungen« (ebd.). »Denken bedeutet, eine genaue Vorstellung von Gegenständen, ihren Eigenschaften, Sachverhalten sowie von Ereignisfolgen (mit zugehöriger Wahrscheinlichkeit) zu bilden, und zwar auch dann, wenn wir keine angemessene Anschauung von diesen Erkenntnisgegenständen haben« (Lohmar, 2016, S. 2).

» Diese Definition von Denken bezieht sich nicht nur auf Denkprozesse, die an abstrakte Begriffe geknüpft sind, sondern sie versteht Denken als bildliche Vorstellungskraft zur Bewältigung von alltäglichen Situationen und Herausforderungen. «

Nicht-sprachliches Denken in Gestalt von Bildern und szenischen Vorstellungen »stellt ein voll ausgeprägtes System des Denkens dar, dass es uns erlaubt, die wichtigsten Angelegenheiten des Alltags zu bewältigen« (Lohmar, 2016, S. 1). Es ist zur Bewältigung des Lebens wichtig, weil dadurch z. B. Erkenntnisse gesammelt (z. B. über Gegenstände, Umweltzusammenhänge), Abläufe verstanden (z. B. bei sozialen Interaktionen oder Spiel) und Handlungsalternativen bzw. Problemlösungen gefunden werden (z. B. für die Alltagsversorgung, bei Konflikten). Diese kognitiven Leistungen sind bei Menschen und anderen Tieren mit ähnlichen Hirnstrukturen durchaus vergleichbar (Lohmar, 2016). Bildliche Denkvorgänge tragen bspw. dazu bei, das Verhalten anderer einzuschätzen bzw. vorherzusehen. Das hilft, Entscheidungen für das eigene Verhalten zu treffen, auch vorausschauend mit Blick auf künftig erwartete Situationen. Tiere bewegen sich, wie Menschen auch, in vielschichtigen sozialen Situationen. Sie passen ihre Kommunikation und ihr Verhalten daran an, indem sie eine aktuelle Lage einschätzen, aber auch frühere Erfahrungen erinnern und daraus auf wahrscheinliche Absichten und Reaktionen der anderen schließen (ebd.). All dies basiert auf Denkprozessen. »Tiere können komplexe kognitive Aufgaben bewältigen. Sie denken, und sie tun dies ohne Sprache und ohne eine propositionale Struktur dieses Denkens« (Lohmar, 2016, S. 75). Bildlich-szenisches Denken bedeutet also weniger die hypothetische Auseinandersetzung mit abstrakten Fragen zu Allgemeinvorstellungen. Es ist vielmehr eine weit verbreitete Grundlage für das Zurechtkommen im Alltag, d. h. das Handeln und Kommunizieren (Lohmar, 2016).

Denken als Grundlage von Verhalten und Kommunikation

Tiere haben »eine bestimmte Form der Vernunft, eine Fähigkeit des praktischen Nachdenkens« (Schmetkamp, 2015, S. 100, in Anlehnung an Nussbaum, 2006). Viele Verhaltensweisen und Leistungen von Tieren weisen darauf hin, dass sie denken, d.h. dass sie über komplexe kognitive Fähigkeiten verfügen (vgl. Lohmar, 2016). Trotz der Kenntnis um die (neuro-)biologischen Parallelen zum Menschen wird diese Fähigkeit jedoch skeptisch hinterfragt. Auch wenn durch Forschung deutlich wird, dass tierliche und menschliche Verhaltensweisen oftmals deckungsgleich sind, geht man selten davon aus, dass dann auch gleichermaßen kognitive Leistungen die Grundlage dafür sind. Stattdessen wird bei nichtmenschlichen Tieren an sogenannten »einfachen« Erklärungen festgehalten, »die ohne die Voraussetzung intelligenter Leistungen auskommen oder lediglich ganz einfache Leistungen voraussetzen« (Lohmar, 2016, S. 59). Das Prinzip geht zurück auf Conwy Lloyd Morgan (1852–1936). Ihm zufolge ist stets die einfachste Erklärung für das Verhalten von nichtmenschlichen Tieren heranzuziehen, bevor höhere, bspw. kognitive Fähigkeiten in Betracht gezogen werden (Lohmar, 2016). Die Vorsicht bei Verhaltensinterpretationen kann im Einzelfall sinnvoll sein. Ein bekannter Fall war das Pferd »Kluger Hans«, der nicht rechnen konnte, sondern die feinen Körpersignale seiner Zuschauer wahrnahm und davon die richtige Lösung der ihm gestellten Rechenaufgabe ableitete. Die einfachste Annahme als automatisches, generalisiertes Erklärungsprinzip führt jedoch zu der verbreiteten Fehlansicht, dass tierliches Verhalten stets durch angeborenes Verhalten bzw. einfache Reiz-Reaktionsmuster bedingt sei. Geistige Leistungen kommen dann nicht in Betracht. Dabei wird übersehen, dass komplexe Verhaltensweisen immer mit kognitiven Vorgängen verbunden sind, egal ob bei Mensch oder Tier (Lohmar, 2016). Umgekehrt formuliert: Auch alle menschlichen Verhaltensweisen lassen sich auf schlichte Funktionen oder Reiz-Reaktionsmuster reduzieren, sodass Denkvorgänge nicht beteiligt oder nicht nötig erscheinen. Soziale Interaktionen können z. B. auf Automatismen aus sozio-biologischen Bedürfnissen oder auf das Bindungs- und Fürsorgesystem zurückgeführt werden. Durch eigenes Erleben wissen Menschen aber, dass damit das eigene Handeln und vor allem Erleben nur höchst unvollständig erfasst und erklärt ist. Das Denken nicht-sprachlicher Lebewesen sollte daher auf Grundlage von nicht-sprachlichen Konzepten untersucht und beschrieben werden (Lohmar, 2016). Denn »sprachfixierte Ansätze [...] können sich Alternativen zur Sprache als Grundlage des Denkens nicht vorstellen« (Lohmar, 2016. S. 14).

Nicht-sprachliches Erfassen und Erleben

Folgt man der These, dass nicht-sprachliches Denken eine entwicklungsgeschichtlich sehr frühe Form der gedanklichen Auseinandersetzung mit der Welt ist, dann stellt das Denken in Bildern eine Form des Denkens bei Mensch *und* Tier dar (Lohmar, 2016). Die Wissenschaft steht noch ganz am Anfang, um bspw. mit bildgebenden Verfahren zu verdeutlichen, wie das Gehirn von nichtmenschlichen Tieren Eindrücke verarbeitet, z. B. Bilder, Worte oder Gerüche. Bei Menschen lösen Worte entsprechende Bilder im Kopf aus. Beim Begriff Baum kann jeder beschreiben, wie der Baum aussieht, der vor seinem inneren Auge erscheint. Gerüche haben denselben Effekt auf Hunde, d. h. sie haben eine Vorstellung von dem Gegenstand, dessen Duft sie riechen (Bräuer & Belger, 2018).

Ein Beispiel für komplexe Szenen sind Träume (Lohmar, 2016). Anhand der Pfotenbewegungen und Lautäußerungen von träumenden Hunden, Katzen oder Ratten lässt sich sogar erahnen, was der Inhalt des Traumes sein könnte. Mittlerweile ist sicher, dass das Phänomen des Träumens nicht nur bei Säugetieren und Vögeln vorkommt, sondern im Tierreich weit verbreitet ist. Die für Träume bedeutsame REM-Phase (Rapid Eye Movement) wurde auch bei Spinnen nachgewiesen (Rößler et al., 2022). Natürlich weiß niemand genau, *was* und *wie* sie träumen. Wir wissen aber, *dass* sie träumen und dass in Träumen vermutlich Eindrücke verarbeitet werden (ebd.).

Ein anderes Beispiel für nicht-sprachliches Erfassen ist Empathie. Empathie bedeutet, eine »Vorstellung von den Empfindungen, den Gefühlen und dem Wollen« eines Anderen zu haben (Lohmar, 2016, S. 110). Tiere und Menschen können sich in körperliche Empfindungen, in Emotionen, aber auch in das Wissen und die Absichten anderer einfühlen (ebd.). Bei Menschen sind die empathischen Eindrücke meist nicht-sprachlich, bevor sie in Sprache übersetzt werden (Lohmar, 2016). Auch nichtmenschliche Tiere besitzen die Fähigkeit des Einfühlens in Andere, nur dass sie dazu ihre spezifischen Sinne nutzen, wie z. B. zusätzlich den Geruchssinn (Meijer, 2018). Die empathischen Eindrücke wiederum fließen in die Auseinandersetzung mit der Umwelt ein und beeinflussen das Handeln.

Verbale Kommunikation mit Tieren

Verbale Kommunikation ist in der TGI wichtig. Sofern bspw. keine Gebärdensprache erforderlich ist, gehören Worte zur authentischen Kommunikation von Menschen dazu. Zudem transportieren sie wichtige paraverbale Informationen. Wichtig dabei ist, das Gegenüber direkt, verständlich und freundlich anzusprechen. Studien zu Hunden und zu Hauskatzen zeigen, dass diese umgehend auf eine vertraute Person reagieren, wenn sie bereits dem Klang der Stimme entnehmen können, dass sie gemeint sind (Kästner, 2022, in Bezug auf de Mouzon et al., 2022). In einer weiteren Studie wurde die Mensch-Pferd-Kommunikation untersucht. Es ging gezielt um die Wirkung von sogenannter »Babysprache«, die Menschen oftmals automatisch auch beim Sprechen mit Tieren anwenden. Diese vereinfachte, freundliche Sprechform wirkt sich positiv auf das Miteinander von Mensch und Tier aus (Zimmermann, 2021, in Bezug auf Lansade et al., 2021). Im Vergleich zur Erwachsenensprache reagierten die Pferde zugewandter und freundlicher, wichen seltener aus und antworteten häufiger mit freundschaftlichem Knabbern.

» Die menschliche Stimme ist ein wichtiges, positives Medium der Kommunikation mit Tieren, aber auch mit Menschen. «

In Bezug auf die Tiere ist allerdings entscheidend, eine Ausdrucksform zu wählen, die auf die jeweiligen Tiere freundlich wirkt. Während z. B. Hunde und Katzen hohe Stimmlagen bevorzugen, mögen Rinder tiefere Tonlagen lieber. Damit aus punktueller Verständigung eine gegenseitige Kommunikation bzw. gemeinsame Sprache entstehen kann, sind das Eingehen aufeinander sowie miteinander geteilte Aufmerksamkeit und Interessen wichtige Voraussetzungen (Hediger & Zink, 2017).

Nonverbale Kommunikationsformen

Der nicht-sprachlichen Kommunikation kommt ebenfalls eine große Bedeutung zu. Menschen und Tiere lesen automatisch, bewusst und unbewusst die Körpersprache ihres Gegenübers und ziehen Schlussfolgerungen über dessen Befinden und Absichten (May, 2017). Die Übermittlung von Informationen, das Verständigen und vor allem das Im-Kontakt-Sein braucht keine Worte, sondern entsteht ebenso durch das Verhalten (ebd.). Lohmar (2016, S. 116 ff.) bietet eine passende Übersicht über die verschiedenen Kommunikationsformen.

Blick-Kommunikation Ein Blick, in Kombination mit Mimik, Körperhaltung bzw. -bewegung, Gesten oder Lautäußerungen zeigt nicht nur Emotionen, sondern wird auch gezielt eingesetzt, um Aufforderung, Aufmunterung, Zuneigung, Zustimmung, Fragen, Skepsis, Ablehnung, Drohung usw. auszudrücken. Das Blickverhalten ist Bestandteil der Kommunikation bei Mensch und Tier. Es kann zielgerichtet an den anderen adressiert sein, z. B. um eine Absicht mitzuteilen oder eine Handlung anzukündigen. Es kann auch ein Verhalten vom Gegenüber einfordern. Bedeutsame Blicke sind Auftakt oder Teil von komplexen Situationen und Handlungsketten. Als Fachkraft geht es darum, Blicke und Körpersignale der Klienten und Tiere wahrzunehmen und möglichst richtig zu deuten. Zugleich werden die Blicke und Körpersignale der Fachkraft von den Klienten und Tieren beobachtet und interpretiert.

Handlungskommunikation Eng verbunden mit der Blick- ist die Handlungskommunikation. Bei Menschen und Tieren steht Handeln für »kommunikativen Ausdruck und Verstehen ohne Sprache« (Lohmar, 2016, S. 124). Ein Schaf, das auf ein Körpersignal des Menschen stehen bleibt, zeigt, dass es verstanden hat. In komplexeren Situationen geht es häufig zusätzlich um die Vermittlung von Botschaften, denn »ebenso oft sind leibliche Aktionen und Bewegungen Ausdruckhandlungen, die Anderen etwas zu verstehen geben möchten« (ebd., S. 124). Ein Hund, der mit prüfendem oder abwehrendem Blick das bei ihm liegende Spielzeug an einen anderen Platz legt, vermittelt eine Botschaft. Er zeigt dem gedankenlos zu nah herantretenden Menschen, dass dieser eine räumliche Grenze unterschritten hat. Oder er macht klar, dass dies jetzt sein Ball ist und dass er nicht gedenkt, ihn abzugeben, weil das vorherige Spiel aus seiner Sicht beendet ist. Als Fachkräfte sind wir gefordert, die Handlungsweisen unserer Tiere und Klienten richtig zu interpretieren. Nur so können wir selbst angemessen handeln oder intervenieren. Zudem können wir respektvolles Verhalten anleiten und Übersetzungsarbeit leisten, damit Tier und Klient das Erleben und Verhalten des anderen zunehmend besser verstehen.

Leibliche Kommunikation Leibliche Kommunikation meint z. B. Berührungsgesten, Körperkontakt im Rahmen von Hilfestellungen, im Zusammenhang mit Körperpflege oder mit Formen der Zuneigung (Lohmar, 2016). Körperliche Berührungen sind in der TGI häufig, z. B.: Die Fachkraft legt der ängstlichen Klientin beruhigend die Hand auf den Arm oder hält dem gangunsicheren Klienten stärkend die Hand in den Rücken; der Klient streichelt das Huhn, die Klientin striegelt die Ziege; die Fachkraft untersucht ihren Hund vor dem TGI-Einsatz; die Katze streicht der Klientin um die Beine; das Kaninchen stupst die Hand des Klienten an usw. Über körperlichen Kontakt werden Beziehungsanteile der Kommunikation ausgedrückt und physisch spürbar. Ihre Funktion liegt »vor allem in der Pflege der gegenseitigen Beziehungen« (Lohmar, 2016, S. 131). Über die Art und Weise der Berührungen kommen zudem immer auch Stimmungen und Haltungen zum Ausdruck.

> » Als Fachkräfte sind wir gefordert, respektvolle Berührungen anzuleiten und Übersetzungsarbeit für Tier und Klient zu leisten. «

Gleichzeitig sollten wir selbst reflektieren, was wir dem Tier oder dem Klienten mit körperlichen Berührungen vermitteln, bewusst und unbewusst, gezielt oder ungewollt.

Ein weiterer, wichtiger Aspekt der Handlungs- und der leiblichen Kommunikation ist, dass diese auch für andere sichtbar ist. Durch das Beobachten der Verhaltensweisen können sich andere ein Bild von der Beziehung machen. Darüber wird z. B. deutlich, wer vertraut miteinander ist, sich nahesteht, wer in einer Situation, Beziehung oder Gruppe das Sagen hat, wer sich anpasst oder unterordnet, wer beschwichtigt oder für Unruhe sorgt usw. Menschen und Tiere erkennen durch Beobachten und Einfühlen den Beziehungsstatus, den andere zueinander haben (Julius et al., 2014). Im Interaktionsdreieck der TGI ist jeder, Mensch wie Tier, Beziehungshandelnder und -beobachter zugleich.

Aus der tiergestützten Praxis

Juliane erzählt: Wir können mit Tieren trainieren, dass sie uns mitteilen, was sie wollen. Für mich ist die Basis einer guten Kommunikation – egal ob mit Mensch oder Tier – dass ich stets antworte. D.h. dass ich jede Frage, jede Bitte, jedes Auffordern ernst nehme. Ich reagiere in der Regel immer darauf. Meine Antwort fällt je nach Situation natürlich unterschiedlich aus. Wenn ich der Aufforderung oder Bitte nachkommen will, dann fällt meine Antwort positiv aus. Wenn ich der Aufforderung nicht nachkommen kann oder will, dann kommuniziere ich das genauso. Ich begründe meine Antwort immer. Auch wenn die Worte im Detail nicht unbedingt verstanden werden, wird doch meine Haltung über meine non-verbale Sprache transportiert. Aus dieser Haltung kann mein Gegenüber »lesen«, dass es einen Grund für mein »ja« oder »nein« gibt. Warum das wichtig ist? Weil ich mit der Begründung meine Entscheidung auf die Sachebene bringe. Sie verhilft meinem Gegenüber zu der Einsicht, dass meine Entscheidung keinen Beziehungskontext hat oder als Machtdemonstration zu verstehen ist. Es zeigt, dass meine Entscheidung einen Kontext hat, der nachvollziehbar ist. Diese Haltung signalisiert meinem Gegenüber meine Verlässlichkeit und Sachlichkeit und erzeugt damit Sicherheit und Vertrauen. Dazu ist es wichtig, dass ich meine Handlung kongruent auf das Gesagte abstimme. Dem freundlich-klaren Nein zu dem Käse auf meinem Teller muss auch die Verweigerung folgen. Denn nur dann akzeptiert mein Gegenüber meine Antwort und respektiert meine Haltung. Aufforderungen ignoriere ich nur, wenn ich wiederholt geantwortet habe und meine Antwort ebenfalls ignoriert wird, indem immer wieder dasselbe gefragt wird. Dann höre ich auf zu antworten, um eine Grenze zu setzen. Ich kündige diesen Schritt an, um so transparent wie möglich zu kommunizieren. Dieses Verhalten – auf Fragen liebevoll, aber bestimmt zu antworten – bewirkt, dass die Tiere sagen, was sie brauchen, benötigen, was ihnen fehlt, was sie sich wünschen. Das ist im Zusammenleben ungemein wichtig. Es ist so wunderbar, wenn sich die Esel melden, weil der Wasserbottich verschmutzt ist, wenn die Schafe Bescheid geben, weil das Tor zugefallen ist und sie nicht in den Stall können, wenn mein Hund sagt, dass er dringend aufs Klo muss, wenn das Pony den Stein im Huf anzeigt oder die kranke Ziege darum bittet, vorzeitig in den warmen Stall zu dürfen. Ich erhalte so viele wichtige Informationen, bleibe eine verlässliche Ansprechpartnerin und – vor allem – bleibe im Dialog (Marliani, 2023).

II-4.2 Kommunikation in der TGI

» Menschen und domestizierte Tierarten teilen die Fähigkeit, speziesübergreifend zu kommunizieren und Beziehungen einzugehen. (Donaldson & Kymlicka, 2015; Julius et al., 2014) Damit zwischen Mensch und Tier echte Verständigung möglich ist, müssen gegenseitig die Grundlagen der jeweils artspezifischen Kommunikation erkannt und angewendet werden. «

Eine Katze merkt sehr schnell, dass ein Mensch eher auf visuelle Signale reagiert als auf Gerüche. Und sie merkt auch, dass der Mensch dennoch nicht immer genau hinschaut. In solchen Fällen wendet sie weitere Kommunikationstechniken an, indem sie die Aufmerksamkeit durch Anstupsen oder einen Ton auf sich lenkt, um ihr weiteres Anliegen ausdrücken zu können. Im Gegenzug sollten wir Fachkräfte unsere Kommunikation an die des Tieres anpassen. Ziel ist, dass wir es zunehmend besser verstehen und uns verständlich machen können. Dazu braucht es Fachwissen zu Kommunikations- und Verhaltensweisen der jeweiligen Tierart und -rasse bis hin zu individuellen Besonderheiten. Erst durch genaues Hinsehen und Hinhören können wir Signale erkennen sowie Zusammenhänge und Bedeutungen erschließen.

» Dazu sind die Kombinationen aus Kontext, Blicksignalen, Mimik, Körperhaltung, Lautäußerungen, Raumpositionierung, Bewegung usw. zu erfassen, um die Emotionen, Absichten und weiteren Mitteilungen verstehen zu können. «

Darauf abgestimmt können wir wiederum unsere eigene Form der Kommunikation verfeinern. Das ist eine wichtige Voraussetzung, um unsere Klienten bei ihrer Kommunikation mit dem Tier entsprechend anleiten und begleiten zu können.

II-4.2.1 Leitlinien für die TGI-Praxis zur Kommunikation

Im Folgenden leiten wir wieder wichtige Erkenntnisse und Reflexionsfragen für die TGI ab.

Kommunikation ist Grundlage für eine gute Beziehung
Gegenseitiges Verständigen und Verstehen ist *die* Grundlage für Mensch-Mensch- und Mensch-Tier-Beziehungen. Als Fachkräfte brauchen wir mit unseren Tieren eine verlässliche Kommunikationsbasis, um eine tragfähige Beziehung aufbauen zu können. Gelingende Kommunikation ist wichtig, um mit unseren Tieren zu leben, zu interagieren, ihre Bedürfnisse zu erkennen und ihr Wohlbefinden zu sichern. Verständigung, Verstehen und Beziehung sind genauso wichtig für die jeweilige Fachkraft-Klient- und Klient-Tier-Ebene (s. Kap. Beziehung). Achtsame, einfühlende und respektvolle Kommunikation trägt zu einer guten Qualität der Beziehungen bei.

Wie lässt sich die Kommunikation mit den Tieren verfeinern?
Wie lässt sich wechselseitiges Zuhören fördern?
Wie können wir die Klient-Tier-Verständigung unterstützen, damit sie sich gegenseitig zunehmend mehr verstehen?

Die Basis jedes Miteinanders ist Kommunikation

Kommunikation und Verstehen entsteht, indem man sich aufeinander bezieht. Auch in Mensch-Tier-Beziehungen zeichnet sich gelingende Kommunikation dadurch aus, dass Fragen, Bitten, Aufforderungen und Ablehnungen des Gegenübers, egal ob Klient oder Tier, stets beantwortet werden (Marliani, 2023). Dies ist nicht nur eine Frage des Respekts. Es ist wichtig, dass eine Antwort bzw. Reaktion erfolgt, damit das Gegenüber erkennt, dass es wahrgenommen, gehört und ernstgenommen wird. Nur so bleibt der Dialog erhalten. Darüber hinaus ist es wichtig, eine Begründung für die eigene Antwort zu vermitteln und sie nachvollziehbar zu machen. Auch wenn Tiere die menschlichen Worte nicht exakt erfassen, so wird doch die Haltung und Absicht des Menschen auf non- und para-verbalem Weg übermittelt und verstanden (ebd.). Da Tiere uns Menschen gut »lesen« können, entnehmen sie daraus, dass es einen Grund für das Ja oder Nein der Antwort bzw. das Verhalten des Menschen gibt. Es fördert das Vertrauen des Tieres und auch des Klienten, wenn »ich mit meiner Begründung meine Entscheidung auf die Sachebene bringe. Sie verhilft meinem Gegenüber zu der Einsicht, dass meine Entscheidung keinen Beziehungskontext hat oder als Machtdemonstration zu verstehen ist. Dass meine Entscheidung einen Kontext hat, der nachvollziehbar ist. Diese Haltung signalisiert meine Verlässlichkeit und Sachlichkeit, und erzeugt damit Sicherheit und Vertrauen« (Marliani, 2023, S. 2).

Wie verständlich kommuniziere ich?
Begründe ich mein Handeln in der Weise, dass ich für andere nachvollziehbar und berechenbar bin?

Kommunikation braucht Klarheit

Jedes sprachliche und nicht-sprachliche Verhalten übermittelt Informationen. Daher ist es wichtig, dass Worte und Körpersprache zueinander passen und keine widersprüchlichen Botschaften entstehen. Klient und Tier dürfen nicht verwirrt oder verunsichert werden.

» Wenn die verbalen, para- und nonverbalen Signale übereinstimmen, kommunizieren wir kongruent. «

Eine eindeutige Kommunikation trägt dazu bei, dass wir Fachkräfte für andere verständlich, berechenbar und vertrauenswürdig sind. Klare Kommunikation ist unerlässlich, kann ohne Achtsamkeit jedoch grob wirken. Daher ist es wichtig, sich seine Sprechgewohnheiten und Körpersignale bewusst zu machen. Klare Kommunikation bedeutet sorgfältige Wortwahl, einfache Sätze, freundlicher Stimmklang und entspannt-freundliche Körpersprache. Hier ist insbesondere auf artspezifische und persönliche Besonderheiten zu achten: Unsere Kommunikation ist darauf abzustimmen, was unser Gegenüber versteht und als wohlwollend erkennt. Dies kann sich von Tier zu Tier, aber auch von Klient zu Klient unterscheiden.

Wie kann ich meinem jeweiligen Gegenüber freundliche Klarheit vermitteln?

Achtsame Kommunikation vermittelt Respekt und Wertschätzung

Die verbale Ebene der Kommunikation macht zwar den kleinsten Teil des Informationsaustausches aus, doch an der Sprache macht sich eine besondere Verantwortung fest, da auch Stimmungen, Haltungen und Botschaften vermittelt bzw. erzeugt werden. Diese werden über die mitschwingende para- und nonverbale Ebene (z. B. Stimmlage, Betonung und Körpersprache) an den Klienten oder das Tier transportiert. Eine achtsame und wertschätzende Sprache trägt somit zur positiven Atmosphäre bei. Als Fachkräfte haben wir zudem eine Vorbild- und Wächterfunktion, wie von Mensch zu Mensch und von Mensch zu Tier geredet wird. Es ist wichtig, selbst eine wohlwollend-zugewandte und entspannte Haltung einzunehmen und einfache, freundliche Worte zu wählen. Höflichkeit im Umgang miteinander kann bspw. durch »Bitte«, »Danke« und »Entschuldigung« ausgedrückt werden, auch den Tieren gegenüber.

Damit Klienten sich auf ihre Veränderungs- und Heilungsprozesse einlassen, benötigen sie zudem eine erstrebenswerte Perspektive, Motivation und Bestärkung. Dazu gehört, das Bemühen zu würdigen, bereits kleine Fortschritte zu benennen und Positives hervorzuheben. Auch die Tiere brauchen Zuspruch und Bestätigung für ihr Verhalten – und einen Mehrwert, um sich langfristig immer wieder motiviert und interessiert auf die Klienten einzulassen. Lob und Dank spielen daher für beide eine große Rolle. In der Fachkraft-Klient-Beziehung kann dies durch ehrliche verbale Mitteilungen relativ einfach geschehen. Bei den Tieren steht uns Menschen insbesondere die Blick- sowie die Handlungs- und leibliche Kommunikation zur Verfügung, verbunden mit wiederkehrenden verbalen Signalen wie »Danke!« oder »Gut gemacht!«, um ihnen Anerkennung und Dankbarkeit zu vermitteln.

» Da die tierliche Kommunikation in Nähebeziehungen immer auch auf Deeskalation ausgerichtet ist, gehören Entschuldigungs- bzw. Beschwichtigungsgesten dazu. «

Das sollten auch wir Menschen beherzigen. Es erhält zudem das Vertrauen des Tieres, wenn es durch einen Fehler der Fachkraft oder des Klienten erschrickt oder unangenehm berührt wird, und es daraufhin seitens des Menschen entschuldigende Gesten und Worte erfährt.

Wie höflich und wertschätzend ist mein Kommunikationsverhalten in Bezug auf Klienten und Tiere?
Welche Gesten und Strategien der Entschuldigung pflege ich in der Kommunikation mit meinem Tier?

Aus der tiergestützten Praxis

Astrid legt Wert auf eine achtsame, respektvolle Kommunikation, auch im alltäglichen Umgang mit Tieren. Sie präge die Kultur des Miteinanders und schule uns darin, die positiven Kleinigkeiten wahrzunehmen und zu würdigen, erklärt sie. Wenn Astrid mit ihren zwei Eseln Lina und Lea spazieren geht, sich zwischendurch mit Passanten ein Gespräch ergibt und ihre beiden Tiere derweil ruhig bei ihr stehen bleiben, dann bedankt sie sich bei ihnen. Sie erzählt, dass sich mit all ihren Tieren eine feine Abstimmung im Alltag entwickelt hat. Um bspw. mit der Mistkarre an den Pferden vorbeizugehen, müsse sie diese nur kurz bitten, einen Schritt zur Seite zu treten. Es mache sie sehr nachdenklich, wie feinfühlig die Tiere auf kleinste Signale reagieren, und wie grob demgegenüber oftmals die menschliche Art des Umgangs sei. Für sie seien Respekt und Achtsamkeit die Grundlage für einen prinzipiell freundlichen Umgangsstil miteinander, der von Mensch und Tier verinnerlicht werde. Ihre Erfahrung sei es, dass Tiere, mit denen im Alltag höflich umgegangen werde, und die ggf. auch darauf aufmerksam gemacht werden, wenn sie mal wenig respektvoll sind, sich auch in der TGI rücksichtsvoller verhalten.

Leibliche Kommunikation ist ein wichtiger Beziehungsfaktor

Kommunikation als Beziehungsaspekt hat eine besondere Bedeutung bei allen Formen von Pflegehandlungen. Bei Tieren wird deutlich, wie hoch z. B. der Anteil an Beziehungspflege bei der gegenseitigen Körperpflege ist. Die Art und Weise, wie Pflegehandlungen ausgeführt werden oder der weitere körperliche Kontakt stattfindet, sagt etwas über das Empfinden bzw. die Beziehung zueinander aus. Insbesondere Tiere, für die die verbale Verständigung im Hintergrund steht und die sich durch Worte nicht beirren lassen, beziehen sich mit ihrem Verhalten auf diese nonverbalen Signale. Als Fachkräfte sollten wir folgende Leitfragen im Blick haben:

Wie einfühlsam wird die Pflegesituation eines Tieres (oder eines Menschen) gestaltet, und mit welcher inneren Haltung? Was kommt bei demjenigen an?
Wie wird eine Pflegehandlung im Rahmen der TGI gestaltet: Wenn das Meerschweinchen gebürstet oder das Pferd geputzt wird – werden dem Tier darüber auch Beziehungsaspekte wie Respekt, Achtsamkeit, Fürsorge und Zuneigung vermittelt?
Was wird vom Tier eher grob oder gar bedrohlich empfunden?

Oft werden Lob und Freude über Körperkontakt ausgedrückt.

Was ist mit Blick auf Klient und Tier zu berücksichtigen, damit Berührung und Körperkontakt positiv erlebt wird?
Was wird artspezifisch und individuell als freundlich, bestärkend und motivierend erlebt?
Was wirkt eher grenzverletzend oder übergriffig?

Je näher bzw. inniger eine Beziehung ist, umso wahrscheinlicher sind körperliche Berührungen als Ausdruck von Zuneigung.

Welche Gesten oder Berührungen werden vom Gegenüber als angemessene Form der Zuneigung empfunden?
Ist Gegenseitigkeit möglich, sodass auch das Tier oder ggf. der Klient die Möglichkeit haben, auf ihre Weise Zuneigung auszudrücken?

Verständigung und Verstehen braucht fundierte Kenntnisse
Wie anspruchsvoll ein professioneller TGI-Prozess ist, zeigt sich an der erforderlichen Kommunikation. Das Gelingen des TGI-Prozesses hängt davon ab, ob die Beteiligten sich gegenseitig verständlich machen können. Es geht also darum, wie zwischenmenschliche Verständigung und die Verständigung zwischen Mensch und Tier möglich ist. Als Fachkräfte müssen wir wissen,

worauf es bei der Kommunikation mit der jeweiligen Zielgruppe ankommt (bspw. mit Kleinkindern oder seh- oder hörbeeinträchtigten Menschen oder Demenzerkrankten). Oder ob unsere Tiere primär visuell, akustisch oder olfaktorisch wahrnehmen. Wir müssen wissen, mit welchen Sinnen der jeweils andere die Umwelt hauptsächlich erfasst und worauf zu achten ist. Es braucht fundierte Kenntnisse zu Kommunikationskanälen, zu entwicklungs- oder krankheitsbedingten und individuellen Ausdrucksweisen. Je mehr fachliches und persönliches Wissen über die Klienten und Tiere vorhanden ist, umso besser können wir Fachkräfte mit ihnen kommunizieren und zugleich den Verstehens- und Beziehungsprozess zwischen Klient und Tier unterstützen.

Habe ich ausreichend Kenntnisse zu den Kommunikationsbesonderheiten meiner Klienten und Tiere?

Mensch-Tier-Kommunikation ist Voraussetzung, Weg und Ziel der TGI

Als Fachkräfte müssen wir mit unseren Tieren eine verlässliche Verständigungsbasis entwickelt haben, um aus dieser Sicherheit heraus mit Klienten interagieren zu können. Das Tier muss sich sicher fühlen und darauf vertrauen können, dass seine Kommunikationssignale gesehen, verstanden und ernst genommen werden. Wenn der Klient Signale übersieht oder missversteht, muss das Tier darauf vertrauen können, dass wir Fachkräfte als Bezugspersonen helfen und die Situation klären. Zugleich müssen wir uns darauf verlassen können, dass das Tier seine Befindlichkeiten kommuniziert und unsere Signale im Blick hat. Dazu brauchen die Tiere grundsätzlich die verlässliche Erfahrung, dass sie mit Menschen kommunizieren können. D. h. die Tiere müssen motiviert sein, sich gegenüber Menschen verständlich zu machen. Sie müssen zudem darauf vertrauen, dass sie von Menschen verstanden werden und dass Menschen für sie verstehbar sind.

» Zur professionellen TGI gehört auch, dass die eigenständige Kommunikation von Klient und Tier gestärkt wird. «

Die wachsende Verständigung ist dabei Weg und Ziel zugleich. Der Klient wird darin unterstützt, artspezifische und individuelle Köpersignale des Tieres wahrzunehmen, Lautäußerungen zu differenzieren, Gemütslagen und Emotionen zu erkennen und Kontextzusammenhänge zu erfassen. Und auch für uns Fachkräfte ergeben sich aus der Unterstützung und Beobachtung der Kommunikation von Tier und Klient viele Erkenntnisse. So ergibt sich über die gelingende Kommunikation für alle Beteiligten ein tiefgreifender Annäherungsprozess. Kommunikation bedeutet immer auch »Verstehen ohne Worte«: Erkenne ich bei meinem Tier und meinen Klienten folgende nonverbalen Mitteilungen? »Ich fühle mich gut, ich will mitmachen.« »Was wir gerade tun, gefällt mir.« »Ich will mehr davon.« »Na gut, dann mach ich halt mit.« »Ich bin müde und brauche Ruhe.« »Ich fühle mich nicht gut.« »Das ist mir zu nah.« »Ich verstehe nicht.« »Die Situation macht mir Angst.« »Ich bin innerlich mit etwas ganz anderem beschäftigt und kann dir gerade gar nicht zuhören.« »Ich traue mir das nicht zu.« »Lass uns was anderes machen.« Nonverbale Mitteilungen können sehr nuancenreich sein – auch von Tieren.

» Um den Tieren gerecht zu werden, und um gute Sprachmittler zwischen Tier und Klient zu sein, müssen wir selbst unsere Kommunikation und unser Verstehen verfeinern. «

Wie wichtig das ist, zeigt sich unter anderem auch im folgenden Kapitel, wenn es um Fragen der Beteiligung geht.

II-5 Jedem das Seine und doch gemeinsam: Der Sinn von Beteiligung

In Pädagogik, Therapie und Medizin sind partizipative Ansätze seit längerem von Bedeutung: Klienten werden stärker in die sie betreffenden Prozesse und Entscheidungen einbezogen und erhalten Mitsprachemöglichkeiten. In der Diskussion zur Mensch-Tier-Beziehung sind Begriffe wie Partizipation, Beteiligung und animal consent allerdings relativ neu und noch nicht häufig anzutreffen.

> » Wenn wir ernstnehmen, dass Tiere Subjekte sind, die ein eigenes Empfinden, Bewerten und Streben haben, dann gehört dazu, dass wir ihren Sichtweisen und Interessen Raum geben. «

Das geschieht zum einen, indem wir uns in sie hineinversetzen und ihre Perspektive bei unserem Handeln und Entscheiden berücksichtigen. Zum anderen brauchen sie aber auch die Möglichkeit, Wünsche zu äußern oder selbst zu entscheiden. Die Erkenntnisse aus den vorherigen Kapiteln zu Ethik, Systemischem, Wohlbefinden, Emotionen, Beziehung und Kommunikation zeigen, dass das möglich und wichtig ist. Beteiligung ist daher ein maßgeblicher Ansatzpunkt für das Wohl von Tieren und für gelingende TGI.

II-5.1 Beteiligung

Begriffe wie Partizipation, Beteiligung und Teilhabe sind nicht klar voneinander zu trennen. Sie werden aus verschiedenen Fachperspektiven diskutiert, bspw. in der Politik, Soziologie, Sozialpsychologie, Pädagogik oder Eingliederungshilfe für Menschen mit Behinderung und betonen verschiedene Schwerpunkte und

Teilaspekte. Die verschiedenen Begrifflichkeiten bauen jedoch auf den gleichen Prinzipien auf: die Einbindung eines Individuums in eine Gemeinschaft und die Gewährung von Einflussnahme auf alle es betreffenden Angelegenheiten. Der Begriff Partizipation steht meist als Oberbegriff für alle Formen von sozialer und politischer Beteiligung (vgl. Stange, 2002), daher werden die Begriffe Beteiligung und Partizipation oft auch synonym benutzt, wie im Folgenden auch. Den Begriff Teilhabe findet man eher im Zusammenhang der Behebung von strukturellen Benachteiligungen von Menschen (z. B. aufgrund von Alter, Armut, Behinderung); er betont den Aspekt, in Gemeinschaft eingebunden zu sein und an gesellschaftlichen Angeboten und Prozessen teilhaben zu können. Der Begriff Beteiligung wird u. a. häufig in sozialen Bereichen verwendet, da er sich insbesondere auch als Handlungsprinzip versteht, d. h. sich selbst aktiv einzubringen bzw. jemanden anderen aktiv in etwas einzubeziehen. In der TGI ist vor allem dieser Aspekt bedeutsam.

II-5.1.1 Beteiligung von Menschen

Partizipation ist bspw. in Gleichbehandlungsgrundsätzen und in konkreten Rechten, d. h. als Gesetz, verankert. International bekannte Formen sind z. B. die UN-Menschenrechtskonvention, UN-Behindertenrechtskonvention und UN-Kinderrechtskonvention. Zudem wird Partizipation, im Sinne der Einflussmöglichkeit, als zentraler Aspekt von Würde und als Ausdruck des Subjektstatus erachtet: »[...] Menschenwürde bedeutet, Subjekt zu sein, nicht Objekt. Objekt ist, wer fremdbestimmt ist; Subjekt ist, wer selbst bestimmt – oder mit den Worten Immanuel Kants: wer ›Zweck an sich‹ ist« (Rudolf, 2017, S. 14, Hervorhebung im Original). Pointiert lässt sich daher sagen:

» Beteiligung vermittelt die Anerkennung als eigenständiges, gleichwürdiges Individuum und schützt vor Unterdrückung und Herabwürdigung. «

Ob Partizipation stattfindet oder nicht, ist immer ein Indikator für die herrschenden Machtverhältnisse. Dadurch offenbart sich auch stets das Bild, das über andere besteht. Die Menschheitsgeschichte ist voll von Beispielen, wie Menschen sozial und politisch ausgegrenzt und abgewertet wurden und werden. Doch es gibt auch positive Erfahrungen, wie Diskriminierung und Fremdbestimmung überwunden und veraltete Vorstellungen korrigiert werden können. Historische Beispiele sind die Abschaffung der Sklaverei, die Gleichstellung von Frauen, die Rechte für Menschen mit Behinderung und die Kinderrechte. Bei all dem spielt Partizipation eine zentrale Rolle.

Beteiligungsstufen

Beteiligung erhöht das Erleben von Selbstwirksamkeit und trägt dadurch zur Persönlichkeitsentwicklung (Pluto, 2007), zur individuellen Gesundheit und zum Wohlbefinden bei (Hartung, 2011) bei. Sie vermittelt, dass jemand wahrgenommen und anerkannt wird, dass dessen Bedürfnisse und persönliches Erleben wichtig sind. Sie schützt vor schädigender Fremdbestimmung und Ausbeutung. Beteiligung erhöht auch in unabänderlichen Abhängigkeitsverhältnissen die Autonomie und Selbstwirksamkeit und damit die Zufriedenheit (ebd.). In Beziehungen sorgt Beteiligung dafür, dass ein Miteinander gefunden wird, welches verschiedene Vorstellungen von einem guten Leben gleichermaßen berücksichtigt. All dies erhöht die individuelle Lebensqualität. Als Handlungsprinzip heißt das, dass jemand zu allen ihn betreffenden alltäglichen Fragen, Angelegenheiten und Zusammenhängen aktiv einbezogen wird (Pluto, 2007). Der Grad der Einflussnahme variiert dabei und lässt sich als Beteiligungsstufen darstellen. Im Groben beinhalten sie die Unterscheidung in Informiert werden, Angehört werden, Mitbestimmen und Mitwirken sowie selbstbestimmt Handeln (vgl. Kühn, 2013; Pluto, 2007; Stange, 2002; Wright et al., 2007).

II-5.1.2 Beteiligung von Tieren

Wissenschaftliche Forschung zeigt, dass partizipative Prozesse auch in nichtmenschlichen Gruppen vorhanden sind. Zum Beispiel stimmen Dohlen mit ihren Rufen ab, wann morgens gemeinsam der Schlafbaum verlassen wird (Dibnah et al., 2022). Afrikanische Wildhunde entscheiden gemeinsam durch eine Art »Niesen«, ob und wann sie gemeinsam zur Jagd aufbrechen (Walker et al., 2017). Und sie scheinen nicht die einzigen Tierarten zu sein, die basisdemokratisch Entscheidungen für die Gruppe treffen.

In den vorherigen Kapiteln wurde bereits dargelegt, dass Tiere Subjekte sind und nach einem aus ihrer Sicht guten Leben streben. Sie fühlen und denken, haben ein eigenes Empfinden, was für sie gut ist oder schlecht. Sie haben individuelle Vorlieben und Abneigungen, einen eigenen Willen und treffen Entscheidungen. Dementsprechend haben sie innere Impulse, ihre Lebens- und Alltagsbedingungen nach ihren Bedürfnissen und Vorstellungen beeinflussen zu wollen. In Anlehnung an die Überlegungen zur Alltagsbeteiligung bei Menschen lässt sich daher ableiten, dass auch bei Tieren das Fehlen von Mit- und Selbstbestimmung das Wohlbefinden beeinträchtigt. Wir haben somit die moralische Pflicht, ihnen die Einflussnahme auf ihr Leben zu ermöglichen (vgl. Donaldson & Kymlicka, 2015).

» Ein am Subjektstatus und Wohlbefinden ausgerichteter Umgang mit Tieren erfordert ein neues Bild vom Tier und entsprechende Konzepte für die Haltungsbedingungen, die Alltagsabläufe, die Ausbildung, das Training und die Durchführung der TGI. «

Die Tiere sind in ihrer Fähigkeit zu fördern, sich mitzuteilen bzw. selbst Entscheidungen zu treffen. Zum einen geschieht dies dadurch, dass den Tieren zugestanden wird, Zögern, Ablehnung, Missfallen oder Ähnliches zu zeigen. All diese Signale sind ernst zu nehmen. Zum anderen können konkrete Zustimmungs- und Ablehnungssignale eingeübt werden (Hediger & Zink, 2017), als eine Form des Ja- und Nein-Sagens.

> » Das zeichnet beteiligendes Handeln der Fachkraft aus: dem Tier einen eigenen Willen zu erlauben und es zu bestärken, ihn zu äußern. «

Das gelingt am ehesten, wenn ein Tier merkt, dass seine Signale gesehen, sein Wille berücksichtigt wird und ihm Auswahlmöglichkeiten, d.h. Mit- und Selbstbestimmung, ermöglicht werden. All dies trägt direkt zur Selbstwirksamkeit und Lebensqualität der Tiere bei. Konkret mit Blick auf den Einbezug in die TGI sollten sie »so ausgebildet werden, dass sie selbst entscheiden können, ob und in welcher Form sie an dem therapeutischen Prozess teilnehmen können« (Wohlfarth & Hediger, 2022, S. 36).

Aus der tiergestützten Praxis

Steffi empfängt auf ihrem Hof regelmäßig junge Erwachsene einer Behindertenhilfeeinrichtung aus der Nachbarschaft. In der gemeinsamen Begrüßungsrunde heißt sie die Menschen willkommen und erklärt den Tieren, dass wieder Gäste da sind. Steffi erzählt, dass sich neue Teilnehmer manchmal über die Art wundern, in der sie mit ihren Tieren bzw. über sie redet. Viele zweifeln erst mal an, ob die Tiere wirklich unterscheiden können, ob und wie man über sie spricht. Dennoch übernehmen viele Gäste ihre Sprachweise nach und nach, ohne dass Steffi sie dazu auffordert. Sie berichtet weiter, dass sie den Tieren die Wahl lässt, ob sie am Gästetag teilnehmen möchten. Dazu wartet sie ab, wer zum Besucherbereich kommt und Interesse bekundet. Zudem haben ihre Tiere die Möglichkeit, sich wieder zurückzuziehen. Neue Gäste müssen sich manchmal erst daran gewöhnen. Steffi begleitet dies durch Erklärungen und Gespräche. Mitunter kommen dadurch biografische Erlebnisse der Gäste zutage, die Raum brauchen. Steffi nimmt sich dafür bewusst

Zeit und schafft so eine Atmosphäre der Wertschätzung und des Angenommenseins. Biografische Themen greifen sie und ihre Kolleginnen später wieder auf und nutzen sie in der pädagogischen bzw. therapeutischen Arbeit mit den Betreffenden.

Beteiligung beginnt im Alltag

Die Basis für Beteiligung und Kooperation entsteht im Alltag, im gemeinsamen Tun. Durch gemeinsame Unternehmungen und Aufgaben wird die Beziehung gefestigt, die Kommunikation verfeinert, das gegenseitige Verstehen verbessert und ein Gespür füreinander entwickelt. Insbesondere die ganz alltäglichen Anlässe sind dazu geeignet, um die Beteiligungsmöglichkeiten für jedes Tier auszuloten. Das Vorgehen ist zum einen, dem Tier Wahlmöglichkeiten zu bieten, d. h. Zustimmung oder Ablehnung zu ermöglichen. Zum anderen geht es darum, für die Ausdrucksweisen und Anregungen empfänglich zu sein, die im Rahmen der alltäglichen Kommunikation aktiv vom Tier ausgehen. Je häufiger es die Erfahrung macht, dass seine Mitteilungen wahrgenommen, verstanden und berücksichtigt werden, umso mehr wird es in seiner Kommunikationsbereitschaft und Eigeninitiative bestärkt. Auch wenn die Möglichkeiten tierartspezifisch sehr unterschiedlich sein können: Es geht immer darum, das Tier zu beobachten, seine Signale zu verstehen, Zutrauen in seine Fähigkeiten zu haben, die Kommunikation zu verfeinern und durch gemeinsame Erfahrungen übereinander und miteinander zu lernen.

Mehr Autonomie ermöglichen

Unter den bisher verbreiteten, eingeschränkten Haltungsbedingungen besteht für Tiere wenig Gelegenheit für selbstbestimmte Momente. Der Grad an Abhängigkeit vom Menschen ist teilweise extrem hoch, er betrifft z. B. die Nahrungsaufnahme (was und wann), die Bewegungs- und Beschäftigungsmöglichkeiten (was, wann, wie oft, wie lange) und die sozialen Kontakte (wann, wer, wie oft, wie lange). Für viele Tiere ist »eine autonome Bewältigung der eigenen Lebensumwelt« nicht möglich (Wawrzyniak 2019, S. 84). Um den Bedürfnissen und Fähigkeiten von Tieren gerecht zu werden und ihr Wohlbefinden zu verbessern, ist mehr Mit- und Selbstbestimmung und folglich auch mehr Selbstwirksamkeitserleben zu fördern (vgl. Wohlfarth & Hediger, 2022). Dabei ist eine Orientierung an den Beteiligungsstufen hilfreich. Sie lassen sich auf den Umgang mit Tieren übertragen.

Aus der tiergestützten Praxis

Leon berichtet von seinem Brahma-Hahn Fridolin. Er habe den Eindruck, dass Fridolin Kinder im Alter von 4–5 Jahren besonders mag, weil sie sehr respektvoll sind und sich um Achtsamkeit bemühen. Außerdem seien sie auch körperlich noch fast auf Fridolins Augenhöhe. Als in Fridolins Hühnerschar Nachwuchs geschlüpft ist, habe er die Küken und Hennen allerdings zunächst energisch beschützen wollen. Leon habe daher mit Fridolin und der Kindergartengruppe Signale eingeübt, damit Hahn und Kinder sich gegenseitig Sicherheit vermitteln können. Die Kinder halten nun bewusst Abstand zu den Hühnern und bleiben stehen, wenn Fridolin in ihre Richtung schaut und den Hals reckt. Sie bewundern Fridolin, weil er so pflichtbewusst und mutig seine Hennen und Küken beschützt. Dieses Verstehen motiviert sie, noch rücksichtsvoller zu sein. Mittlerweile führt Fridolin seine Schar zu den Kindern, da sie sich behutsam verhalten und auch Leckereien mitbringen. Seit den gemeinsamen Übungseinheiten merkt Leon zudem, dass Fridolin entspannter ist und sich viel stärker an ihm orientiert, um abzuschätzen, ob von den Menschenkindern Gefahr ausgehen könnte.

Beteiligungsstufen beim Tier

Partizipation berücksichtigt die Sichtweisen und Wünsche des Tieres, sie ist Ausdruck von Respekt und gelebte Wertschätzung (vgl. Pelluchon, 2019). Da aufgrund der Abhängigkeit vom Menschen die Selbstbestimmung meist nur im eingeschränkten Maß möglich ist, haben die Beteiligungsstufen Informiert werden,

Angehört werden, Mitbestimmen und Mitwirken eine große Bedeutung. Informiert werden beginnt da, wo wir Menschen aus Sicht des Tieres berechenbar und vorhersehbar handeln. Wir können z. B. Handlungen ankündigen, indem wir diesen Signale oder Worte geben, was wir um das Tier herum bzw. direkt am oder mit dem Tier tun. Angehört werden bezieht sich darauf, dass wir sensibel sind gegenüber den nonverbalen und lautsprachlichen Mitteilungen des Tieres und sie bei unserem Handeln berücksichtigen. Mitbestimmen heißt, dass Tieren eine konkrete Wahlmöglichkeit geboten wird und die Zustimmung oder Ablehnung von uns ernst genommen wird.

» Mitwirken heißt, dass wir gemeinsam mit dem Tier tätig sind und unser Verhalten bewusst aufeinander abstimmen, d. h. auch, unser Tun beeinflussen lassen. Das Tier kann von sich aus ein Interaktionsangebot machen, z. B. eine Spielaufforderung, die dann aufgegriffen wird. «

Voraussetzung dafür ist, dass vorgesehene Abläufe von vornherein flexibel und offen gehalten werden und eine Einflussnahme des Tieres auf den gemeinsamen Prozess gewährt wird.

II-5.2 Beteiligung in der TGI

Moderne professionelle TGI versteht den Klienten als mündigen Menschen, dessen Empfindungen, Ansichten und Ziele ernst zu nehmen und zu berücksichtigen sind. Und sie gestaltet den Einbezug des Tieres als Kooperationsbeziehung, in der die Empfindungen und Absichten des Tieres ebenfalls berücksichtigt werden. Auch die eigenmotivierte Teilnahme von Klient und Tier spielt eine große Rolle. In diesem Sinne ist Beteiligung Ausdruck von Qualität, ein Gelingensfaktor für die Interventionen, und sie wahrt die Würde von Klient und Tier als handelnde Subjekte

(s. II-5.1.1). Darüber hinaus schützt sie explizit das Tier vor Überlastung und Instrumentalisierung. Der eigene Wille des Tieres ist daher nicht nur zu akzeptieren: Als Fachkräfte haben wir die Aufgabe es zu befähigen, dass es Bedürfnisse und Interessen ausdrücken und ggf. auch eigenständig erfüllen kann.

» Am Beteiligungsprinzip zeigt sich, dass TGI keine Technik ist, die ein Tier für das Erreichen eines menschlichen Ziels benutzt, sondern dass die Tiere durch ihren Einbezug den Prozess auf ihre eigene Weise ergänzen, unterstützen und mitgestalten. «

Aber auch für die Klienten ist es wesentlich, ihre Eigenverantwortung nicht an der Praxis- oder Stalltür abzugeben. Beteiligung ist für Klient und Tier unerlässlich.

Beteiligender Umgang mit Tieren als Forderung der IAHAIO

Der beteiligende Umgang mit Klienten sollte mittlerweile Praxisstandard in allen Handlungsfeldern der TGI sein. Dies ist nun auch auf den Einbezug der Tiere zu übertragen. In diesem Sinne spricht die International Association of Human-Animal Interaction Organizations auf ihrer Website von einem grundsätzlichen Bewusstseinswandel und von der Erfordernis, Therapiebegleittiere entsprechend zu befähigen: »The fundamental mind shift of animal consent: Teaching therapy animals to say Yes and No. A ground-breaking shift in approach is changing the concept of what well-trained therapy animals are. Until recently, behavioral predictability, high levels of task skill and consistency were important attributes. Consent training and Co-operative Care are concepts that have changed the interaction fundamentally. [...] will examine ways to encourage animals (dogs, horses and possible other program animals) to be more active participants in therapeutic settings [...]« (IAHAIO, 2022).

Die Kommunikations- und Kooperationsfähigkeit von Mensch und Tier ist dabei der zentrale Schlüssel. Je besser die gegenseitige Verständigung ist, desto genauer können die Impulse des Tieres verstanden und aufgenommen werden. Und umso besser können dem Tier Wahl- und Entscheidungsmöglichkeiten vermittelt werden.

II-5.2.1 Leitlinien für die TGI-Praxis zu Beteiligung

Im Folgenden sind wieder die gesammelten Erkenntnisse zu finden. Die Reflexionsfragen sind diesmal allerdings am Ende des Kapitels zusammengefasst.

Beteiligung basiert auf einer inneren Haltung
Alle Formen des partizipativen Handelns basieren zunächst auf einer inneren Haltung. Sie ist gekennzeichnet durch die Offenheit der Fachkraft, dass jeder im Interventionsdreieck zum Verlauf der TGI-Einheit beiträgt, auch wenn sie dadurch im Detail eventuell anders verläuft als ursprünglich beabsichtigt. Die Tagesform und die Eigenheiten, Interessen und Bedürfnisse von Klient und Tier sind wahrzunehmen und anzuerkennen. Eine partizipative Haltung bedeutet daher, dem Gegenüber eigene Erlebensweisen und Vorstellungen zuzugestehen und zugleich Vertrauen in den gemeinsamen Prozess zu haben. Dazu sind wiederum eine wechselseitige Kommunikation sowie gegenseitiges Verstehen und Respektieren wichtig.

» Durch die gemeinsamen Erfahrungen und Erfolgserlebnisse wächst dann auch die Beteiligungsfähigkeit, bei den Menschen wie bei den Tieren. «

Beteiligung ist im Kleinen möglich
Je mehr die partizipative Haltung und die Beteiligungsstufen (s.o.) verinnerlicht sind, umso mehr Beteiligungsmöglichkeiten werden offensichtlich. Beteiligung ist auch dann möglich, wenn

manche Klienten sich nur eingeschränkt oder gar nicht verbal ausdrücken können, oder wenn die Tiere nicht explizit für Wahlmöglichkeiten trainiert sind. Denn Beteiligung beginnt dort, wo die Fachkraft Signale der Freude oder des Desinteresses, des Wohlbefindens oder Unwohlseins und nicht zuletzt der Zustimmung oder Ablehnung bei Klient oder Tier wahrnimmt. Diese Signale können klar und deutlich oder subtil und leise sein. Wichtig ist, darauf einzugehen. Je mehr der Klient und das Tier sich sicher sein können, dass ihre Signale bzw. Äußerungen erkannt, richtig interpretiert und respektiert werden, umso ermutigter werden sie sein, sich aktiv einzubringen.

Beteiligung lebt von Achtsamkeit

Um zu einer partizipativen Haltung zu kommen, ist Achtsamkeit ein hilfreicher Weg. Sie ergibt sich nicht von selbst, sondern muss eingeübt und gepflegt werden, in Gedanken, Worten und Taten. Achtsamkeit beginnt bei sich selbst, indem z. B. das eigene Leistungsstreben und Zeitempfinden, enge Vorstellungen von richtig und falsch oder negative Verinnerlichungen ergründet und losgelassen werden. Nur so kann Akzeptanz möglich werden mit Blick auf das Erleben oder die Ansichten und Ziele von anderen. Achtsamkeit hilft, die verschiedenen Perspektiven aller Beteiligten gleichermaßen anzunehmen. Es braucht Empathie für das Befinden und die situativen Bedürfnisse jedes Beteiligten. Unterschiedliche Bedürfnisse oder Wünsche sind nicht immer vereinbar. Dennoch hat jedes Bedürfnis einen guten Grund und eine Berechtigung. Wenn bspw. ernsthafte Bedürfnisse Einzelner rücksichtslos übergangen werden, fängt Machtmissbrauch an. Durch Achtsamkeit und gemeinsame Aushandlungsprozesse lassen sich meist Lösungen finden, wie bspw. alternative Durchführungsoptionen. Wenn dennoch keine Kompromisse möglich sind und Konflikte bestehen bleiben, kommt es auf einen achtsam vermittelnden Umgang mit Entscheidungen an.

Beteiligung bedeutet Aktivierung

Partizipation in der Rolle als Fachkraft heißt, andere aktiv zu beteiligen. Das kann bedeuten, den Klienten zunächst darin zu unterstützen, sein Befinden, seine Meinung oder Wünsche zu äußern. Ebenso müssen die Tiere zu Beginn unterstützt werden, ihre Empfindungen und Bedürfnisse auszudrücken. Beide Male gehören Beobachten, Einfühlen, Nachfragen oder das Anbieten von Wahloptionen dazu. In den TGI-Einheiten braucht es dazu passende Vorgehensweisen und Methoden. Im Ablauf sollte Beteiligung zeitlich und methodisch von vornherein eingeplant sein. Dazu sind verständliche Kommunikations- und Vermittlungswege, realistische (Mit-)Entscheidungsmöglichkeiten sowie Flexibilität bei der Durchführung wichtig. Auf diese Weise können Signale von Klient und Tier berücksichtigt werden und ein gemeinsam getragener Prozess entstehen.

Beteiligung bedeutet Übersetzungsarbeit

» Partizipation geschieht immer im Dialog. «

Eingeschränkte oder fehlende sprachliche Kompetenzen sind dabei kein Hinderungsgrund. Denn Beteiligung beginnt bereits dann, wenn die nonverbalen Signale von Klient und Tier gesehen und ernstgenommen werden. Es ist hilfreich, sich als Fachkraft stets in die Lage des Gegenübers zu versetzen, um daraus abzuleiten, wie eine Situation »in der Haut des anderen« erlebt wird. Auf dieser Grundlage ist es möglich, die Signale zu verstehen und neue Impulse für die Handlungsmöglichkeiten zu bekommen. Letztlich geht es darum, feinfühlig zu sein und die Perspektiven der anderen für die weiteren Interventionen zu beachten. Darüber hinaus kann die Fachkraft dem Erleben bzw. dem Geschehen Worte geben, um auf diese Weise ihr Verstehen oder zwischen Klient und Tier zu vermitteln.

Beteiligung als Strategie gegen erlernte Hilflosigkeit

Erlernte Hilflosigkeit (Seligman, 1999) besagt, dass Hilflosigkeit als Denk- und Verhaltensmuster erworben werden kann. Die Theorie entstand zunächst durch Experimente mit Tieren[2], dann auch mit Menschen, und bestätigt, dass etliche Reaktions- und Verhaltensmuster speziesübergreifend sind. Es kann davon ausgegangen werden, dass vielen Verhaltensweisen von Mensch und Tier auch ähnliche Erlebensweisen zugrunde liegen (Bekoff, 2008; Julius et al., 2014). Bei der erworbenen Hilflosigkeit geht ein Mensch oder Tier davon aus, dass auf ein Geschehen oder die Lebensumstände kein Einfluss möglich ist. Diese Überzeugung entsteht im Verlauf der Biografie, aufgrund von ungünstigen personalen und sozialen Bedingungen und negativen Erfahrungen. Mit jedem weiteren negativen Erlebnis verstärkt sich das Gefühl der Ohnmacht und Ausweglosigkeit und weitet sich schließlich fatalerweise auch auf zukünftige Situationen aus. Die Hilflosigkeit nimmt Überhand und führt dazu, dass derjenige keine Einflussversuche mehr unternimmt, sondern sich durchweg überangepasst verhält oder apathisch wird (Seligmann, 1999). Die gute Nachricht ist, dass Hilflosigkeitsmuster durch das Erlernen von Bewältigungsstrategien und Selbstwirksamkeitserfahrungen überwunden werden können (ebd.). Selbstwirksamkeit entsteht, wenn Situationen gemäß den eigenen Vorstellungen beeinflusst werden können. Dazu gibt es inspirierende Beispiele mit Pferden (Hediger & Zink, 2017). Im Training lernen die Pferde, sich in das Geschehen mit dem Klienten aktiv einzubringen. Dazu gehört, dass sie deutlich auf dessen Verhalten und Emotionen reagieren, um Resonanz zu geben und sich mitzuteilen. Die Pferde erfahren so, dass sie Einfluss auf ihre Umwelt und Menschen nehmen und Situationen aktiv mit-

2 Seligman begründet die dazu erfolgten Experimente mit dem utilitaristischen Argument. Für uns Autorinnen steckt darin ein Dilemma: Um anerkannte wissenschaftliche Erkenntnisse zu vermitteln und wissenschaftlichen Standards zu entsprechen, beziehen wir uns auf Forschungsergebnisse. Diese Forschungen basieren jedoch häufig auf (aus unserer Sicht ethisch unhaltbaren) Tierversuchen.

gestalten können. Da der eigenaktive Einbezug in die TGI jedoch immer auch Stressmomente auslösen kann, wird mit den Pferden zudem eine aktive Stressregulation über das Abschnauben eingeübt (ebd.). Diese Rahmenbedingungen fördern die Selbstwirksamkeit und Stressverarbeitung der Pferde, und darüber ihre Motivation und ihr Wohlbefinden.

Beteiligung zur Kompetenzstärkung

Durch Beteiligung wird die Zuversicht erhöht, Situationen beeinflussen und (mit-)gestalten zu können. Zudem werden zahlreiche Fähigkeiten gestärkt, die zur Einflussnahme erforderlich sind: Beteiligt zu werden führt zu einem Zuwachs an sozialen Kompetenzen (Brandes & Stark, 2021; Hartung, 2011). Das Erleben der eigenen Kompetenzen trägt wiederum zur Überzeugung bei, Situationen und Abläufe aktiv (mit-)gestalten zu können, was dann zu mehr Sicherheits- und Wohlbefinden führt (Hartung, 2011). Partizipation von Mensch und Tier ist letztlich auch deshalb wichtig, weil niemand für einen anderen vollumfänglich ermessen kann, was derjenige in einer Situation unangenehm empfindet, oder wodurch er sich sicherer und wohler fühlt. Mit Blick auf die Tiere ist wichtig, ihre Wahl- und Entscheidungsmöglichkeiten zu stärken und zu erweitern. Hinsichtlich der Klienten bedeutet es, sie nach ihren Befürchtungen, Wünschen und Zielen zu fragen. Wer in seinem Leben häufig die Erfahrung gemacht hat, dass seine Meinung nicht gefragt ist, der vermeidet oder verlernt sich zu äußern. Er braucht Ermutigung und Unterstützung, um sich aktiv einzubringen. Die Klienten können somit ein Stück Mitverantwortung übernehmen und werden in ihrer Selbstwirksamkeit gestärkt.

Jeder benötigt für sein Leben die Fähigkeit, seine Bedürfnisse und Interessen mitzuteilen und aktiv etwas für die eigene Zufriedenheit zu tun.

» Die Befähigung, im Leben wirkmächtig zu sein, kann daher auch als eines der stets mitschwingenden Metaziele der TGI angesehen werden. «

Beteiligung akzeptiert, dass andere ihre eigene Sicht der Dinge haben

Fachkraft, Klient und Tier nehmen dieselbe Situation aus ihrer persönlichen Perspektive wahr, d. h. vor dem Hintergrund ihrer Sinne, Persönlichkeitsmuster, Erfahrungen und Wünsche. Jeder nimmt vielleicht andere Details wahr und erlebt das Beziehungsgeflecht und die Interaktionen anders. Daher können die Beobachtungen, Deutungen, Empfindungen und Verhaltensimpulse voneinander abweichen. Jede dieser Wahrnehmungs- und Erlebensweisen ist für den Betreffenden real. Die jeweiligen Empfindungen und Reaktionen müssen daher ernst genommen werden. Sie tragen zu einem Gesamtbild bei, das aus einer Vielzahl an Perspektiven besteht. In der TGI kann genau diese Mehrperspektivität gezielt genutzt werden. Indem wir Fachkräfte unsere eigenen Wahrnehmungen und Empfindungen um die des Tieres und des Klienten erweitern, verstehen wir die Dynamik der Gesamtsituation besser. Auf dieser Grundlage können wir dann auch besser zum Wohle aller Beteiligten handeln.

Beteiligung bedeutet Verantwortung

» Beteiligung bedeutet nicht die Abgabe der professionellen Verantwortung an den Klienten oder das Tier, sondern sie ist eine Einladung und Unterstützung, dass jeder seine Empfindungen, Vorstellungen und Handlungsimpulse äußert. «

Dies ist die Basis, auf der der jeweilige TGI-Prozess stattfindet. Die Fachkraft bleibt in zweierlei Hinsicht in einer Wächterverantwortung: Sie prüft, was mit Rücksicht auf *alle* Beteiligten im Rahmen der TGI umgesetzt werden kann. Und sie behält die pädagogischen, therapeutischen oder medizinischen Ziele im Blick, die gemeinsam vereinbart wurden und erreicht werden wollen. Als Fachkräfte sorgen wir zudem dafür, dass der Klient in seiner Mit- und Eigenverantwortung gestärkt und das Tier als eigenständige Persönlichkeit einbezogen wird und mitwirken kann.

Einschränkungen der Beteiligung sind zu begründen

Bereits einfache Formen der Beteiligung sind wichtig und müssen stets möglich sein. Da die Anliegen aller Beteiligten miteinander abgewogen werden müssen, sind oftmals Kompromisse oder manchmal einseitige Entscheidungen notwendig. Letztere betreffen z. B. einen Teil der Rahmenbedingungen. Der Wochentag und die Uhrzeit sind im Voraus gesetzt und können für einen Klienten nicht kurzfristig verschoben werden. Die Dauer der TGI-Einheit ist begrenzt und kann nicht spontan verlängert werden. Dies schützt insbesondere das Tier vor Überlastung. Es gibt klare Grenzen für Wünsche, die negative Auswirkungen für einen der Beteiligten zur Folge hätten. Dem Hund wird zum Abschied kein Schokokeks gegeben. Dafür gibt es eine nachvollziehbare Begründung. Und es lässt sich gemeinsam überlegen, welches ganz besondere Leckerli ohne gesundheitliche Gefahren möglich wäre. Die Katze wird nicht festgehalten, um sie zu streicheln. Auch dafür gibt es Begründungen. Und es lässt sich gemeinsam überlegen, welches Bedürfnis des Menschen dahintersteckt und was stattdessen möglich wäre. Das Festlegen und Einhalten von sinnvollen Regeln und Rahmenbedingungen dient dem Schutz von einzelnen bzw. allen Beteiligten. Diese gelten daher verbindlich und ohne Verhandlungsspielraum. Sie sind Bestandteil eines professionellen TGI-Konzepts und Risikomanagements. Als solche sind sie fachlich begründet. Darüber hinaus müssen die Regeln und Begründungen nachvollziehbar an die Beteiligten vermittelt werden – womit bereits Beteiligungsstufe Eins, die Information, umgesetzt wäre. Zugleich eröffnet Partizipation immer auch die kreative Frage, was alternativ zum Wohle aller Beteiligten möglich ist.

Beteiligung schützt

Ein verbindliches Minimum an Einflussmöglichkeiten definiert der Ansatz des Choice-Voice-Exit (Andresen, 2015; Fegert et al., 2017). Er bildet ursprünglich die Grundlage für organisationale Schutzkonzepte. Auch in den Handlungsfeldern der TGI braucht es eine grundsätzliche Strategie, um Machtasymmetrien auszugleichen und Überforderung, Bevormundung oder Grenzüberschreitungen zu vermeiden. Im Sinne eines Mindeststandards lassen sich die drei Aspekte des Ansatzes als Rechtsprinzipien auf die Klienten und Tiere übertragen:

Choice bedeutet, dass Klient und Tier gefragt werden und grundsätzlich die Wahl haben, ob sie einer konkreten Situation oder Aufgabe zustimmen. Choice bedeutet, jederzeit ja oder nein zu etwas sagen zu können.

Voice bedeutet, dass Klient und Tier auch nach Zustimmung noch das Recht haben, ihr Befinden oder ihre Ideen zu äußern und dadurch Einfluss auf das Geschehen zu nehmen. Sie können bspw. ausdrücken, ob die räumliche Nähe unangenehm ist und die Distanz vergrößert werden sollte, oder ob eine Aufgabe Stress bereitet und eine Abwandlung oder Unterstützung nötig ist. Aufgrund der Mitteilungen und Signale wird der weitere Verlauf der Interaktion von Klient und Tier entsprechend beeinflusst.

Exit bedeutet, dass für Klient und Tier stets ein tatsächlicher Ausweg zur Verfügung steht, um eine Situation abzubrechen, sich zurückziehen oder die TGI-Einheit ganz zu beenden. Sobald von einem der Beteiligten ein Exit signalisiert wird, z. B. aufgrund von Überforderung oder Überanstrengung, hat das höchste Priorität.

Als Fachkraft haben wir die Aufgabe zu vermitteln, dass jedem die Möglichkeiten des Choice-Voice-Exit verbindlich zur Verfügung stehen. Dies ist wichtig, damit durch die ungleichen Machtverhältnisse im Beziehungsgeflecht der TGI niemand ungewollt eine unangenehme Situation aushalten muss oder sich zu einer Handlung gezwungen fühlt.

II-5.2.2 Reflexionsfragen

In diesem Kapitel haben wir aufeinander aufbauende Reflexionsfragen an den Schluss gesetzt. Wie eine Art Checkliste sollen sie helfen, die eigene TGI-Praxis hinsichtlich der Umsetzung von Beteiligungsmöglichkeiten zu überprüfen.

Reflexionsfragen zum Klienten

Da Tiergestützte Interventionen mittlerweile in vielen Berufsfeldern integriert sind, verbergen sich hinter dem Begriff »Klient« unterschiedliche Zielgruppen. Im Folgenden haben wir daher allgemeinpassende Reflexionsfragen formuliert.

Hat der Klient ein eigenständiges Interesse zur Teilnahme an Tiergestützten Interventionen?
Hat der Klient die Möglichkeit, den Auftrag zur TGI eigenverantwortlich zu geben oder zumindest mitzubestimmen?
Hat er die Möglichkeit, den Auftrag auch wieder zu beenden, wenn es aus seiner Sicht angemessen erscheint?
Wurde der Klient gemäß seiner Möglichkeiten in die Zielvereinbarung einbezogen?
Wird der Klient ernstgenommen, wenn aus seiner Perspektive die Interventionsmethoden oder -ziele nicht (mehr) nachvollziehbar sind oder unpassend erscheinen?
Hat der Klient die Möglichkeit und wurde ihm vermittelt, dass er zu einem Interventionsvorschlag nein sagen kann?
Darf er eine andere Meinung vertreten?
Darf und kann der Klient Kritik äußern, auch an mir als Fachkraft oder an meinem Tier?
Wie gehe ich damit um?
Gestalte ich die TGI-Einheiten so, dass dem Klienten seine Mit- und Eigenverantwortung bewusst bleibt bzw. wird?

Welche Beteiligungen lassen die jeweiligen Situationen zu?
Wie vermittle ich dem Klienten respektvoll Grenzen, wenn ich z. B. zum Schutz des Tieres eine Entscheidung gegen seinen Wunsch treffen muss?
Beteilige ich ihn dann an der Suche nach einer Alternative?

Reflexionsfragen zum Tier

Mit ihren Vorlieben, Abneigungen, Talenten und Temperamenten sind Tiere genauso individuell und vielseitig wie Menschen. Zudem gibt es alters- oder tagesformbedingte Motivationslagen und unterschiedliche Sympathien, welche Menschen sie besonders mögen und bei wem sie zurückhaltender sind. Außerdem ist grundsätzlich die Freiwilligkeit des Tieres zu schützen. Der Einbezug ist daher als punktuelle Ergänzung zu verstehen und nicht als zentrale Methode. Daher sind folgende Reflexionsfragen wichtig:

Zeigt das Tier Interesse an der Zielgruppe?
Zeigt es Freude an seinen Aufgaben?
Tiere haben ein hohes Interesse an der TGI, wenn die Einheiten auch für sie einen Mehrwert bedeuten: Was ist der Mehrwert speziell für das Tier?
Passt der Einbezug in die TGI (z. B. Uhrzeit) zum biologischen Rhythmus des Tieres?
Hat das Tier die Möglichkeit, selbstbestimmt Einfluss auf Nähe und Distanz zum Klienten zu nehmen?
Erkenne ich, was mir das Tier bzgl. der Situation oder des Klienten vermittelt?
Darf es einen Klienten ablehnen?
Wie kann ich dem Tier Einfluss bzw. Wahloptionen ermöglichen – und wie verständigen wir uns?
Wie kann ich die Beteiligungsstufen tiergerecht umsetzen?
Wird seine Tagesform berücksichtigt, d. h. darf es auch mal keine Lust auf TGI haben und die Teilnahme ablehnen?
Darf es sich aus einer laufenden Intervention zurückziehen?
Sind die Rückzugsmöglichkeiten passend?
Kann es zwischen mehreren Rückzugsorten wählen?

In welchen Situationen darf das Tier eigene Entscheidungen treffen und diese in der Interaktion umsetzen?
Wie vermittle ich ihm Grenzen oder Regeln?
Welche Ausgleichstätigkeiten mag es besonders gern?
Können die Tiere in der Auszeit bzw. im Alltag selbstständig entspannenden bzw. interessanten Tätigkeiten nachgehen?
Erkenne und akzeptiere ich, wenn mein Tier signalisiert, dass es gar nicht mehr in die TGI einbezogen werden will?
Gestalte ich das Alltagsleben und die Trainingssituationen auf Basis echter Beteiligung?
Wie viel eigener Wille, Selbstbestimmung, erholsamer Distanz ist ihm trotz Fürsorge und Schutz in seinem von mir abhängigen und durch mich bestimmten Leben möglich?

Je mehr Tiere die Erfahrung machen, dass sie Entscheidungsmöglichkeiten haben, umso mehr werden sie sich bemerkbar machen; denn sie wissen dann, dass sie Entscheidungen treffen können in der TGI (Marliani, 2023).

▸ Reflexionsfragen zur Perspektive der Fachkraft

Beteiligung in der TGI ist ein spannender Weg, ein »learning by doing« mit vielen überraschenden Einsichten und Erkenntnissen. Folgende Reflexionsfragen sind dabei unterstützend:

Wie ist meine innere Haltung zum Thema Beteiligung?
Wodurch bzw. von wem wurde sie bislang primär beeinflusst?
Berücksichtige ich die Partizipationsstufen und -möglichkeiten – und wie sicher fühle ich mich damit?
Wie viel Vorgaben, Anleitung, Begleitung oder Selbstbestimmung der Beteiligten ist jeweils möglich?
Wie viel Freiraum gestatte ich den Prozessen zwischen Klient und Tier, d. h. nehme ich mich auch mal zurück?
Gestalte ich die Interaktionen frei von Erwartungs- und Leistungsdruck – an mich, den Klienten, das Tier?

Übersehe oder übergehe ich Mitteilungen und Hinweise, weil ich zu wenig aufmerksam oder im Zeitdruck bin oder weil die Signale des Tieres gerade »unpassend« erscheinen?
Wie gehe ich damit um, wenn mein Tier tagesformbedingt kein Interesse signalisiert?
Sage ich einen Termin ggf. auch ab?
Welche Möglichkeiten an Beteiligung realisiere ich im Alltag mit meinem Tier und in der Vorbereitung der TGI-Einheit?

Alle Reflexionsfragen können je nach Handlungsfeld angepasst werden. Dabei ist jede Fachkraft gefordert, die Beteiligungsmöglichkeiten für Klient und Tier auszuloten. Wir alle sind dabei Lernende. Zugleich kann jeder dazu beitragen, dass gelungene Beispiele in Fachrunden geteilt werden und die Beteiligung von Mensch und Tier in der TGI künftig nicht mehr wegzudenken ist. An dieser Stelle beenden wir den Buchteil II und leiten über zu Teil III, in dem es um Eignungs- und Durchführungsfragen geht.

Teil III

Hinweise und Prinzipien für die TGI-Durchführung und den Alltag

Einleitung

In Buchteil I haben wir zentrale Erkenntnisse zusammengefasst, die zu einer angemessenen inneren Haltung gegenüber Mensch und Tier beitragen. Im Teil II haben wir wichtige Grundlagen zusammentragen, die eine solide fachliche Basis für das Gelingen von tiergestützten Interventionen bildet. In Teil III fließen nun die Kenntnisse, Haltungen und Anregungen der beiden vorherigen Teile ein. Sie bündeln sich übersichtlich in konkreten Antworten und Prinzipien zu allen Fragen rund um den gemeinsamen Alltag mit Tieren, das Training sowie die Praxis der TGI. Tierartspezifische Besonderheiten können aus Platzgründen leider nicht weiter erläutert werden, sind aber bei der Umsetzung in die eigene Praxis zu beachten. Darüber hinaus erläutern wir die Rolle der Reflexion, damit TGI nicht nur gut gemeint, sondern auch gut gemacht ist.

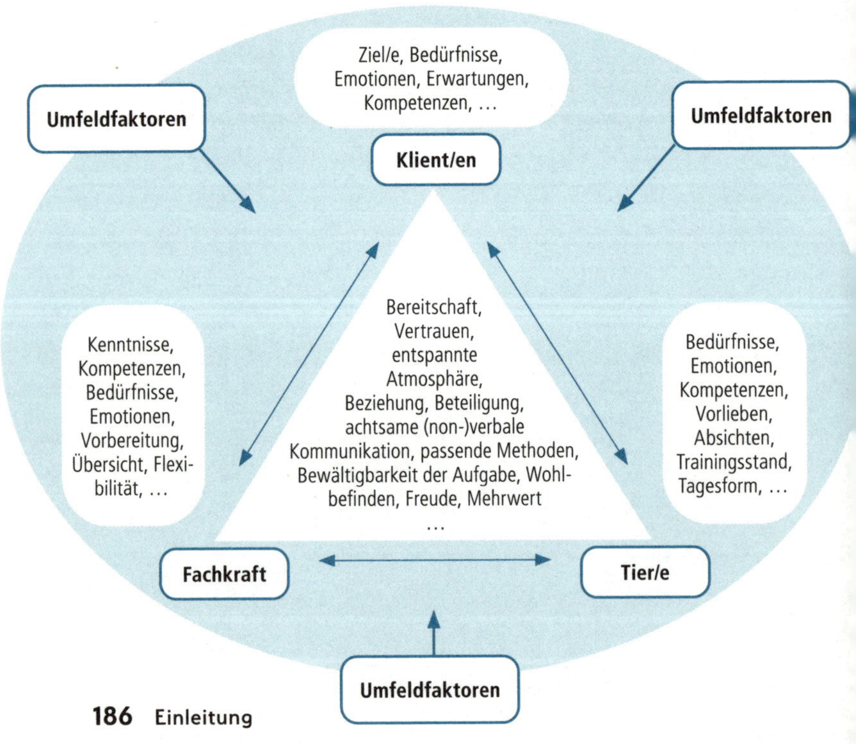

III-1 Eignung, Training, Tierhaltung – Fragen und Antworten

Für Tiergestützte Interventionen gibt es derzeit noch keine verbindlichen Richtlinien für die Auswahl und Ausbildung der Tiere oder die Ausbildung und Prüfung der Fachkräfte bzw. der Mensch-Tier-Teams (Wohlfarth & Hediger 2022). Daher liegt es noch immer an jedem Durchführenden selbst, ob er sich und sein Tier fachlich fundiert ausbildet, und ob er eine akkredierte Ausbildung wählt. Das führt dazu, dass die Bezeichnungen uneinheitlich sind sowie die Vorstellungen von gelingender TGI und die Bedingungen für die Tiere variieren, mit allen möglichen Folgen. In diesem Kapitel geht es daher um Überlegungen zur Eignung, zum Training und zu den Lebensbedingungen der Tiere.

III-1.1 Die Eignungsfragen

Wenn die Überlegungen der vorhergehenden Kapitel zu Wohlbefinden, Freude, Freiwilligkeit und Mehrwert ernstgenommen werden, dann bekommt die Frage, welche Tiere geeignet sind, eine breitere Bedeutung:

> » Zur Eignung zählen art- und rassespezifische Merkmale und Bedürfnisse, individuelle Persönlichkeitsaspekte und Neigungen, aber auch die Tagesform sowie ganz explizit der Benefit für das Tier. «

Die subjektive Perspektive des Tieres hat in diesem Verständnis eine sehr große Bedeutung.

Welches Tier ist für den Einbezug in Tiergestützte Interventionen geeignet?
Die Eignung bezieht sich auf grundsätzliche Fragen zur Gesundheit, zum Wesen und zu den Interessen des Tieres. Dazu gehören bspw. die körperliche Verfassung, artspezifische Bedürfnisse, charakterliche Eigenschaften wie Friedfertigkeit, Belastbarkeit, Stresstoleranz, aber auch Eigeninteresse am Kontakt mit Menschen. Diese Merkmale weisen am ehesten Tiere auf, die von Geburt an gute Lebensbedingungen hatten und innerartlich wie zwischenartlich gut sozialisiert sind (vgl. Foltin, 2023). Es spielt zudem eine Rolle, an welcher Zielgruppe das Tier besonders großes oder überhaupt kein Interesse hat. Ebenso ist zu berücksichtigen, an welchen Aufgaben das Tier Freude hat und an welchen nicht. Gleichzeitig ist zu bedenken, dass die physiologische und psychologische Eignung keine konstante Größe ist, sondern sich im Verlauf der Zeit ändern kann. Daher ist auch das Alter des Tieres von Bedeutung (vgl. Krämer & Ameli, 2022). Es darf weder zu jung noch zu alt sein für die Anforderungen und potenziellen Anstrengungen in der TGI (s. weiter unten).

Beim langfristigen Erhalt der Gesundheit und Freude kommen die gesamten Lebensumstände des Tieres zum Tragen, d. h. die Haltungsbedingungen, die Beziehung zur Fachkraft, die Trainings- und die Einsatzbedingungen sowie die daraus resultierende Summe an positiven und belastenden Erfahrungen. Es zeigt sich, dass der Einbezug in die TGI nicht für alle Tierarten von Vorteil ist. Ein Beispiel für große Probleme im Zusammenhang mit der TGI sind Neuweltkameliden. Nur selten werden ihnen die üblichen Haltungsbedingungen gerecht. Zudem bevorzugen sie körperliche Distanz. Auf die weitverbreiteten Einsatzbedingungen, wie z. B. lange Wanderungen oder enger Körperkontakt mit Klienten, reagieren sie mit einem dauerhaft erhöhten Stresslevel und erkranken in Folge auffallend häufig an Magengeschwüren (Krämer & Ameli, 2022).

Wildtiere Aus den vorherigen Kapiteln geht ferner hervor, dass Wildtiere und deren direkte Nachkommen für den Einbezug in die TGI nicht geeignet sind, außer für die Methode der freien Beobachtung aus angemessenem Abstand. Ausschließlich domestizierte Tierarten haben sich an Lebensbedingungen im menschlichen Umfeld anpassen und an Kontakt mit Menschen gewöhnen können. Für sie können auch die Haltungsbedingungen so gestaltet werden, dass sie ein gutes Leben führen können (vgl. Kap. Wohlbefinden). Dennoch sind auch beste Haltungsbedingungen mit Einschränkungen verbunden, sodass es gezielte Maßnahmen braucht, um die artgemäßen und individuellen Bedürfnisse der Tiere zu befriedigen (s. Kap. Hedonisches Budget). Im Gegensatz dazu ist ein Ausgleich für Wildtiere in Gefangenschaft schlichtweg unmöglich. Aufgrund der einschränkenden Haltungsbedingungen können sie ihre ausgeprägten natürlichen Verhaltensweisen nicht ausleben und nicht kompensieren. Für ihr Sicherheitsgefühl brauchen sie zudem eine grundsätzliche Distanz zum Menschen.

» Mehr noch als domestizierte Tiere, nehmen viele Wildtierarten die Anwesenheit von Menschen bzw. deren Verhaltensweisen als verunsichernd oder gar bedrohlich wahr. «

Das legen Beobachtungen im Rahmen des Wildtier-Monitorings während des Covid-Lockdowns nah (vgl. Rutz et al., 2020). In Gefangenschaft und in der TGI kann daher das physische und psychische Wohl von Wildtieren nicht gesichert werden (vgl. TVT-Merkblätter; IAHAIO, 2018; ISAAT, 2018).

Qualzuchten Ein weiterer Ausschluss aus der TGI betrifft das noch wenig berücksichtigte Thema der sogen. *Qualzuchten*. Das mag daran liegen, dass sich einige Zuchtrassen mit Defekt- bzw. Qualzuchtmerkmalen großer Beliebtheit erfreuen, wie bspw. Tiere mit Kurzköpfigkeit (Mops, Französische Bulldogge, Perserkatze, Widderkaninchen), beliebten Fellfarben (Merle, Blue, Silver) oder besonderer Fellbeschaffenheiten (Angora, Curly, Rex, Teddy).

> » Vieles, was für Menschen vermeintlich schön aussieht, beeinträchtigt jedoch das Befinden, die Gesundheit und die Lebensqualität der Tiere erheblich. «

Viele dieser durch die Zucht geförderten oder geduldeten Merkmale führen zu Verhaltensstörungen, Erkrankungen sowie zu Schmerzen und Leiden für das Tier (vgl. §11b Tierschutzgesetz; Qualzucht-Evidenz Netzwerk). Tierärzte weisen mittlerweile vermehrt darauf hin, dass kranke Tiere bzw. krankgezüchtete Rassen aus der TGI auszuschließen sind (vgl. Krämer & Ameli, 2022). Gleichzeitig geht der Appell an uns Fachkräfte, uns »als Multiplikatorinnen und Multiplikatoren für den Tierschutz« in der TGI zu verstehen (ebd., S. 16).

Wann ist ein Tier für den Einbezug in Tiergestützte Interventionen geeignet?
Mit dieser Frage wird die tagesaktuelle Verfassung und Befindlichkeit eines grundsätzlich geeigneten Tieres zum beabsichtigten Einsatzzeitpunkt in den Blick genommen. Vor jeder TGI-Einheit ist jeweils neu zu prüfen, ob der Einbezug des Tieres überhaupt stattfinden kann, ob der Ablauf wie geplant umgesetzt werden kann usw. Dies ist wichtig, weil das Tier als eigenständiges, empfindendes und handelndes Individuum respektiert wird, welches eigene, tagesformabhängige Bereitschaft, Stimmungen, Interessen und Bedürfnisse hat. Es kann daher vorkommen, dass eine TGI-Einheit inhaltlich geändert oder gänzlich abgesagt werden muss.

Welche individuellen Voraussetzungen soll das Tier mitbringen?
Wie Menschen auch, unterscheiden sich Tiere innerartlich hinsichtlich ihrer individuellen Charaktereigenschaften, Eigenheiten, Vorlieben und Abneigungen teilweise deutlich voneinander. Individualität ist kein auf Menschen beschränktes Phänomen (Rosenberger & Winkler, 2014; Birmelin, 2014). Es ist jeweils die Summe aus Temperament, Eigenschaften, Eigenheiten und Interessen, die die Persönlichkeit und Einzigartigkeit eines jeden Individuums ausmachen. Neben genetischen Ursachen sind dafür auch Umweltfaktoren entscheidend, wie z. B. Prägung, Erziehung und Beziehungserfahrungen. Bei der Entstehung von Persönlichkeitsmerkmalen spielen die sensiblen Entwicklungsphasen eine bedeutende Rolle, weil sich positive oder negative Erlebnisse in dieser Zeit besonders nachhaltig auswirken. So erscheinen bspw. die in der Prägephase begründeten Verhaltensweisen bei vielen Tieren wie angeboren und bleiben oft dauerhaft verinnerlicht.
Aber auch rassegebundene Besonderheiten können eine Rolle spielen. Durch den züchterischen Eingriff, oftmals über Jahrhunderte hinweg, wurden bestimmte Verhaltensmerkmale hervorgehoben und intensiviert, andere wiederum abgeschwächt. Dadurch können sich Unterschiede zwischen den verschiedenen Rassen einer Spezies ergeben. Beispiele dafür sind das Jagd- oder Schutzverhalten bei Hunden, die Rückzugstendenz oder das Verteidigungspotenzial bei Rindern, das Temperament und die Nervenstärke bei Pferden usw. Allerdings sind die Rassemerkmale nicht bei allen Tieren gleich stark ausgeprägt, letztlich ist dies immer eine Frage des einzelnen Individuums und vor allem der Sozialisierung. Es muss stets das betreffende Tier betrachtet werden, ob und in welchem Rahmen ein Einbezug in die TGI sinnvoll und für das Tier von Interesse ist. Spezielle Therapiebegleittier-Rassen gibt es nicht!

Je nach Einsatzfeld und -form sind wesensbedingte Merkmale des Tieres unterschiedlich wichtig. Dennoch sollten alle Wesensmerkmale und Interessen vorab gewissenhaft geprüft werden, nicht zuletzt, um dem Tier gerecht zu werden. Im Einzelnen kann es um folgende Aspekte gehen, z. B.:

- Friedfertigkeit gegenüber anderen
- Nähetoleranz bzw. Distanzbedürfnis
- Neugier und Interesse an Menschen, auch gegenüber fremden Personen
- Interesse am näheren Kontakt mit der geplanten Zielgruppe der TGI sowie Äußern eigenständiger Kontaktangebote
- Freude an den konkreten Aufgaben im Rahmen der TGI
- Stresstoleranz und Fähigkeit zur Stressregulation
- Beziehung zur Fachkraft

Was gehört zu den Gesundheitsvoraussetzungen im Einsatz?

Es ist sicherzustellen, dass das Tier zum Zeitpunkt der TGI-Einheit frei von akuten Erkrankungen und Schmerzen ist. Ein ganzheitliches Verständnis von Gesundheit beschränkt sich dabei nicht auf das körperliche Befinden, sondern beinhaltet zusätzlich psychische und soziale Aspekte. Gesundheit von Tieren wird definiert als ein Zusammenspiel aus Wohlbefinden, Lebensqualität, Selbstwirksamkeit, Zufriedenheit, Bedürfnisorientierung und persönlichem Empfinden (Mendl & Paul, 2020). Diese Faktoren sind Ausdruck und zugleich Voraussetzung für psychisch-emotionale Gesundheit. Daher ist es so wichtig, dass die physischen, psychischen und sozialen Bedürfnisse gestillt sind und die Tiere ein aus ihrer Sicht gutes Leben führen. Dies kann nur gewährleistet werden, wenn die Haltungsbedingungen stimmen, wir Fachkräfte jedes unserer Tiere gut kennen und dessen Befinden täglich im Blick haben, seinen Interessen gerecht werden, die medizinische Versorgung im Akutfall sichern und routinemäßig jährliche Gesundheitsvorsorgen durchführen lassen (IAHAIO, 2018).

Gibt es eine Altersgrenze für Begleittiere in der TGI?

Ein wichtiges Augenmerk liegt auf dem Alterungsprozess der Tiere. Meist nehmen Hör- und Sehvermögen, Mobilität, Leistungsfähigkeit, Konzentration und Fertigkeiten schleichend ab.

Gleichzeitig bemühen sich die meisten Tiere, dies zu verbergen oder im Arbeitseifer zu übergehen. Für uns Fachkräfte gilt es genau hinzusehen, die Anzeichen der Tiere rechtzeitig zu erkennen und den TGI-Einbezug entsprechend zu verändern. Dennoch können wir »blinde Flecken« haben und Anzeichen der Tiere übersehen. Umso wichtiger ist es, regelmäßige Gesundheitschecks und Angebote wie kollegiale Intervision oder professionelle Fachberatung in Anspruch zu nehmen. Für alle Tierarten besteht darüber hinaus die Empfehlung, in regelmäßigen Abständen Eignungsüberprüfungen durchzuführen (IAHAIO, 2018). Die Einsatzhäufigkeit und -dauer, die Rahmenbedingungen, Aufgaben und Ausgleichsmöglichkeiten, aber auch das alltägliche Miteinander sind an die altersbedingten Fähigkeiten und Interessen, die Belastbarkeit und das Tempo eines Tieres individuell anzupassen. Solange ein Tier von sich aus Interesse am Einbezug in die TGI zeigt, kann diese entsprechend modifiziert, entschleunigt und in reduziertem Umfang stattfinden. In der Kommunikation mit älteren Tieren helfen deutlichere Sicht oder Hörzeichen. Routinen und Rituale geben Orientierung und Sicherheit. Im Einsatz mit Klienten können neue Regeln erforderlich sein, mit konkreten Anleitungen zur Gestaltung des Kontaktes. Eventuell geht es nur noch um die selbstbestimmte Anwesenheit des Tieres auf Distanz. Hierbei ist wichtig, die zwei Kernfragen der TGI zu beachten: Bietet der Einbezug des Tieres einen Mehrwert für den Prozess des Klienten? Und wie muss die TGI-Einheit gestaltet sein, damit sie einen Mehrwert für das interessierte ältere Tier erfüllt? Jenseits all dieser Überlegungen ist der Alterungsprozess Teil des gemeinsamen Lebensweges von uns Fachkräften und unseren Tieren. Wenn ein Tier sein Interesse am Einbezug verliert oder das Setting nicht mehr als Mehrwert für das Tier gestaltet werden kann, so stehen wir in der Verantwortung, weiterhin beste Lebensbedingungen und Versorgung zu sichern und die Beziehung weiter zu pflegen. Die entstandene Nähebeziehung zwischen dem Tier und uns ist nicht löschbar und bleibt lebenslang erhalten.

Können Tiere mit körperlichem Handicap in die TGI einbezogen werden?
Fragen zu Gesundheit und Alter spielen für Tiere mit körperlichem Handicap eine besondere Rolle. Handicaps ergeben sich bspw. durch erkrankungs- oder alterungsbedingte Einschränkungen oder durch Unfallfolgen. Durch ein Tier mit Behinderung, wie fehlende Gliedmaße oder eingeschränkte Sinneswahrnehmungen (z. B. Verlust eines Auges), werden bei Klienten oft Übertragungsthemen ausgelöst, die therapeutisch erwünscht sein können. Für den Einbezug dieses Tieres ist jedoch Voraussetzung, dass die physische Beeinträchtigung keinerlei negative Auswirkungen in der TGI hat: Es muss Eigeninteresse am Einbezug und Vertrauen in die Situation haben, frei von Schmerzen oder Angst sein und für sich einen Mehrwert im Einsatz finden. Die Rahmenbedingungen und Inhalte der Intervention sind daher konsequent an die Besonderheiten und Bedürfnisse des Tieres anzupassen. Weder für das Tier noch für den Klienten darf ein erhöhtes Unfall- und Verletzungsrisiko entstehen. Es ist zudem darauf zu achten, ob Anzeichen für negative Effekte (indirekte Schmerzauslöser, Unwohlsein in bestimmten Situationen) oder Auslöser für erhöhten Stress bzw. Überforderung oder Angst zu erkennen sind. Als Fazit lässt sich sagen, dass ein physisches Handicap grundsätzliche Einschränkungen hinsichtlich Bewegungs- und Aktionsradius, Belastbarkeit, Konzentrationsspanne und vieles mehr nach sich ziehen kann. Zugleich ist ein kontinuierlicher Mehraufwand im Bereich Gesundheitsversorgung, Training und Ausgleichsphasen erforderlich.

Ob der Einbezug in die TGI für ein Tier mit Handicap die passende Beschäftigung ist, hängt ganz besonders von den Umständen ab, die zu der Beeinträchtigung geführt haben. Vor allem für Tiere, die durch menschliches Handeln zu Schaden kamen (s. u. Tierschutztiere), geht es nicht nur um das offensichtliche, körperliche Handicap, sondern vor allem um die Auswirkungen des damit verbundenen psychischen Traumas.

Hunde mit Handicap

Hund **Max**, der in jungen Jahren ein Bein durch eine Verletzung mit anschließender Infektion verloren hat, hatte Zeit, sich mit dem Verlust seines Beins und den damit verbundenen Alltagsherausforderungen zu arrangieren. Seine Bezugsmenschen haben ihm viel Zuneigung und Sicherheit vermittelt. Er ist wieder ein fröhlicher, kontaktfreudiger kleiner Kerl und bewegt sich auf drei Beinen, als wäre es nie anders gewesen. Seine Menschen haben zudem gelernt, frühzeitig Anzeichen körperlicher Belastung zu erkennen, die durch die Kompensation der fehlenden Gliedmaße entsteht.
Hund **Benni** musste wegen Misshandlungen durch Menschen ein Bein amputiert werden. Bei seiner neuen Familie sollte er neues Vertrauen fassen. Körperlich hat er den Verlust sehr gut überwunden, doch er zeigt Anzeichen eines psychischen Traumas. Noch nach Jahren reagiert er schreckhaft auf bestimmte Geräusche und teilweise auch auf menschliche Bewegungen. Wenn fremde Menschen ihm nahekommen, fühlt er sich unsicher. Es dauert stets einige Zeit, bis er etwas Vertrauen fasst. Seine Familie achtet darauf, dass andere Menschen sein Bedürfnis nach Distanz wahren.

Tierschutzhuhn

Huhn **Sally** wurde aus einer Legeproduktionshaltung (ganzjährige Bodenhaltung im Stall) freigekauft, bevor sie im Alter von zwei Jahren wegen abnehmender Legeleistung getötet worden wäre. In der Enge der Bodenhaltung hatte Sally wegen der mangelnden Bewegungsmöglichkeit kaum Muskeln entwickelt. Sie konnte kein adäquates Sozialverhalten lernen und ausleben. Ihr ausgedünntes Federkleid und federlose Hautstellen zeugten zudem von Stressmauser und gegenseitigem Federpicken. In ihrem bis dahin kümmerlichen Dasein wurde sie lediglich mit Futterpellets und Wasser versorgt, vorrangig durch einen Fütterungsautomaten. Ihr neues Leben begann auf einem Hof, der tiergestützt mit Hühnern in Freilandhaltung arbeitet, mit einem Begegnungsbereich für Mensch und Huhn. Die körperlichen Entbehrungen und Verletzungen hatte Sally schnell überwunden, sodass man ihr nach kurzer Zeit kaum noch ansah, wie sie ihr Leben zuvor verbringen musste. Auf der sozialen und psychischen Ebene dauerte der Heilungs- und Nachholprozess jedoch länger. Durch die nicht artgemäße Haltung verfügte Sally nur über reduziertes Sozialverhalten und eingeschränkte artinterne Kommunikationsfähigkeit. Zudem kannte sie keinen direkten Kontakt mit Menschen. Es brauchte viel Geduld und gezielte Anstrengungen, bis sie in den bestehenden Sozialverband integriert war und erstmalig Vertrauen zum Menschen fassen konnte. Artgemäße, anregende Haltungsbedingungen waren für Sally die Voraussetzung, um körperlich und auch sozial weitgehend gesund zu werden. Da sie neugierig und eher extrovertiert ist, kam das ihrem Regenerationsprozess zugute (vgl. Smith & Johnson, 2012). Durch die intensive Beschäftigung mit ihr und das regelmäßige Training mit positiven Verstärkern wurde sie zutraulich – auch, weil sie glücklicherweise keine konkret negativen Erfahrungen mit Menschen gemacht hatte.

Ist der Einbezug in die TGI für Tierschutztiere geeignet?
Der Einbezug von Tierschutztieren wird in der TGI kontrovers diskutiert. Einerseits bietet die Biografie der einzelnen Tiere wertvolle Anknüpfungspunkte im therapeutischen oder pädagogischen Prozess mit den Klienten. Das betrifft aber zunächst nur den Mehrwert für den Menschen. Gleichzeitig muss auch die Perspektive des einzelnen Tieres berücksichtigt werden. Vielen Tierschutztieren wurde durch Menschen immenses Leid zugefügt. Negative Erfahrungen und Traumata wirken sich auf die Wahrnehmung von Situationen, die Verhaltensweisen, auf die Stresstoleranz und die Impulskontrolle aus. Nicht zuletzt sind auch das Sicherheitsempfinden, Vertrauen und Selbstwirksamkeitsgefühl des Tieres betroffen. TGI-Begleittiere brauchen jedoch eine grundsätzlich freiwillige Bereitschaft zum Kontakt mit (fremden) Menschen, ohne dass dies stets mit Überwindung, negativem Stress oder Hilflosigkeit verbunden ist. Das heißt nicht, dass ein Tier jeden Klienten sofort toll finden muss. Es soll aber grundsätzlich entspannt, interessiert und motiviert an gemeinsame Interaktionen herangehen können. So darf z. B. nicht die Gefahr

bestehen, dass Bewegungen von Klienten, Geräusche oder Gerüche negative Erinnerungen wachrufen oder die erlittenen Traumata triggern. Neben dem erneut erlebten Schrecken und Leid entsteht daraus unkontrolliertes Verhalten wie Flucht, Abwehr oder Angriff. Insbesondere Tiere mit unbekannter Biografie können in scheinbar harmlosen Situationen völlig unerwartete und unvorhersehbare Reaktionen zeigen. Im Rahmen der TGI kann dies ein potenziell erhöhtes Unfallrisiko bedeuten, auch für den Klienten. Daher ist die Abschätzung von Belastungen und Risiken beim Einbezug eines Tierschutztieres besonders bedeutsam.

Welche psychisch-emotionalen Voraussetzungen brauchen die Tiere?

Das Verhalten von Tieren ist immer Ausdruck ihres aktuellen psychisch-emotionalen Befindens. Mit der TGI sollten die Tiere stets positive Emotionen verknüpfen (s. Kap. Emotionen, Kap. Stress). Auslöser für negative Emotionen müssen von der Fachkraft frühzeitig und verlässlich erkannt werden, wie z. B. situationsbedingter Stress oder Angst, aufgabenbezogene Überforderung, tierhaltungsbedingte Frustration, tagesformbedingtes oder erworbenes Desinteresse am Kontakt mit Menschen usw. Dauerhaft unpassende Rahmenbedingungen und Anforderungen, aber auch unverarbeitete Erlebnisse oder Traumata können Verhaltensauffälligkeiten oder sogar psychische Erkrankungen verursachen. Bereits Anfang der 1960er Jahre stellte Konrad Lorenz die Frage nach seelischen Störungen bei Tieren (Lorenz, 1978). Seitdem hat die Forschung bestätigt, dass es bei Menschen und anderen Tieren hohe Übereinstimmungen hinsichtlich psycho-sozialen Belastungen und Erkrankungen gibt. Reaktive Auffälligkeiten wie z. B. Stereotypien, Zwangsstörungen, Apathie, Depression, Burn-out, Posttraumatische Belastungsstörungen und generalisierte Angststörungen sind mittlerweile auch bei Tieren bekannt (Foltin, 2023; Julius et al., 2014). Ebenfalls bekannt ist, dass psychisch-emotionale Beeinträchtigungen die Lebensqualität von Tieren immens beeinflussen. Psychische Gesundheit ist auch bei Tieren eine Voraussetzung für Wohlbefinden und ein gutes Leben (Internationale Gesellschaft für Nutztierhaltung, 2017) sowie für Aktivität, Ausgeglichenheit und Belastbarkeit (Foltin, 2023; Mendl & Paul, 2020). Wie wir menschlichen Fachkräfte auch, müssen die Tiere Freude an ihren Aufgaben haben und sich den TGI-Aufgaben gewachsen fühlen. Dazu gehört, aus einem vielfältigen Verhaltensrepertoire schöpfen zu können, sich an wechselnde Klienten, Situationen und Anforderungen anzupassen, diverse Eindrücke und Emotionen oder punktuell aufkommenden Stress zu verarbeiten, sein Befinden, seine Wünsche und Absichten kommunizieren zu können und für all dies genug Motivation und Kraft zu besitzen. Wenn sie dann noch in der TGI einen Mehrwert für sich und im Alltag genug Ausgleich und Lebensfreude finden, dann sind die Voraussetzungen gegeben, um auch auf Dauer gesund, motiviert und belastbar zu bleiben.

Nur der Vollständigkeit halber soll an dieser Stelle angemerkt werden, dass sich ebenso Eignungskriterien für TGI-Fachkräfte ableiten lassen. Im folgenden Abschnitt schauen wir auf den Beitrag, den Ausbildung und Training dazu leisten, damit die Tiere gut auf ihre Aufgaben vorbereitet sind und lange Freude daran haben.

III-1.2 Die Ausbildungs- und Trainingsfragen

Zu Beginn der Etablierung der TGI wurden Tiere mehr oder weniger intuitiv in die verschiedenen Arbeitskontexte von Menschen einbezogen. Die gewonnenen Erfahrungen der vergangenen Jahrzehnte und die zu Recht gestiegenen Anforderungen an Professionalität und Tierschutz zeigen jedoch, dass Ausbildung und Training enorm wichtig sind.

Brauchen Tiere eine Ausbildung bzw. Training für die TGI?
Die Anforderungen im Interaktionsdreieck sind komplex und anspruchsvoll. Daher werden die Forderungen nach einer ange-

messenen Qualifizierung von Fachkraft und Tier, aus qualitativen und aus ethischen Gründen, immer drängender (vgl. Foltin, 2022; Wohlfarth & Olbrich, 2014). Dies betrifft sowohl den Umfang der TGI-Weiterbildung als auch die vermittelten Inhalte. In der Ausbildung der Tiere wurde bisher hauptsächlich Wert gelegt auf die Vorhersagbarkeit ihres Verhaltens und auf eine zuverlässige Erfüllung der ihnen zugewiesenen Aufgaben. Doch im neueren Verständnis kommen den Tieren eine freiere Rolle und eigenständigere Handlungsmöglichkeiten zu. So sollten ihnen in einem sicheren Rahmen eigene Entscheidungen erlaubt sein, z. B. ob und in welcher Form sie am Interaktionsgeschehen teilnehmen wollen (Wohlfarth & Hediger, 2022). Durch eine größere Autonomie im Alltag und im TGI-Prozess werden die Tiere mit ihren Bedürfnissen, Interessen und Fähigkeiten sowie als handelnde Subjekte ernstgenommen (s. Kap. Beteiligung, Kap. Ethik). Allerdings erfordert dies auch ein neues Verständnis der Fachkraft-Tier-Beziehung, entsprechende Alltagsbedingungen der Tiere und ein Training, das sie für diese Anforderungen befähigt (Hediger & Zink, 2017; Marliani, 2023).

Was ist in Bezug auf Training wichtig zu wissen?

Training bezieht sich auf gezielte, zeitlich begrenzte Lerneinheiten mit einem Tier. Es dient der Stärkung der gegenseitigen Kommunikation als Mensch-Tier-Team, der Festigung von wesentlichen Kommunikationssignalen, der Einübung von speziellen Aufgaben und gemeinsamen Stressregulation. Training ist aber nur *eine* Form des gemeinsamen Lernens. Der Kompetenzerwerb des Tieres, das Aneignen von erwünschten Verhaltensweisen und das Reagieren auf Signale der Fachkraft finden, mehr oder weniger beiläufig, ebenfalls über die Beziehung und in Alltagssituationen statt (vgl. Gansloßer & Kitchenham, 2015). Insbesondere für TGI-Begleittiere sind die vertrauensvolle und tragfähige Beziehung zur Fachkraft und die miteinander verbrachte Zeit im Alltag absolut notwendige Grundlagen für den Einbezug in die TGI-Arbeit.

Für das Training braucht es Kenntnisse zu gewaltfreien Methoden, zum Lernverhalten der Tierart, zum individuellen Charakter und Lernverhalten des betreffenden Tieres, zu seinen situationsbezogenen Verhaltensmustern, zu Vorlieben, Stressauslösern und Stresssignalen. Das Training zielt darauf ab, die individuellen Kompetenzen und das Zusammenspiel von Tier und Fachkraft gezielt für die Anforderungen in der TGI zu stärken. Dazu müssen einerseits die natürlichen Verhaltensweisen und Kommunikationsformen der jeweiligen Tierart erhalten bleiben. So müssen Tiere mit ihren arttypischen Kommunikations- und Verhaltenssignalen reagieren dürfen, wenn sie sich in einer Situation unwohl fühlen, verunsichert oder erschrocken sind oder wenn sie in freier Interaktion selbstbestimmt handeln. Andererseits ist es erforderlich, dass die Tiere sich situativ an der Fachkraft orientieren und sich mit deren Unterstützung trainingsgemäß verhalten. Daraus entsteht ein Paradox: Die Tiere müssen gehorsam und autonom zugleich sein (Hediger & Zink, 2017). Diese Spannbreite an Verhaltensmöglichkeiten kennzeichnen allerdings nur die pointierten Pole, zwischen denen Menschen und Tiere sich bewegen. Die Basis dafür, dass dies im Miteinander funktioniert, ist eine gegenseitig tragfähige Beziehung bzw. Bindung (ebd.).

Ganz pragmatisch ist zudem wichtig, dass die Tiere auf die Besonderheiten in ihrem Einsatzfeld vorbereitet sind. Dazu zählen besondere Räumlichkeiten, Geräusche, Gerüche und Gegenstände, aber auch Verhaltensbesonderheiten der Klientel. In diesem Sinn trägt Training dazu bei, dass die Tiere ihre Kenntnisse und ihr Kompetenzrepertoire erweitern. Hunde lernen die verschiedenen Hindernisse eines Geschicklichkeitsparcours kennen, wie bspw. Slalomstangen, Tunnel usw. Bei Pferden kann wichtig sein, dass sie bei unbalancierten Klienten auf ihrem Rücken stehenbleiben. Rinder lernen, Klienten mit Spasmen einzuschätzen und entspannt zu bleiben. Kaninchen lernen, eine Rampe hinauf zu hoppeln, um auf Augenhöhe mit einem Menschen zu sein. Hühner steigen selbstständig in einen Transportkorb, um zum mobilen Einsatz zu fahren. Oder mit ihnen wird spielerisch und auf freiwilliger Basis eingeübt, sich auf den Schoß von Klienten zu setzen. Wichtig ist stets, dass der Trainingsablauf und die Trainingsinhalte den Fähigkeiten und Interessen des Tieres entsprechen. Professionell tiergestützt zu arbeiten bedeutet, die Tiere fachlich fundiert an angemessene, tiergerechte Aufgaben heranzuführen, sich nach ihren individuellen Talenten und Vorlieben zu richten und das Training und die TGI-Einheit dahingehend anzupassen. Das Training ist letztlich dazu da, um für die TGI-Einheiten Inhalte mit individuellem Mehrwert für jedes Tier zu finden und zu festigen.

Was ist Gewaltfreiheit in Training, Alltag und Einsatz?
Im Zusammenhang mit der TGI bedeutet Gewaltfreiheit eine Grundhaltung und ein Handlungsprinzip der Fachkraft, mit dem Ziel, einen achtsamen, respektvollen und gerechten Umgang mit den Tieren und Klienten zu finden. Da die Machtverhältnisse in Mensch-Mensch- oder Mensch-Tier-Beziehungen, d.h. auch im Interventionsdreieck, selten ausgeglichen sind, besteht immer die Gefahr, dass Gewalt in unterschiedlichen Zusammenhängen und Formen entstehen kann. Dass Gewalt im Spiel ist, ist dem Gewaltausübenden u.U. nicht bewusst. Es ist allerdings daran zu merken, dass sich ein Beteiligter unwohl, übergangen, ungerecht behandelt fühlt, sich zu etwas Ungewolltem gezwungen sieht oder physisch bzw. psychisch unangenehmen Reizen ausgesetzt ist. Das Erleben von Gewalt kann beim Unterlegenen unterschiedliche Reaktionen auslösen, wie Flucht, Abwehrverhalten, Angriff, aber auch Erstarrung, erzwungene Anpassung oder Resignation. Physische und psychische Gewalt führt zu Leiden und auf Dauer zur Schädigung.

Auch wenn Tiere nicht geschlagen werden, so sind sie dennoch vielfältigen Formen von Gewalt ausgesetzt, insbesondere dann, wenn sie von Menschen gesetzte Vorstellungen oder Ziele erfüllen sollen. Zu den Formen von Gewalt zählen körperlicher Zwang oder Schmerzreize (z.B. Leinenruck, hart anfassen, zu Boden drücken), emotionaler Druck (z.B. Teilnahmezwang, Schreckreize),

Bedrohen (z. B. Einschüchtern, Wutausbruch, Anschreien usw.) und sozialer Ausschluss (z. B. Wegsperren, Isolieren) (vgl. Initiative für gewaltfreies Hundetraining, o. J.).

Anstatt Tiere dominieren zu wollen ist es erforderlich, stets nach dem sogen. »guten Grund« für ihr Verhalten zu suchen. Wenn Tiere unkonzentriert sind, sich ablenken lassen, wenn sie unruhig oder antriebslos sind, verbale Signale überhören, nicht wie gefordert reagieren, Anzeichen für Stress, Angst oder Ärger äußern, dann ist davon auszugehen, dass es dafür einen nachvollziehbaren und gewichtigen Grund gibt. Als Bezugs- und Vertrauenspersonen stehen wir Fachkräfte in der Verantwortung, ihr Verhalten zu verstehen und den Grund dafür zu finden, um uns entsprechend empathisch und angemessen verhalten zu können. Rücksichtloses, ängstigendes oder unberechenbares Verhalten des Bezugsmenschen widerspricht allen bisher aufgeführten Grundsätzen für Ethik und Qualität. Darüber hinaus führt es zu Vertrauens- und Motivationsverlust der Tiere und schadet der Beziehung. In Training, Alltag und Einsatz geht es daher ausschließlich um positive Verstärkung von Verhaltensweisen. Dazu gehören in erster Linie Freude, Zuwendung und Lob. Generell bedeutet Training für die TGI, sich in gemeinsamer Kooperation zu üben (Glenk, 2017). Ziel des Trainings ist, dass die Beziehung gestärkt wird, das wechselseitige Vertrauen wächst, Fachkraft und Tier sich aufeinander einlassen und miteinander ein Team bilden, das jeden als Individuum stärkt. Um mit Freude und langfristig motiviert dabei zu bleiben, braucht letztlich jeder Beteiligte im tiergestützten Kontext die Möglichkeit zur selbstgesteuerten Nähe-Distanz-Regulation, die Fähigkeit ja und nein zu signalisieren und die Erlaubnis zur selbstgewählten Abgrenzung oder Rückzug. Genau das kann und soll mit jedem Tier trainiert werden.

Was ist Gewöhnung (Habituation)?

Das Ziel von Habituation ist es, dass Tiere sich an Umweltbedingungen gewöhnen und diese als »normal«, d. h. alltäglich, ungefährlich empfinden. Dies ist für alle Tiere erforderlich, die sich in einem von Menschen geprägten Umfeld wohlfühlen sollen. Ein allgemeines Beispiel ist die Gewöhnung an Alltagsgegenstände, Straßenverkehr oder Menschengruppen. Für die TGI müssen sich Tiere zusätzlich an spezielle Umfeldbedingungen gewöhnen, um gut vorbereitet zu sein. Dies betrifft z. B. die Besonderheiten von Einsatzorten bei der mobilen TGI. Um in Einrichtungen der Alten- oder Gesundheitspflege entspannt zu bleiben, müssen sich die Tiere erst an glatte Fußböden, Desinfektionsgeruch, Geräuschkulissen, medizinische Gegenstände, vorbeieilendes oder kontaktfreudiges Personal gewöhnen. Aber auch Verhaltensbesonderheiten von Klienten, wie ungewöhnliche Gerüche, Bewegungen oder Laute, müssen Tiere als normal empfinden und dabei entspannt bleiben.

Einen weiteren wichtigen, alltagsbezogenen Aspekt betrifft die Eingewöhnung in einen neuen Lebensraum bzw. die Eingliederung in eine bereits vorhandene Herde. Derartige räumliche oder soziale Veränderungen bringen Herausforderungen für die Tiere mit sich und gehen z. B. mit Verunsicherung, Stress, Konflikten zur Rangneuordnung, vorübergehend veränderten Verhaltensweisen, Reizbarkeit, geringer Belastbarkeit und ähnlichem einher. Gezielte, achtsam gestaltete Gewöhnungssequenzen unterstützen die Tiere, tragen zur Wiederherstellung eines neuen Alltags und des Wohlbefindens bei.

» Training und Gewöhnung müssen immer im Interesse des Tieres sein. «

Sie dürfen niemals so verstanden werden, dass Tiere dazu gebracht werden, unangenehme oder gar schädigende Dinge punktuell auszuhalten oder dauerhaft zu erdulden (Wawrzyniak, 2019). Gewöhnung eines Tieres darf auch nicht darauf hinauslaufen, dass es ureigene, tierentsprechende Bedürfnisse und Wünsche nicht entwickeln kann, weil es sie nie kennengelernt hat, z. B. weil es von Geburt an an gegenteilige Umstände gewöhnt wurde (ebd.). Weder im Alltag noch für die TGI darf der Einfluss auf ein Tier dazu genutzt werden, es gegen seine ursprünglichen Bedürfnisse und Neigungen zu formen. Es ist zudem für den TGI-Prozess nicht sinnvoll, wenn sich das Tier in den Interaktionen nicht aktiv, authentisch und kreativ verhalten darf und kann (Julius et al., 2014). Ein sogen. »Streichel-Hund«, der darauf »trainiert« wurde stillzuhalten und Streicheln zu erdulden, und der oberflächlich betrachtet ruhig wirkt, kann neurophysiologisch ein enorm hohes Stresslevel aufweisen. Dieser Hund zeigt u. U. sehr verzögert oder nur noch sehr subtil, dass er sich unwohl fühlt. Auf Dauer steigt sein stressbedingtes Erkrankungsrisiko, aber auch das Risiko für einen unvermittelten Beißvorfall mit Klienten. Davon abgesehen wird man einem Hund (bzw. generell einem Tier) ethisch nicht gerecht, wenn er auf ein Streichelobjekt reduziert wird.

Um langfristig motiviert und mit Freude dabei zu bleiben, braucht jeder Beteiligte im tiergestützten Kontext eine selbstgesteuerte Nähe-Distanz-Regulation, die Fähigkeit ja und nein zu signalisieren und die Erlaubnis zur selbstgewählten Abgrenzung oder Rückzug. Genau das kann und soll mit jedem Tier trainiert werden. Wenn dann die Rahmenbedingungen und Interventionen auch mit Blick auf das tierliche Wohlbefinden passend gestaltet werden, es für den Einsatz tiergerecht trainiert ist und die Abläufe und Klienten über den Verlauf der TGI-Einheiten besser kennenlernt, ist dies die beste Stressprävention (vgl. Glenk, 2014a).

Was ist mit Belohnen und Bestrafen?

Die wichtigste Basis im Zusammenleben und bei der Zusammenarbeit mit Tieren ist die positive Verstärkung. Echte positive Verstärkung beschränkt sich nicht auf ein konditionierendes Signal. In der Kooperation mit dem Tier sind wir Fachkräfte als unterstützende und bestärkende Vertrauensperson gefragt. Über Zuwendung, Lob und Belohnung erhält ein Tier eine wertschätzende, motivierende und orientierende Rückmeldung, was es in einer Situation gut bzw. richtig macht. Dazu gehört auch, dass wir uns über das gewünschte Verhalten des Tieres freuen sowie Anerkennung und Dank ausdrücken. Dadurch wird das Tier ermuntert, sich an uns zu orientieren und sein Verhalten bei uns rückzuversichern. In Kombination mit der Freiheit zu eigenen sozialen Verhaltensmustern lernt das Tier angemessenes Verhalten im Umgang mit Menschen und die Basis zu authentischer Interaktion.

Bei unerwünschtem Verhalten oder in weniger gelungenen Situationen helfen Strafen keinesfalls. Das Tier weiß dann eventuell, was es nicht machen soll – es weiß aber noch lang nicht, welches Verhalten stattdessen gewünscht oder angemessen wäre. Obendrein wird sein Sicherheitsgefühl und sein Vertrauen in uns erschüttert. Verunsicherung und Angst wiederum behindern das Lernen. Bestrafungen sind daher nicht nur sinnlos, sondern widersprechen auch den ethischen Grundlagen im Umgang mit Tieren.

Äußert ein Tier unangemessenes Verhalten, müssen wir zum einen den Grund verstehen, warum es sich so verhält. Nur dann können wir adäquat darauf eingehen. Zum anderen müssen wir uns verständlich machen und freundlich zeigen, was es stattdessen tun kann bzw. soll. Nur auf diese Weise erhalten und entwickeln die Tiere ihre Fähigkeiten und Kompetenzen, die in der TGI so wichtig sind. Denn im neueren Verständnis kommen den Tieren eine freiere Rolle und eigenständigere Handlungsmöglichkeiten zu. So müssen sie in einem bestimmten Rahmen eigene Entscheidungen treffen können, ob und in welcher Weise sie mit Klienten situationsangemessen interagieren (vgl. Hediger & Zink, 2017; Wohlfarth & Hediger, 2022). Gleichzeitig brauchen sie dazu die Bereitschaft, sich an der Fachkraft zu orientieren. Angst vor möglichen Bestrafungen würde all dies untergraben.

Was ist das Mehrwert-Prinzip im Training?

Die Frage nach dem Mehrwert bezieht sich ursprünglich auf den Nutzen des Einbezugs eines Tieres in die TGI (vgl. Kap. Durchführung), kann aber in zweierlei Hinsicht ebenso auf das Training angewendet werden. Erstens: Wie können die Trainingseinheiten mit einem Mehrwert für das Tier gestaltet werden? Das gemeinsame Training darf keine ungeliebte Pflichtaufgabe sein, weder für das Tier noch für die Fachkraft. Es geht darum, evtl.

bestehende Herausforderungen miteinander zu überwinden und mit Freude, Begeisterung und Kreativität gelingendes Lernen zu erleben. Nur dann stärkt es auch die Beziehung. Und nur mit positiven Emotionen werden die Lerninhalte positiv und nachhaltig verankert (vgl. Hüther, 2005). Zweitens: Welche Fähigkeiten des Tieres können gestärkt oder neu hinzugewonnen werden, die für sein Leben und den Einbezug in die TGI einen Mehrwert bedeuten? Je nach Tierart, Klientel und Einsatzbereich können unterschiedliche Fähigkeiten von Vorteil sein und gefördert werden (s. o.). Das Mehrwertprinzip verhindert dabei, dass die TGI auf abrufbares Verhalten oder die Ausübung von Kunststückchen reduziert wird. Denn zwischen Tier und Fachkraft, sowie zwischen Tier und Klient geht es stets um die Begegnung von Individuen, tieferen Kontakt und gegenseitiges Verstehen.

Kann Training zur Resilienz beitragen?
Resilienz bezieht sich auf die flexible Anpassung an Lebensbedingungen, die Bewältigung von herausfordernden Situationen und die Verarbeitung von Stress. Sie bedeutet Widerstandskraft und umfasst verschiedene Fähigkeiten, die helfen, stressige Situationen zu meistern, belastende Erfahrungen zu überstehen und sich psychisch davon wieder zu erholen, ohne dass negative Folgen bleiben (Foltin, 2023).

> » Resilienz trägt dazu bei, dass sich jemand auch im Falle von Herausforderungen handlungsfähig fühlt. «

Die neurobiologischen Grundlagen von Resilienz sind mit denen des Stress-, Entspannungs- und Belohnungserlebens verknüpft und bei Mensch und Tier sehr ähnlich (ebd.) Je höher die Widerstandskraft ist, desto positiver und optimistischer geht ein Individuum durch das Leben. Neben genetischen Faktoren beeinflussen die Lebensbedingungen, die bisherigen Erfahrungen und die erworbenen Kompetenzen die Resilienz. Das heißt, dass Widerstandskraft durch bedürfniserfüllende und zugleich anregende Lebensbedingungen und durch körperliches und geistiges Training gefördert werden kann. Das Training kann gezielt dazu genutzt werden, die Tiere auf spielerische und motivierende Weise im Umgang mit Herausforderungen bzw. potenziellen Stressauslösern zu stärken. Dazu zählt bspw., dass sie physisch und psychisch fit und aktiv sind, mit wechselnden Situationen und Aufgaben klarkommen, Einfluss- und Lösungsmöglichkeiten kennen, frustrierende oder stressige Ereignisse aktiv überwinden und dadurch Erfolg erleben (vgl. Foltin, 2023; Hediger & Zink, 2017). Dafür ist wiederum eine vertrauensvolle und tragfähige Beziehung zur Fachkraft als Hauptbezugsperson unerlässlich. Dazu gehört auch, dass der Umgang mit dem Tier stets wertschätzend und das Training frei von Zwang oder Bestrafungen ist. Zwang und Bestrafungen belasten nicht nur die Beziehung, sondern wirken sich nachweislich negativ auf die Resilienz aus (ebd.).

Die Forschungsergebnisse zeigen, wie wichtig die Lebensbedingungen zur Stärkung der Resilienz sind. Nicht nur aus diesem Grund weisen wir im Folgenden gezielt auf die Tierhaltung hin.

III-1.3 Die Tierhaltungsfrage

Im alltäglichen Miteinander von Fachkraft und Tier werden das gegenseitige Vertrauen, die Kommunikation und somit wesentliche Grundlagen für die TGI gestärkt. Zudem ist darauf zu achten, die Haltungs- bzw. Lebensbedingungen der Tiere so zu gestalten, dass sie deren Resilienz stärken (vgl. Foltin, 2023).

Wieso sind die Tierhaltungsbedingungen für die TGI so wesentlich?

Tiergestützte Interventionen zielen darauf, dass Klient und Tier sich auf authentische Weise begegnen und miteinander interagieren. Dies gelingt nur, wenn die Tiere sich wohlfühlen und selbstsicher sind, ihre eigene Persönlichkeit entfalten und sich im Umgang mit unterschiedlichen Klienten entspannt und flexibel verhalten. Dies lässt sich nicht allein durch Gewöhnung und Training erreichen, sondern die Grundlage dafür sind beste art- und tiergerechte Alltagsbedingungen. Dazu gehört das Erfüllen von Grundbedürfnissen, wie hochwertige Versorgung und Verpflegung, ein anregendes Umfeld, das Zusammenleben mit Sozialpartnern bzw. der regelmäßige Kontakt zu artgleichen Tieren, art- und tiergerechtes Spiel und Beschäftigung usw. (vgl. hedonisches Budget). Wenn die biopsychosozialen Bedürfnisse eines Tieres erfüllt werden, kann es seine Fähigkeiten entfalten und erhalten, es bleibt ausgeglichen und gesund. Die Haltungsbedingungen haben somit einen massiven Einfluss auf das körperliche und emotionale Befinden der Tiere (Internationale Gesellschaft für Nutztierhaltung, 2017; vgl. auch Kap. Emotionen). Da wir Fachkräfte als Hauptbezugspersonen ein wesentlicher Faktor im Leben eines Tieres sind, trägt eine gute Beziehung ebenfalls zur Lebensqualität bei (vgl. Kap. Beziehung). Auch der Einbezug in die TGI und die Ausgleichsbeschäftigungen nehmen einen Teil des Alltags ein und sollten aus Sicht des Tieres ein willkommener Bestandteil eines tiergerechten und erfüllenden Lebens sein.

Wir Fachkräfte sind umfassend verantwortlich für beste Lebensbedingungen und das Wohlergehen der Tiere. Um das leisten zu können, braucht es fachspezifisches Wissen zur jeweiligen Tierart und Einfühlungsvermögen in jedes einzelne Individuum. Der Anspruch sollte sein, die Lebensbedingungen weit über die gesetzlichen Vorgaben hinaus und unter Einbezug stets aktueller wissenschaftlicher Erkenntnisse zu gestalten. Die leitende Fragestellung ist, wie die Haltungsbedingungen mit größtmöglichem Vorteil bzw. Mehrwert für die Tiere ausgestattet werden können.

» In unserer Funktion als TGI-Durchführende sind wir Wächter und Multiplikatoren für tiergerechte Bedingungen. «

Denn wir dürfen nicht vergessen, dass wir für die Klienten auch Vorbild im Umgang und Zusammenleben mit Tieren sind. Viele Klienten ziehen daraus wiederum Rückschlüsse, wie wir Fachkräfte generell mit anderen umgehen und ob wir verlässlich und vertrauenswürdig sind.

III-1.4 Die Frage zu Eignungseinschränkungen

Die vorherigen Abschnitte befassen sich damit, was Tiere zur TGI befähigt und was sie brauchen, damit sie langfristig Interesse am Einbezug haben. Abschließend erfolgt eine stichpunktartige Übersicht über Eignungseinschränkungen (vgl. ISAAT Species List, 2018).

Gibt es Einschränkungen für den Einbezug in die TGI?
Einschränkungen ergeben sich aus negativen Effekten für die Tiere bzw. für die Klienten.
Ein Tier sollte nicht in tiergestützte Einsätze einbezogen werden,

- wenn es sich um (in Gefangenschaft gehaltene) Wildtiere, Wildtier-Hybriden oder nachtaktive Spezies handelt,
- wenn es einer Rasse mit Defektmerkmalen angehört (Qualzucht), oder Mischling mit entspr. Einschränkungen ist
- wenn es Fehlprägungsverhalten oder mangelnde Sozialisierung zeigt,
- wenn die Lebensbedingungen nicht tiergerecht sind,
- wenn bei dem Tier nur eingeschränkte Körperhygiene möglich ist (z. B. durch die Fellart oder wenn es keine Körperpflege zulässt),
- wenn es kein Interesse an der Zielgruppe oder keine Freude an den ihm zugedachten Aufgaben zeigt,
- wenn es auf die ihm zugedachten Zielgruppen, Umfeldbesonderheiten, Aufgaben und Anforderungen nicht vorbereitet ist (betrifft Gewöhnung, Training),
- wenn es noch keine stabile Vertrauensbeziehung zur Fachkraft aufgebaut hat,

- wenn es Kontakte zu (fremden) Menschen generell meidet bzw. als Stress erlebt,
- während es sich erst in einen neuen Lebensbereich eingewöhnen bzw. in eine neue Tiergruppe/Herde integrieren muss oder noch nicht akklimatisiert ist,
- solange es Anzeichen von Krankheit oder Unwohlsein zeigt,
- wenn es grundsätzlich unkontrollierbar, ängstlich oder schnell aggressiv reagiert.

Ein Tier sollte erst dann einbezogen werden, wenn es deutlich zeigt, dass es beim Kontakt mit der Zielgruppe entspannt bleibt bzw. den Kontakt aktiv und eigeninitiiert sucht und Freude an den Aufgaben hat.

Darüber hinaus muss für das Tier stets die Option bestehen, dass es punktuell einzelne Aufgaben oder den Einbezug vorübergehend sowie auch langfristig ablehnen kann.

Was mit Blick auf die Durchführung der tiergestützten Arbeit wichtig ist, schauen wir uns im folgenden Kapitel genauer an.

III-2 Durchführung: Hinweise zum Gelingen

Zur Durchführung der TGI fehlen bislang einheitliche bzw. verbindliche Richtlinien, z. B. zur Qualifikation der Fachkraft, zur Länge und Häufigkeit der Interventionseinheiten, zu den Methoden, zu den Voraussetzungen und zur Ausbildung der Tiere, zu den Indikationen der Klienten (Wohlfarth & Hediger, 2022). Bis jetzt liegt es an jedem Durchführenden selbst, ob er sich an fachliche Empfehlungen hält und wenn ja, an welche. Das führt dazu, dass die Bedingungen für die Tiere und Klienten stark variieren, mit allen möglichen Folgen.

Immerhin bestehen in den therapeutischen, pädagogischen, sozialen und medizinischen Arbeitsfeldern fachliche Vorgaben und Empfehlungen für die Arbeit und den Umgang mit den jeweiligen Klienten. Diese sind auch in der TGI gültig, da es sich beim Einbezug eines Tieres um einen *ergänzenden* Ansatz handelt. Er baut auf dem ursprünglichen Handlungsspektrum der Fachkraft auf und erweitert deren methodische Möglichkeiten.

In dem Moment, in dem ein Tier in die Arbeit mit Klienten einbezogen wird, sind allerdings zusätzliche, TGI-spezifische Aspekte zu berücksichtigen. Diese beziehen sich auf spezielle fachliche Grundlagen, etwa zur Rolle des Tieres, zu Interventionsmethoden, zu Einsatzbedingungen usw. Hierzu gibt es mittlerweile zahlreiche Fachliteratur sowie Empfehlungen von den TGI-Dachverbänden (z. B. IAHAIO, ISAAT). In der weiteren Umsetzung ist all dies an das jeweilige Arbeitsfeld, die Klienten und Zielsetzungen sowie an die einbezogene Tierart bzw. an das individuelle Tier anzupassen. Mit Blick auf die tierspezifischen Aspekte gibt es in Deutschland konkrete Empfehlungen, z. B. von der Tierärztlichen Vereinigung für Tierschutz (TVT-Merkblätter) und von Fachorganisationen (z. B. Stiftung Bündnis Mensch und Tier).

Auf Basis dieser Grundlagen sowie der Leitgedanken der vorherigen Kapitel und unserer Erfahrungen formulieren wir im Folgenden zehn zentrale Prinzipien für die TGI-Durchführung. Sie bilden die Grundlage für eine (tier-)ethisch basierte TGI und zielen im Kern darauf ab, Klient und Tier als eigenständige Persönlichkeiten zu verstehen, und sie achtsam und wertschätzend im gemeinsamen Prozess zu begleiten.

III.2.1 Zehn zentrale Prinzipien

» Orientierung am hedonischen Budget, Ernstnehmen des emotionalen Erlebens, Gestaltung einer tragfähigen Beziehung, achtsame Kommunikation und größtmögliche Beteiligung bilden die essenzielle Basis für Tierhaltung und -einbezug. «

Diese in den vorherigen Kapiteln beschriebenen Aspekte ziehen sich durch alle zehn Prinzipien hindurch. Insgesamt ist dies die Voraussetzung dafür, dass die positiven Wirkungen der Mensch-Tier-Interaktionen überhaupt erst möglich werden.

Die benannten Prinzipien konzentrieren sich dabei speziell auf die Durchführung von TGI-Einheiten. Sie sind eher allgemein formuliert und können daher je nach Arbeitsfeld, Zielgruppe und Tierart in ihrer konkreten Umsetzung ganz unterschiedlich aussehen.

I Das Prinzip der Qualifizierung

Tiergestützte Interventionen wollen Ziele erreichen und allen Beteiligten Freude machen. Gleichzeitig beinhalten sie viele sensible Momente, aus denen Risiken oder Stress entstehen können – für den Klienten, das Tier oder die Fachkraft. Für eine qualitativ gute Durchführung sind daher besondere Kenntnisse und Fähigkeiten erforderlich. Diese können nur durch eine fundierte Ausbildung zur TGI-Fachkraft und ergänzende, tierartspezifische Fortbildungen angeeignet werden. Zudem sind geltende Qualitätsstandards und fachliche Empfehlungen zu berücksichtigen. Um sich auf dem Laufenden zu halten und seine Praktiken zu überprüfen, sollten zudem Fortbildungen, Beratungen, Intervision und Supervision in Anspruch genommen werden. Dies betrifft in erster Linie die Fachkraft, aber wie das vorherige Kapitel zeigt, gilt das Prinzip der Ausbildung und Übung ebenso für das jeweilige Tier.

II Das Prinzip der positiven Verfassung des Tieres zum Einsatzzeitpunkt

Ausgangspunkt der Durchführung ist stets die Prüfung der tagesaktuellen Verfasstheit eines jeden Tieres. Wie sind der Gesundheitszustand und das Befinden? Über die Betrachtung des einzelnen Tieres hinaus kann die Verfassung der gesamten Tiergruppe wichtig sein, insbesondere wenn es sich um eine Tierart handelt, für die die Gruppe ausschlaggebend ist für das individuelle Sicherheitsgefühl und Wohlbefinden (bspw. Meerschweinchen oder Schafe). Im Weiteren sind auch klimatische Bedingungen, wie Wetter, Raumtemperatur u.Ä. im Blick zu halten, um vorausschauend abschätzen zu können, ob der TGI-Einsatz so durchgeführt werden kann, dass er dem weiteren Wohlergehen des Tieres entspricht.

III Das Prinzip der Bereitschaft des Tieres

Ein verantwortungsvoller und achtsamer Einbezug setzt voraus, dass sich ein Tier körperlich und emotional wohlfühlt, und dass es eine innere Bereitschaft zum bevorstehenden Einsatz mitbringt. Wie ist sein Interesse am Einbezug in die TGI? Was sind ggf. Gründe für eine geringe Motivation? Signale der Unlust und Ablehnung sind ernst zu nehmen, denn es gilt zu verstehen, was der Grund dafür ist. Zwang oder gezielte Einschränkung von essenziellen Bedürfnissen (z.B. vorheriges Hungern lassen), um ein Tier gefügig zu machen, ist tierschutzwidrig und ein Verstoß gegen ethische Prinzipien. Auch außergewöhnliche Futterverstärker, die lediglich der »Überredung« eines Tieres dienen, sind zu meiden. Zum einen bezieht sich das Interesse des Tieres dann nur auf das Leckerli und ist in dem Fall kein Einverständnis zu weiteren Interaktionen. Zum anderen kann die Fixierung auf Futter zu unerwünschtem Verhalten führen (aufdrängen, Futter einfordern, bei mehreren Tieren auch Konflikte durch Neid usw.) (vgl. Semmelmann, 2017). Allerdings ist das angemessene Anbieten von Leckerlies im Interaktionsprozess oftmals ein zusätzlicher Mehrwert für ein Tier und eine wichtige Aufgabe für die Klienten (z. B. Gemüsespieße für Meerschweinchen oder Futter für Hühner zubereiten). Die Leckerli-Gabe ist also nicht per se abzulehnen, da sie eine sinnvolle Methode für die Klienten und gezielte Anreicherung für die Tiere sein kann. Als Fachkraft braucht es daher zuallererst die Bereitschaft zur ehrlichen Selbstreflexion, was die eigene Intention hinsichtlich der Futterbelohnung anbelangt: Soll das Tier entgegen seinen Bedürfnissen manipuliert werden, damit es wie geplant mitmacht? Zudem braucht es Einfühlungsvermögen in das Befinden und die situationsbezogenen Bedürfnisse des Tieres: Ist ein gieriges Futterverhalten des Tieres oder die Futterablehnung vielleicht bereits ein Stressanzeichen und Indikator dafür, dass es lieber Nein sagen oder sich zurückziehen möchte, aber keine Möglichkeit sieht? Die Grenze zwischen anregendem Motivieren und übergriffigem Manipulieren ist nicht immer eindeutig und braucht Feinfühligkeit sowie eine geübte Reflexions- und Interpretationsfähigkeit der Fachkraft.

IV Das Prinzip des Sicheren Ortes

Wichtige Grundlage zur Durchführung von Tiergestützten Interventionen ist das Gestalten eines Sicheren Ortes für alle Beteiligten. Die Rahmenbedingungen, die Beziehungen und die Atmosphäre der Einheiten sind so zu gestalten, dass sie allen ein Gefühl der physischen und psychischen Sicherheit vermitteln (vgl. Kühn, 2011). In der TGI betrifft das z. B. einladende, klienten- und tiergerechte Räumlichkeiten, achtsame Kommunikation,

Achtung der Individualdistanz sowie sinnvolle und verständliche Regeln. Diese Regeln sollen ein friedvolles, sicheres Miteinander gewährleisten und dennoch Freiraum für individuelles Verhalten ermöglichen. Das Tier trägt zum Sicheren Ort bei, indem es sich so verhält, dass ein Klient sich in seiner Gegenwart wohlfühlen kann. Genauso ist es wichtig, dass sich das Tier in Anwesenheit des Klienten sicher fühlen kann. Für beide ist daher ein Verhaltenskodex, aber auch ein eigenständiger, situativer Einfluss auf Nähe bzw. Distanz wichtig. Je größer die körperliche Nähe zwischen Klient und Tier ist, oder je stärker die Abläufe der Intervention vorgegeben sind, umso größer ist auch die Verantwortung der Fachkraft hinsichtlich der Sicherheit und des Wohlbefindens der beiden (Otterstedt, 2017). Fachkräfte haben stets die Anwaltschaft für die Klienten *und* die Tiere inne. Sie stehen in der Verantwortung, achtsam mit und für alle Teilnehmenden die Basis für Sicherheit und Wohlbefinden herzustellen. Dies dient der Risikominimierung, ist aber ebenso wichtig als notwendige Grundlage für Lernen und Entwicklung.

V Das Mehrwert-Prinzip

Wenn Tiergestützte Interventionen ihre positiven Effekte gänzlich entfalten sollen, dann ist die Frage nach dem Mehrwert auf *alle* Beteiligten des Interventionsdreiecks zu beziehen.

Mehrwert für den Klienten Zum einen ist zu prüfen, ob durch den Einbezug des Tieres ein Mehrwert für die Zielerreichung besteht (Wohlfarth & Olbrich, 2014). Die Wirkungen des Tieres auf den Interventionsprozess werden in der Fachliteratur beschrieben, wie bspw. Motivation des Klienten zur Teilnahme, Förderung von Entspannung, Erleichterung der Kontaktaufnahme und des Beziehungsaufbaus zwischen Klient und Fachkraft, Anregung der Kommunikation, Reflexionsmöglichkeiten durch die Identifikation mit Charaktermerkmalen oder Fähigkeiten des Tieres, Gewahrwerden von Gefühlen und Wünschen durch Projektionen auf das Tier und vieles mehr (Otterstedt, 2017; Vernooij & Schneider, 2018; Wohlfarth & Mutschler, 2017). Diese Effekte können in verschiedenen Phasen des TGI-Verlaufs unterschiedlich wichtig sein und gezielt genutzt werden. Sie zeigen die Vielfältigkeit an Mehrwert, den der Einbezug eines Tieres im Vergleich zu herkömmlichen Möglichkeiten ohne Tier hat. Daraus darf jedoch keine instrumentalisierende Sichtweise auf das Tier entstehen. Das Tier ist *kein* Mittel zum Zweck. Dies würde weder dem Tier noch den Prozessen zwischen Klient und Tier gerecht, bei denen es vielmehr um tieferen Kontakt und Verstehen geht.

Mehrwert für das Tier Zum anderen ist zu prüfen, ob die Interventionen gleichermaßen einen Mehrwert für das Tier beinhalten. Dazu ist es gemäß seiner Persönlichkeit, Talente, Interessen und Tagesform in den Prozess einzubeziehen. Der Einbezug sollte einen subjektiven Nutzen erfüllen, den das Tier in seinem Alltag so nicht erleben kann oder durch den es sich weiter entwickelt. Dieser Mehrwert sollte zudem die möglichen Anstrengungen und Belastungen der TGI weit übersteigen, um das Interesse, Wohlbefinden und die Gesundheit des Tieres dauerhaft zu erhalten. Insofern geht es nicht darum, nur einen punktuellen Spaß einzubauen in einen Prozess, der für das Tier sonst durchgehend Anstrengung und Überwindung bedeuten würde. Das Anliegen ist, die Teilnahme für das Tier generell attraktiv zu gestalten, sodass es langfristig Interesse und Freude an seinen Aufgaben und Erfolgserlebnisse hat.

Mit dem Mehrwert-Prinzip lässt sich zudem überprüfen, ob mit dem Einbezug insgesamt oder mit einer konkreten Aufgabe auch tatsächlich ein Vorteil für das Tier verknüpft ist. Das kann sogar während einer laufenden TGI-Einheit reflektiert werden.

Motivationsfaktoren und Mehrwertaspekte *aus Sicht eines Tieres können sein:*

- Freude durch den Kontakt mit Menschen bzw. mit der speziellen Zielgruppe
- Freude und Erfolgserlebnisse durch die Aufgaben im Rahmen der TGI

- Abwechslung im Alltag, anregende Erfahrungen, positives Fördern und Fordern, auch im Hinblick auf Aktivierung, Kompetenzentwicklung und Gesunderhaltung
- Selbstwirksamkeitserfahrungen, die die Persönlichkeit des Tieres stärken
- das Gefühl, wichtig zu sein, integriert zu werden und positive Aufmerksamkeit zu bekommen
- positive soziale Impulse und Reize für eine einbezogene Herde/Gruppe

Mehrwert für die Fachkraft TGI ist mit großer Verantwortung und mit hohem Mehraufwand und Mehrkosten verbunden, z. B. aufgrund umfangreicher Versorgungs- und Trainingsleistungen und finanziellen Kosten rund um jedes einzelne Tier sowie durch fortlaufende Reflexions- und Fortbildungsnotwendigkeit. Qualität in der TGI erfordert also einen hohen Investitionsaufwand, dieser sollte auch finanziell honoriert werden. Doch nicht zuletzt braucht es ebenso einen nichtfinanziellen Mehrwert für die Fachkraft. Denn das Streben nach einem rechnerischen Ausgleich der Investitionen würde unweigerlich in die Instrumentalisierung und Überforderung der Tiere münden. Jede Fachkraft muss daher zusätzlich einen fachlichen oder persönlichen Mehrwert für sich finden. Dieser kann bspw. in den bereits beschriebenen Effekten liegen, die durch den achtsamen Einbezug von Tieren entstehen, oder in den zusätzlichen, durch das Tier entstehenden Einblicken zum Prozess und zum Klienten, oder einfach nur, weil es große Freude macht, gemeinsam mit einem eng vertrauten anderen Wesen tätig zu sein.

Anhand der Mehrwert-Frage lassen sich zudem die eigenen Empfindungen und Bedürfnisse reflektieren. Es kann durchaus sein, dass auch Stressquellen, Belastungen oder Überforderungsgefühle offensichtlich werden. Wenn dies erkannt wird, können Lösungen zur Verbesserung der TGI-Durchführung gefunden werden. Dadurch lassen sich die eigene Motivation und das eigene Wohlbefinden steigern, was sich wiederum positiv auf die Tiere, Klienten und die Durchführungsqualität auswirkt (s. Kap. Reflexion).

VI Das Prinzip des Wohlbefindens

Das physische und psychische Wohlbefinden der Tiere ist aus ethischen und tierschutz- sowie sicherheitsrelevanten Gründen eine wichtige Voraussetzung für die Durchführung. Zugleich sollte das Wohlbefinden der Tiere auch ein konkretes Ziel der TGI-Einheiten sein. Tiere profitieren von der TGI, wenn sie ihre angeborenen Verhaltensweisen, ihre Talente und erworbenen Kompetenzen einbringen können, wenn sie bewältigbare Aufgaben meistern und sich selbstwirksam und ernstgenommen fühlen, wenn sie soziale Bestätigung erfahren, positive Emotionen empfinden und mit ihrem Bezugsmenschen gemeinsam aktiv sind.

Zur tiergerechten Gestaltung ist daher jeder aktive Part des Tieres an seinem hedonischen Budget, seinen Talenten und Vorlieben sowie tagesbedingten Interessen auszurichten. Systemisch betrachtet reicht das allerdings nicht aus, auch wenn dies sehr zentrale Aspekte sind: Da Stimmungen und Emotionen untereinander ansteckend sind, ist darüber hinaus auf das Wohlbefinden *aller* Beteiligten im TGI-Dreieck zu achten.

VII Das Prinzip der reduzierten Methoden-Vielfalt

Weder die Häufigkeit, noch die Dauer oder die Inhalte der TGI-Einheiten dürfen ein Tier billigend be- oder überlasten. Um die Prozesse und Aufgaben gleichermaßen klienten- wie tiergerecht zu gestalten, ist eine passgenaue Auswahl der Interventionsmethoden wichtig. Dabei ist zu berücksichtigen, dass allein schon die Anwesenheit für ein Tier anstrengend oder gar belastend sein kann (Krämer & Ameli, 2022). Insofern ist wichtig, von vornherein alle methodischen Möglichkeiten der TGI auszuschöpfen, also auch Methoden ohne den Einbezug oder die Anwesenheit eines Tieres. Neben dem direkten Kontakt von Klient und Tier gibt es ein vielfältiges Handlungsspektrum. Zuallererst kommt der Beobachtung eines Tieres eine wichtige Funktion zu (Otterstedt, 2016). Ferner kann nach Grad der Spontaneität unterschieden werden (frei – angeleitet – ritualisiert; Vernooij & Schneider, 2018) sowie nach Nähe und Distanz bzw. Aktionsradius (freie Interaktion, Hort-, Brücken-, Integrations-, Präsenzmethode; Otterstedt, 2017). Es kann auch nach Aktivitätsgrad des Tieres unterschieden werden, bei der es eine aktive oder passive Rolle einnehmen kann (für – über – mit dem Tier; Wohlfarth & Mutschler, 2017). Diese Methodenvielfalt darf allerdings nicht zur Überfrachtung der einzelnen TGI-Einheiten führen. Getreu dem Motto »weniger ist mehr« ist es wichtig, die Methoden sparsam auszuwählen und überschaubar zu gestalten.

VIII Das Phasen-Prinzip

Nicht nur der gesamte TGI-Zyklus besteht aus verschiedenen Phasen, wie Kennenlernen und Beziehungsaufbau, Auftrag und Ziele klären, Interventionsphase über mehrere Termine, Abschied und Ende. Jede einzelne TGI-Einheit beinhaltet eine Ankommensphase, eine Hauptphase und eine Beendigungsphase. Wenn das berücksichtigt wird, trägt dies zu einer guten Vorbereitung und Strukturierung der Interventionen bei. Zudem können diesen drei Grundphasen jeweils Zielsetzungen und Methoden zugeordnet werden. Dabei ist für alle Beteiligten genug Zeit einzuplanen, um sich erneut aufeinander einzulassen, miteinander Kontakt aufzubauen, aktiv zu sein und sich dann wieder zu verabschieden. In der anschließenden Nachbereitung und später erneuten Vorbereitung der Folge-Einheit kann die Fachkraft die Erfahrungen reflektieren und den Ablauf phasenbezogen verändern.

IX Das Prinzip Beziehung

Der Einbezug eines Tieres ist keine Methode, die spontan und unbedacht umgesetzt werden kann. Die Vorbereitung und Durchführung einer TGI-Einheit, vor allem der Gesamtprozess über mehrere Einheiten, benötigen Aufmerksamkeit und Zeit. Da es immer auch um die Vertrauensstärkung und das Beziehungserleben zwischen Klient und Tier geht, ist dieses Ziel stets parallel mitzudenken und methodisch in den TGI-Ablauf zu integrieren. In der Vorbereitung ist daher zu klären, inwiefern der gemeinsame Prozess bzw. die Beziehungen beeinflusst sein könnten durch die Ziele, Erwartungen, Bedürfnisse, Persönlichkeitsmerkmale und Vorerfahrungen der Beteiligten. Es ist jedes Mal ein sehr individueller Prozess, wie sich Klient und Tier aufeinander einlassen und wie sie interagieren. »Beide haben zu lernen, den anderen richtig einzuschätzen« (Marliani, 2023, S. 1) und eine gemeinsame Ebene zu finden. Insofern dürfen die TGI-Einheiten auch nicht mit Methoden und Aktionen überfrachtet werden. Auch um Klient und Tier miteinander und füreinander Zeit für freies Interagieren zu schenken, sollten Ziele und Methoden nach dem Motto »weniger ist mehr« (s. VI) gestaltet sein. Nicht zuletzt, um der Beziehung Raum zu geben, die in der TGI ebenfalls ein zentrales Wirkprinzip ist. Eine Studie mit Kindern und Jugendlichen zeigte, dass sich eine zu hohe Interventionsfülle negativ auf den Beziehungsaufbau zum Tier und zur Fachkraft auswirkte. Das hatte wiederum negative Folgen, z. B. hinsichtlich der angestrebten Ressourcenentwicklung der Kinder (Klein et al., 2018). Die besten Effekte der TGI werden daher nicht kurzfristig durch methodisch durchgetaktete Interventionen erzielt, sondern durch regelmäßige Einheiten über einen längeren Zeitraum, mit wenigen, ausgewählten Methoden und mit ausreichend Zeit für die Beziehungsgestaltung (ebd.).

X Das Prinzip der Stressprävention, -intervention und -verarbeitung

Durch mit Bedacht ausgewählte Methoden, beziehungsorientierte und möglichst entspannte Interaktionen sollte selten negativer Stress entstehen. Stressprävention, -intervention und -verarbeitung brauchen dennoch gezielte Aufmerksamkeit und Strategien. Es ist vorab zu überlegen, in welchen Situationen trotz bester Vorkehrungen Stress für einzelne oder mehrere Beteiligte entstehen könnte, wie dieser Stress möglichst schnell überwunden werden kann und was anschließend zur Entspannung hilft. Je nach Handlungsfeld, Klient und Tier kann das ganz unterschiedlich sein. Dennoch lassen sich grundsätzliche Aspekte nennen, die Stress vorbeugen bzw. überwinden helfen (vgl. Glenk, 2014/2017; Hediger & Zink, 2017):

- eine gute Allgemeinkonstitution und Vorbereitung des Tieres (Habituation, Sozialisierung, Training)
- eine positive Tagesform des Tieres zum Einsatzzeitpunkt
- die freiwillige Bereitschaft des Tieres und sein Recht auf ein Nein vor und während der Interventionen
- eine gute Kenntnis der Fachkraft bzgl. Tier und Klient und die Vermeidung von angstauslösenden, belastenden oder überfordernden Situationen
- eine gegenseitig vertrauensvolle Beziehung von Fachkraft und Tier, eine gute Beziehungsbasis und wachsendes Vertrauen von Fachkraft und Klient sowie von Klient und Tier
- beste räumliche Bedingungen, sodass für Tier, Klient und Fachkraft Risiken und bekannte Stressquellen im Vorfeld ausgeräumt sind
- ausreichende räumliche Größe, sodass bei Bedarf die jeweils erforderliche Individualdistanz möglich ist
- Möglichkeiten zum eigenständigen Rückzug des Tieres und geeignete Rückzugsorte
- Kenntnisse der Fachkraft zu den Belastungsgrenzen von Klient und Tier sowie zur passenden Begleitung der jeweiligen Interaktionen von Klient und Tier
- Beachtung von tierartspezifischen Aspekten zur Stressvermeidung, wie bspw. Leinenfreiheit bei Hunden
- schnelle Unterstützung durch die Fachkraft bei Verunsicherung von Klient oder Tier
- Etablierung von Entspannungsritualen für alle Beteiligten
- positive Verstärkung für das Tier, wie freundliche Aufmerksamkeit, Lob, ggf. auch Leckerlies
- Hohe Stressresilienz der Tiere durch beste Lebensbedingungen, fundiertes Training, guten Gesundheitszustand, bewältigbare Aufgaben, positiver Erfahrungsschatz, Freude

Wenn dennoch Stressmomente entstehen, ist die Situation zügig zu ändern oder abzubrechen. Nach Stresssituationen sollten stets gezielt positive und entspannte Momente Raum haben, um gemeinsam wieder zu einer ruhigen Basis zu finden. Daher braucht es eine gewisse Flexibilität hinsichtlich des Ablaufes, bis hin zu vorbereiteten alternativen Durchführungsmöglichkeiten (Plan B).

Darüber hinaus spielen die innere Haltung und eigene Stresskompetenz der Fachkraft eine große Rolle, da sie durch ihre Ruhe und rasche Stressverarbeitungsstrategien dem Tier Sicherheit vermitteln kann (Butler, 2004; Glenk, 2014, 2017; Hediger & Zink, 2017), ebenso wie auch dem Klienten.

Im Interventionsgeschehen kann es vorkommen, dass Tiere oder Klienten die eigenen Bedürfnisse, Empfindungen und Grenzen übergehen, weil sie die an sie gestellten Erwartungen spüren. Als verlässliche Bezugs- und Vertrauensperson stehen die Fachkräfte daher in der Verantwortung, genau einzuschätzen, wodurch Erwartungsdruck entstehen könnte.

Klient und Tier müssen stets sicher sein, dass ihre Bedürfnisse und Empfindungen wahrgenommen und berücksichtigt werden. Das vermeidet nicht nur negative Situationen, sondern stärkt auch das Vertrauen in die Fachkraft.

Im folgenden und letzten Kapitel geht es um ein weiteres wichtiges Thema, die Reflexion. Sie ist der Schlüssel, damit das Wissen um die zentralen Grundsätze der TGI in achtsames und qualitätsvolles Handeln umgesetzt werden kann.

III-3 Reflexion, Fürsorge und Selbstfürsorge

Aus den vorherigen Kapiteln wird deutlich, dass der Einbezug eines Tieres in therapeutische, soziale, pädagogische, beraterische oder medizinische Arbeitsfelder eine anspruchsvolle Tätigkeit ist. Ohne gezieltes Überlegen und Überprüfen vor, während und nach den TGI-Einheiten würden sich auch einfache Interventionen kaum zum Wohle aller Beteiligten durchführen lassen. Reflexion ist daher ein wichtiger Schlüssel für das Gelingen der TGI. Sie trägt dazu bei, die Gründe und Ziele des Handelns zu überdenken sowie die damit verbundenen Wahrnehmungen, Erfahrungen, Kenntnisse, Gedanken und Gefühle zu sortieren. Dies ist nicht nur in der Vorbereitung wichtig. Professionelles Handeln im sozialen Kontext geschieht oftmals situativ und daher spontan. Es ist also wichtig, dass man weiß, was und warum bzw. wozu man etwas tut, schon bereits während man handelt (vgl. Wagenblass, 2016) – und ob man es im Falle einer ähnlichen Situation wieder so tun sollte.

Gutes und richtiges Handeln stellt damit immer auch die Frage danach, welche Folgen das eigene Verhalten für andere, aber auch für sich selbst hat (vgl. Cojocaru, 2021). In diesem Sinne dient Reflexion der Fürsorge und Selbstfürsorge in der TGI.

III-3.1 Reflexion

» Reflexion bedeutet Innehalten, Hinschauen, Einfühlen und Überdenken. «

Nur so kann man zu Einsichten und Erkenntnissen kommen, die für das Handeln orientierend sind. In der Reflexion kann man sich selbst oder andere betrachten. Es kann bspw. danach gefragt werden, welchen Grund oder welche Bedeutung ein Verhalten hat, wie jemand eine Situation erlebt, wie man sich verhalten sollte, welche Folgen das eigene Handeln bereits hatte oder erst noch haben wird. Beim Reflektieren werden Fachwissen, Erfahrungswissen und persönliche wie berufsbezogene Überzeugungen, Werte und Absichten einbezogen (vgl. Göhlich, 2011). Reflexion hilft, Zusammenhänge und Einflussfaktoren zu erkennen, ein Gegenüber oder eine Situation besser zu verstehen, Handlungsmöglichkeiten abzuwägen, Folgen abzuschätzen oder Ziele zu überprüfen. Dies geschieht bspw. durch Perspektivwechsel oder das Hinterfragen von gewohnten Sichtweisen, Verhaltensmustern und Bewertungsmaßstäben. Insbesondere in komplexen Tätigkeitsfeldern, wie TGI, ist Reflexion unerlässlich.

III-3.1.1 Reflexion der TGI

Anhand von Leitfragen können die Beziehungen, die Verhaltensweisen, aber auch die Umfeldbedingungen oder Wirkungen der Interventionen in den Blick genommen werden. Wie tragfähig und vertrauensvoll ist die Beziehung zwischen mir und meinem Tier? Was vermittelt mir das Tier in einer bestimmten Situation über den Klienten oder mich? Wie wirken die räumlichen Gegebenheiten auf das Tier, den Klienten oder mich? Welche Rückschlüsse zum Befinden lassen sich aus dem Verhalten des Tieres oder des Klienten vor, während oder nach der TGI-Einheit ziehen? Wird dies dokumentiert und regelmäßig evaluiert?

Mit gezielten Fragen lassen sich außerdem innere Haltungen, Motive und ungewollte Nebenfolgen des eigenen Handelns erkennen. Motive und Haltungen beeinflussen oft unbemerkt das Handeln. Sie sind eine Mischung aus persönlichen und fachlichen Kenntnissen, Überzeugungen und Werten, die unbewusst übernommen oder aktiv erworben wurden. Die Reflexion konzentriert sich dann z. B. auf moralische Fragen zu den Beweggründen des Handelns. Es geht also nicht nur darum, was wir tun, sondern warum wir etwas tun oder bewirken wollen (Wawrzyniak, 2019). Was will ich für den Klienten, das Tier oder mich erreichen – und warum? Welche Erwartungen habe ich an den Klienten, das Tier oder mich selbst? Wird mein Handeln bzw. der TGI-Prozess dadurch beeinflusst?

Entsprechende Reflexionsfragen helfen auch, andere besser zu verstehen. Eine eingängige Methode zum empathischen Einfühlen ist der Perspektivwechsel. Um eine Vorstellung davon zu haben, wie bspw. das Tier seinen Lebensalltag oder die Interventionen erlebt, kann man gedanklich in dessen Haut schlüpfen und die Welt aus dessen Augen wahrnehmen. Es braucht dazu Fachwissen zum Tier, ergänzt durch Empathie, Vorstellungskraft und Ehrlichkeit (vgl. Lori Gruen, Kap. Ethik). »Vielleicht ist es uns unmöglich, uns genau vorzustellen, wie es ist, wenn man wie ein Hund die Welt durch die Nase wahrnimmt. Das heißt aber weder, dass wir uns kein Bild machen können, noch, dass wir den Hund nicht verstehen« (Meijer, 2018, S. 108).

Aus der tiergestützten Praxis

Adele lädt Schülerkleingruppen zu ihren Lamas und Alpakas ein. Sie erzählt, wie sehr sie zu Beginn ihrer TGI-Tätigkeit unbewusst davon getrieben war, die Stunden gemäß ihren eigenen Erwartungen und den Vorstellungen der Eltern und Lehrer durchzuführen. Sie verspürte den Drang, stets etwas Vorzeigbares erreichen zu wollen. Als der innerliche Stress zunahm, fand sie Hilfe in der Supervision. Sie erkannte, dass sie Gefahr lief, die wichtigen kleinen Momente bei ihren Tieren und bei den Kindern zu übersehen und zu übergehen. Mittlerweile geht sie viel gelassener an die Aufgaben heran. Wenn ihr der aktuelle Moment mit den Tieren und Kindern wichtiger erscheint, wirft sie ihre beabsichtigte Ablaufplanung spontan über den Haufen. So kann es z. B. sein, dass oberflächlich betrachtet nicht viel passiert, außer gemeinsam bei den Tieren zu sitzen, die entspannt am Heu knabbern. Dennoch merkt sie, dass atmosphärisch unglaublich viel geschieht und die Gespräche während dieser Phase sehr tiefgreifend sind. Auch die Lehrer und Eltern sind stets erstaunt, wie viel die Kinder aus diesen Stunden für sich mitnehmen.

III-3.2 Reflexion als Basis für Achtsamkeit, Wertschätzung, Fürsorge und Selbstfürsorge

Als TGI-Fachkräfte tragen wir große Verantwortung. Sie entsteht daraus, dass wir durch unser Handeln das Leben von anderen beeinflussen (vgl. Bosch, 2011; Wawrzyniak, 2019). Daraus ergeben sich wichtige Fragen an uns selbst. Wie kommen andere mit uns und unserem Handeln zurecht (Bosch, 2011)? Welche Spuren wollen wir im Leben anderer hinterlassen (Wawrzyniak, 2019)? Welcher Mensch wollen wir, moralisch gesprochen, sein?

Während der TGI-Einheiten wirken wir auf die Klienten und Tiere ein und regen Erlebnisse an. Darüber nehmen wir Einfluss auf ihren Erfahrungshorizont, ihre weitere Entwicklung und damit auf ihr Leben. Besonders gravierend ist dies für die Tiere, da sie in hohem Maß von uns abhängig sind und wir den Großteil ihres Lebens bestimmen, im positiven wie im negativen. Wir müssen daher unsere Überzeugungen und unser Verhalten in Bezug auf den Umgang mit ihnen sowie auf die Tierhaltungs-, Trainings- und Einsatzbedingungen überprüfen. Auf diese Weise kann Reflexion dazu beitragen, dass wir uns zunehmend achtsamer, wertschätzender und fürsorglicher verhalten – und zwar in einer Weise, die *wir* für richtig und gut halten und überprüft haben. »Es geht dann eben nicht mehr um die Frage ‚Wird diese oder jene Praktik Tiere schädigen?', sondern um die Frage ‚Sollten *wir* mit Tieren in dieser oder jener Weise umgehen?' (Wawrzyniak 2019, S. 352, Hervorhebung im Original). Wenn wir uns einfühlen in unser Tier, und wenn wir empfänglich und berührbar sind für dessen Erleben, dann versteht sich von selbst, warum hohe ethische und qualitative Ansprüche an die TGI wichtig sind. Letztlich geht es dabei umfassend um Fürsorge für die Tiere, die Klienten und uns selbst.

In der Fürsorge für andere zeigt sich immer auch das Verhältnis, das wir zu uns selbst haben (Pelluchon, 2019). Um zu anderen achtsam, großzügig, verständnisvoll und nachsichtig sein zu können, müssen wir das auch zu uns selbst sein. »Wenn wir unseren Emotionen nicht gerecht werden und ihnen Raum lassen, wird es umso schwieriger, den Emotionen anderer gerecht zu werden und ihnen Raum zu geben. Wenn Sie selbst zu kurz kommen, lassen Sie auch andere zu kurz kommen. Wenn Sie sich selbst nicht respektieren, gelingt es Ihnen auch nicht (so gut), anderen Respekt zu erweisen« (Bosch, 2011, S. 37). Unser Verhältnis zur Welt und zu anderen hängt also letztlich vom Verhältnis zu uns selbst ab. Auf den Punkt gebracht: »Wer gegen sich selbst böse ist, gegen wen ist der gut?« (Zitat Bernhard v. Clairvaux in Pelluchon, 2019, S. 38). Insofern ist das Sorgen für sich selbst, in Verbindung mit Empathie für andere, die Basis dafür, fürsorglich sein zu können.

Über die Zeit führt Reflexion dazu, dass wir uns und unserer Mitwelt generell mit mehr Verständnis, Nachsicht und Güte begegnen (Pelluchon, 2019). Das bezieht sich auch auf die Bereitschaft genau hinzusehen, ob bei der TGI-Durchführung negative Momente oder Folgen für Klient oder Tier entstehen. Wir sollten beantworten können, an welchen Stellen punktueller Stress wirklich nicht vermieden werden konnte, ob das Maß fachlich und ethisch vertretbar war, oder wie die Durchführung zu verbessern ist.

Den Buchteil III haben wir mit einem drastischen Beispiel zur Weiterentwicklung der Chirurgie bei Säuglingen begonnen. Daran schließen wir noch mal an: Aus heutiger Sicht wird die damalige Methode als »eine unzivilisierte Periode in der Geschichte der Medizin« (Yaster zit. nach Sanides, 1991, S. 19) angesehen. Mit Blick auf den gesellschaftlich verbreiteten Umgang mit Tieren wird ebenfalls deutlich, dass vielfach Unrecht geschieht und Leid verursacht wird. Und das in einem Maße, das unserem Selbstbild als Mensch unwürdig ist (vgl. Agamben, 2014). Daher braucht es in der TGI eine ethische Basis, die auf Achtsamkeit und Wertschätzung aufbaut, um den Schutz und das Wohlbefinden der Tiere zu sichern.

» Es liegt jeden Tag neu in unserer Hand, die Interventionen zum Wohle *aller* Beteiligten zu gestalten. «

III-3.2.1 Leitlinien zur Reflexion

Professionelle TGI ist komplex und anspruchsvoll. Nach bestem Wissen und Gewissen zu handeln bedeutet nicht, perfekt sein zu müssen. Überhöhte Erwartungshaltungen an sich, an das Tier oder den Klienten sind Gift für den gemeinsamen Prozess – genauso wie zu große Leichtfertigkeit. Reflexion hilft dabei, zwischen Perfektionismus und Nachlässigkeit seinen Weg zu finden und sich fachlich und persönlich weiterzuentwickeln.

Reflexion zum Wohlbefinden aller Beteiligten

Entspanntheit, Freude und Wohlbefinden sind die Basis für gelingende Interventionen. Das Fördern bzw. Wiederherstellen dieser Basis funktioniert bei Menschen und Tieren nach den gleichen Prinzipien (s. vorherige Kapitel). Alle TGI-Einheiten sollten daher fachlich und ethisch reflektiert werden, um zu prüfen, ob alle Bedingungen entsprechend dazu beitragen. Dazu zählen z. B. die Rahmenbedingungen des Settings, die TGI-Methoden und der Umgang mit Klient und Tier, aber auch die Kenntnisse zu den Klienten und den Tieren sowie die Tierhaltung und das Training. Die Qualität der Reflexion, und somit letztlich die Qualität der TGI, ist dabei abhängig von der Offenheit und Ehrlichkeit sowie der Lernbereitschaft von uns Fachkräften (Butler, 2004). Neben unseren Fachkenntnissen und achtsamen Beobachtungen können unser Einfühlungsvermögen und Bauchgefühl wichtige Sensoren sein, um zu erkennen, ob der Verlauf der TGI-Einheit aus Sicht eines jeden Teilnehmenden wirklich passend ist.

Selbstreflexion zu inneren Haltungen

Die Fachkraftausbildung schult uns, nichtmenschliche Tiere in unsere Arbeit mit Menschen einzubeziehen. Aus ethischer Sicht erfordert das besondere innere Haltungen. Denn bisher wachsen wir als Kinder in ein Gesellschaftssystem hinein, welches auf der Annahme eines grundsätzlichen Unterschieds und einer natürlich gegebenen Hierarchie zwischen Mensch und Tier beruht. Diese speziesistische Weltsicht wird nach wie vor vermittelt, beiläufig und gezielt.

» Als Fachkräfte müssen wir uns mit den unbewusst und bewusst übernommenen Vorstellungen zu Wert, Würde und Rechten von Tieren gezielt auseinandersetzen, um zu neuen Einsichten und Erkenntnissen zu gelangen. «

Erst dann haben wir innerlich ein tragfähiges Fundament geschaffen, um achtsame Beziehungen mit Tieren aufzubauen, ihnen beste Lebensbedingungen zu bieten, und um sie achtsam und ethisch fundiert in unsere Arbeit einzubeziehen. Doch auch mit Blick auf unsere Klienten, d. h. Kinder, Jugendliche, Geflüchtete, sozial Benachteiligte, Alte, Kranke, Sterbende usw., müssen wir unsere Sichtweisen überdenken und persönliche Vorurteile oder überholte fachliche Ansichten loslassen. Zur Professionalität gehört daher, die eigenen Kenntnisse, bisherigen Haltungen und gewohnten Handlungsmuster zu hinterfragen und sich weiterzuentwickeln.

Reflexion zur Verletzlichkeit allen Lebens

Durch einfühlende Reflexion steigt unser Bewusstsein dafür, dass alles Leben verletzlich ist. Es wird zur Grundlage für das eigene Handeln. Das Einfühlen in Mensch und Tier und das

Ernstnehmen der Verletzlichkeit eines jeden führt dazu, dass wir die vielen Möglichkeiten des Verletzens und der vielfältigen Arten von Gewalt und Schädigungen nicht übersehen und nicht verharmlosen. Dazu braucht es Kenntnisse, Aufmerksamkeit, Empathie und Mut – nicht nur in Bezug auf das Verhalten der anderen, sondern ebenso mit Blick auf uns selbst und unser Handeln. Das Erkennen und Einfühlen in die Auswirkungen unseres Verhaltens zeigt manchmal, dass wir aus Unwissenheit oder auch entgegen unserem Wissen gehandelt haben. Je achtsamer und empathischer wir werden, umso mehr Wert legen wir auf Handeln gemäß bestem Wissen und Gewissen. Dazu braucht es fundierte und aktualisierte Kenntnisse.

Selbstreflexion zur persönlichen Weiterentwicklung

Die Befähigung zur TGI lebt von modernem Fachwissen und achtsamer Anwendung von Methoden. Doch um den Tieren und Klienten wirklich gerecht zu werden, braucht es zusätzlich eine entsprechende Weltsicht und innere Haltung, die auf dem Erkennen und Erleben von Verbundenheit beruhen. Dazu ist ein Lern- und Entwicklungsprozess notwendig, der bisherige Sichtweisen, Handlungsmuster und vor allem die zugrundeliegenden Werte hinterfragt (vgl. Pelluchon, 2019). Für diesen Prozess gibt es keine fertigen, kopierbaren Vorgehensweisen. Jeder von uns muss dazu seinen eigenen Weg entdecken, ihm folgen und daran wachsen.

» Als Kompass für den persönlichen Entwicklungsprozess dienen die ethischen Überlegungen und systemischen Annahmen sowie die Leitlinien dieses Buches. «

Sie sind ebenso die Grundlage für die Basis unserer Beziehungen in der TGI. Letztlich müssen wir von uns dasselbe verlangen, wie von unseren Tieren: friedfertige Authentizität, Achtsamkeit für den Augenblick und respektvollen Umgang miteinander.

Reflexionspartner finden

Achtsame und wertschätzende TGI bemisst sich daran, inwieweit wir uns und unsere Arbeit überprüfen und weiterentwickeln. Reflexives Resümieren funktioniert einerseits allein und sollte daher fester Bestandteil im Alltag sein. Andererseits ist es von Vorteil, sich mit jemandem auszutauschen, um zu seinen Sichtweisen und zu seinem Handeln auch ein Feedback zu bekommen und ggf. blinde Flecken zu erkennen. Die Möglichkeiten reichen von kollegialer Beratung über Fachberatung bis hin zu Coaching oder Supervision. Besonders hilfreich sind Reflexionspartner, wenn es um Spannungsfelder der TGI geht. Diese können bspw. den Umgang mit den Klienten, den Tieren oder andere Umsetzungsfragen betreffen. Wie stehe ich dazu, wenn ein Klient im Seniorenheim beim Frühstück auf seine Wurst verzichtet und die Scheiben aufbewahrt, um sie nachmittags meinem Hund zu geben? Wie gehen andere mit ähnlichen Situationen um? Was sind angemessene Haltungen und Verhaltensweisen? In der Reflexion kann ich meinen Wissensstand, meine Gefühlsreaktionen, Denk- und Verhaltensmuster erkunden und andere Sichtweisen als die gewohnten in Betracht ziehen. Dadurch ist es möglich, im Sinne von Good Practice miteinander und voneinander zu lernen.

Reflexion der Verantwortung für uns selbst

Als verantwortungsvolle Fachkraft sorgen wir für entspanntes Miteinander, behalten die Ziele im Blick und regen achtsame Interaktionen von Klient und Tier an. Um dafür langfristig die eigene Motivation, Aufmerksamkeit und Kraft zu erhalten, muss sich die tiergestützte Arbeit an unseren persönlichen Kompetenzen und Stärken ausrichten sowie unsere zeitlichen Kapazitäten berücksichtigen. Diese können ebenfalls in kollegialer Beratung, Intervision und Supervision, Beratung oder Coaching betrachtet werden. Darüber hinaus sind wir bei der Arbeit mit unseren Klienten mit berührenden, aber auch belastenden Situationen oder

Schicksalen konfrontiert, sodass die eigene Psychohygiene und Gesunderhaltung nicht außer Acht gelassen werden darf. Wie unsere Tiere auch, brauchen wir Ausgleich in Form von Bewegung, Entspannung, andere Beschäftigungen usw.

» Letztlich geht es darum, die Resilienz und Freude auch für uns selbst zu erhalten. Nur dann können wir auf Dauer einfühlsam und verantwortungsvoll mit uns und anderen umgehen. «

Teil IV

Zu guter Letzt

Fazit, Einordnung und Highlights

In der TGI setzen wir uns für Klienten ein. Jeder von ihnen hat Anliegen und Ziele, die erreicht werden sollen. Viele von ihnen sind zudem durch ihren biografischen Rucksack belastet. Wir stehen daher in der Pflicht, uns nach bestem Wissen mit unseren sozialen und fachlichen Kompetenzen für ihr Wohl einzusetzen. Dies gelingt in der TGI nur, wenn wir gleichermaßen auf das Wohl unserer Tiere bedacht sind.

Je aufrichtiger wir Beziehungen zu ihnen eingehen, und je enger wir gemeinsam mit ihnen im Alltag und in der TGI kooperieren, umso besser gelingt der Prozess für und mit den Klienten. Wenn wir erkennen, wie unsere Tiere die Welt erleben, welche Fähigkeiten sie besitzen, welche besonderen Bedürfnisse sie haben und wie ähnlich sie uns zugleich in Vielem sind, können wir ihnen im Alltag und in der TGI gerecht werden. Um das zu schaffen, müssen veraltete Vorstellungen über Tiere und überholte Umgangsweisen gründlich geändert werden.

Das betrifft bspw. die Entwicklung von Tieren. Wie bei Menschen auch, hängen das Verhalten und die Persönlichkeit sowie das Denken, Fühlen und Kommunizieren der Tiere von Umwelteinflüssen, Sozialisation und Lernmöglichkeiten ab. Sie durchleben Entwicklungsphasen, wie Kindheit und Pubertät. Persönlichkeitsaspekte, Beziehungsverhalten und Sozialkompetenzen, Aggressionsverhalten, Stressanfälligkeit und -verarbeitung sind nicht einfach Instinkthandlungen, sondern wie beim Menschen durch die sozialen Erfahrungen während des Aufwachsens geformt (Sachser et al., 2022). Wir müssen uns vor Augen halten, dass wir Menschen es sind, die den Großteil der Lebensbedingungen und sozialen Erfahrungen der Tiere bestimmen. Eine gute Versorgung, soziale Einbindung, die Erfahrung von Zuneigung, Beständigkeit und Halt, ein freudvoller Alltag, die Möglichkeit Einfluss nehmen zu können – all das wirkt sich positiv auf das Wohlbefinden und auf die Persönlichkeitsentwicklung aus. Diese Tiere sind sozial verträglicher, sie sind sicherer, fröhlicher und vertrauensvoller, haben optimistische Züge und sind weniger stressanfällig (ebd.). Nicht nur mit Blick auf ihre Eignung für die TGI, sondern insbesondere um ihrer selbst willen schulden wir unseren Tieren daher beste Bedingungen im Alltag und im Einsatz. Um den Tieren ebenso gerecht zu werden wie den Menschen, hilft ein erweitertes ethisches Verständnis, das beide gleichermaßen einschließt (vgl. Pelluchon, 2019). Dabei sind zwei Grunderkenntnisse leitend: Erstens bestehen hohe Übereinstimmungen und Ähnlichkeiten zwischen Menschen und nicht-menschlichen Tieren. Um es aus menschlicher Perspektive mit den Worten von Sachser et al. (2022, S. 10) auszudrücken: »Es steckt sehr viel mehr Mensch im Tier, als wir es uns vor wenigen Jahren noch haben vorstellen können«. Zweitens bestehen artspezifische und individuelle Besonderheiten, die sowohl bei den Tieren als auch bei den Klienten zu berücksichtigen sind.

Die vorhergehenden Kapitel zeigen, dass eine gelingende, achtsame TGI untrennbar mit ethischen Überlegungen und respektvollem Umgang verknüpft ist. Ohne ethisches Handeln können wir weder den Tieren noch den Klienten gerecht werden, ohne ethisch fundierte Konzepte fehlt die Qualität in der TGI. Zum Umgang mit Klienten gibt es in sozialen, therapeutischen, pädagogischen und medizinischen Handlungsfeldern bereits Aussagen zur Ethik und Qualität, bspw. in Form von Leitbildern, Empfehlungen, Vorgaben usw. Sie sind für das Gelingen der Arbeit mit den jeweiligen Menschen wichtig. Die Überlegungen in diesem Buch verstehen sich als wesentliche Ergänzungen dazu, mit Blick auf die Klienten wie auch auf die Tiere. Die Leitlinien und Reflexionsfragen helfen dabei, geeignete Grundlagen für eine gute Qualität der TGI zu schaffen.

» Erst wenn die Bedürfnisse und Interessen *aller* Beteiligten berücksichtigt sind, können sich die gewünschten positiven Effekte entfalten. «

In den vorhergehenden Kapiteln haben wir ethische Aspekte ausführlich und praxisbezogen beschrieben. Um die so entstandene Komplexität wieder zu reduzieren und übersichtlich zu machen, können sie den vier ethischen Grundsätzen von Beauchamp und Childress zugeordnet werden, wie es Wohlfarth und Hediger (2022, in Bezug auf Wohlfarth & Beetz, 2021 und Hediger, Grimm & Aigner, 2021) für die TGI angeregt haben. Sie wurden erstmals Ende der 1970er Jahre für die Medizinethik, d. h. mit Blick auf Patienten verfasst. Auf die TGI angewendet können sie ebenfalls als Säulen für Qualität angesehen werden. Unsere in den Kapiteln zuvor beschriebenen Leitlinien helfen dabei, die vier Grundsätze zu konkretisieren und mit Leben zu füllen.

Die vier Grundsätze

Der erste Grundsatz, der **Respekt** (*respect for autonomy*), bezieht sich auf die Würde und Autonomie der Tiere (s. Kap. Ethik). Er weist auf die Mit- und Selbstbestimmungsfähigkeit von Tieren hin und darauf, dass sie eigene Empfindungen, Sichtweisen und Absichten haben und daher eigene Entscheidungen treffen (s. Kap. Beteiligung). In der TGI steht er für Freiwilligkeit und Beteiligung der Tiere. Unsere Aufgabe als Fachkräfte liegt zum einen darin, die Umweltbedingungen und Abläufe im Alltag und in der TGI so anzureichern und zu gestalten, dass Tiere eigene Entscheidungs*möglichkeiten* haben. Zum anderen haben wir im alltäglichen Miteinander und im Training die Entscheidungs*fähigkeit* der Tiere zu fördern (s. Kap. Beziehung, Kap. Kommunikation, Kap. Beteiligung).

Der zweite Grundsatz, das **Nichtschaden** (*nonmaleficence*), verweist auf das präventive wie auch akute Verhindern von negativen Auswirkungen für das Tier. Er bezieht sich auf die physische und psychische Ebene, auf die Alltags- und Einsatzbedingungen und auf direkte oder spätere Schäden. Unsere Aufgabe ist es daher, die Welt mit den Augen des Tieres zu sehen und zu verstehen, was sich schädlich auswirken könnte bzw. was aus seiner

Perspektive als schädlich empfunden wird. Umgekehrt formuliert: TGI muss durch und durch unschädlich sein. Was dazu im Blick zu behalten ist, ist ebenfalls in den Kapiteln zu Wohlbefinden, Emotionen, Beziehung, Kommunikation und Beteiligung zu finden.

Eng verknüpft mit dem Nichtschaden bzw. Wohlbefinden ist der dritte Grundsatz, die **Fürsorge** (*beneficence*). Er besagt, dass wir Fachkräfte verpflichtet sind, alles dafür zu tun, dass es jedem Tier in seinem Sinne gut geht. Das erfordert, dass die Bedürfnisse, Wünsche, Erlebensweisen und Emotionen jedes Tieres ernstgenommen werden. Unsere Aufgabe ist es, die Lebens- und Einsatzbedingungen an den Bedürfnissen und Interessen eines jeden Tieres auszurichten. Dazu gehört z.B. sich für das Tier verantwortlich zu fühlen, eine verlässliche Vertrauensperson zu sein, für das Tier berechenbar und verständlich zu sein, die Grundlagen für Wohlbefinden zu sichern, im von Menschen geprägten Alltag und in der TGI für Mehrwert und Freude zu sorgen (s. Kap. Eignung, Training, Tierhaltung und Kap. Durchführung).

Der vierte Grundsatz, **Gerechtigkeit** (*justice*), bezieht sich u.a. auf das moralische Gleichheitsprinzip (s. Kap. Ethik), und dass das Tier im Alltag und im TGI-Dreieck als eigenständiges Subjekt anerkannt (s. Kap. Systemisches) bzw. als gleichwürdige Persönlichkeit einbezogen wird (vgl. Wohlfarth & Hediger, 2022) (s. Kap. Wohlbefinden). Das bedeutet, dass die Tiere mit ihren Anliegen und in ihrer Würde ebenso ernstgenommen werden wie die Klienten (s. Kap. Beziehung). Er ergänzt den Grundsatz des Respekts. Unsere Aufgabe ist es dafür zu sorgen, dass jedes Tier entsprechend seiner Persönlichkeit, Talente und Neigungen in den TGI-Prozess einbezogen wird. Es muss ebenso von den entstehenden positiven Effekten der Interventionen profitieren können wie der Klient und einen Mehrwert in der TGI finden. Wir gestalten daher die Tierhaltung, das Training und den Einbezug in die Interventionen so, dass sie im Einklang mit den Bedürfnissen und Wünschen des Tieres stehen (s. Kap. Eignung, Training, Haltung, Kap. Durchführung).

Ethische Grundlagen und Durchführungsprinzipien in Bezug zu den Prinzipien von Beauchamp & Childress (1979)

Es kann vorkommen, dass nicht in jeder Situation oder zu jedem Zeitpunkt dem Wunsch oder Verhaltensimpuls des Tieres entsprochen werden kann, z. B. wenn ein Hund zum Spiel auffordert oder ein Schaf näheren Kontakt sucht, doch der Klient noch nicht bereit dazu ist. Oder wenn ein Pferd trotz Erschrecken entgegen seinen Fluchtimpuls stehen bleiben muss, damit der Klient auf seinem Rücken nicht herunterfällt. Diese Bereitschaft der Tiere zur Anpassung, Zurückhaltung und Impulskontrolle kann nur durch Vertrauen, Wertschätzung, Zuneigung und Lob erreicht werden. Zugleich brauchen die Tiere stets auch die Möglichkeit, ihren Impulsen zu folgen, Zustimmung oder Ablehnung auszudrücken, selbstgewählten Abstand einzunehmen oder sich zurückzuziehen.

» Letztlich zeigen sich die Grundsätze des Respektes, des Nichtschadens, der Fürsorge und der Gerechtigkeit daran, dass die Interventionen weder zu Lasten des Tieres noch zu Lasten des Klienten oder der Fachkraft durchgeführt werden. «

Zudem helfen diese Grundsätze, etwaige Interessenskonflikte zu erkennen und dafür Lösungsstrategien zu finden (Marckmann, 2000). Ein möglicher Interessenskonflikt kann durch die Erwartungshaltungen von Auftraggebern und Klienten entstehen. Die Menschen, die zu uns in die TGI kommen, repräsentieren die gesellschaftliche Vielfalt an Kenntnissen und Meinungen über Tiere bzw. Tierarten. Es kann daher sein, dass wir im Rahmen unserer Tätigkeit auf Menschen treffen, die stets einen direkten Kontakt mit dem Tier erwarten oder auch bestimmte Vorstellungen von »braven« und »folgsamen« Tieren haben, z.B. dass sie jedes Kommando ausführen oder sich streicheln lassen müssen. Daran bemisst sich u.U. die Bewertung, ob das Tier oder die TGI-Einheit »gut« gewesen ist.

Als Fachkräfte sind wir Fürsprecher für unsere Tiere bzw. für nicht-menschliche Lebewesen allgemein. Tiere brauchen unseren Rückhalt. Sie sind darauf angewiesen, dass wir als Dolmetscher ihre Mitteilungen und Signale übersetzen (Drees, 2018). Indem wir die Stimme der Tiere sind, erleben die Klienten neue Möglichkeiten im achtsamen Umgang mit anderen. Darüber schaffen wir die Grundlage für empathisches Mitempfinden sowie wachsende Sensibilität und Wertschätzung.

Die Unterschiede zwischen uns und unseren Tieren sind nur graduell. Es gibt noch viel zu entdecken. Denn wenn wir berücksichtigen, dass sich ein Gehirn so entwickelt, wie es benutzt wird (Hüther, 2010), dann müssen wir uns eingestehen, dass viele der im Labor entstandenen Forschungserkenntnisse die komplexen Fähigkeiten von sozial lebenden Tieren nicht umfassend abbilden können. Verhaltensforschung an Labortieren, die mit sehr eingeschränkten Lebensbedingungen zurechtkommen müssen, erfasst nur anteilig das Vermögen von Tieren, die ursprünglich unter völlig anderen Bedingungen leben. Wie beim Menschen gehen wir davon aus, dass auch Tiere unter günstigen und förderlichen Bedingungen ihr Potenzial entfalten und Fähigkeiten offenbaren, die sie unter eintönigen bzw. schlechten Bedingungen nicht zeigen oder nicht entwickeln. Tiere im Labor zeigen Verhaltensweisen, die zu ihren Lebensumständen passen. Das legt bspw. der Versuch der kichernden Ratten nah (Brecht et al., 2023). Dieses Verhalten wurde nur entdeckt, weil die Forscher im Labor überhaupt die Frage danach stellten und sich den Ratten gegenüber entsprechend verhielten: Sie kitzelten die Tiere. Viele private Rattenhalter haben die Fähigkeit ihrer Tiere vielleicht weit früher bemerkt, weil sie anders mit ihnen leben und interagieren.

» Wir müssen also genau hinschauen, uns einfühlen und die richtigen Fragen stellen, um das Potenzial von Tieren zu erkennen und zu fördern. «

So ist anzunehmen, dass die besonderen Bedingungen der Therapiebegleittiere, z.B. die intensive Beziehung und Kommunikation mit Menschen und der Einbezug in komplexe Interaktionen, auch einen entsprechenden Einfluss hat. Hier steht die Begleitforschung erst am Anfang. Doch aus den Praxisbeobachtungen geht hervor, dass viele der Tiere ausgeprägte Kompetenzen entwickeln, die sie erst durch den Einbezug in die TGI entfalten und zeigen.

> » Die Faszination an TGI liegt nicht nur darin, dass es sehr erfüllend ist, mit Tieren zusammen zu sein und sie in Interaktionen zu erleben. Es sind darüber hinaus die vielen erstaunlichen und berührenden Momente, in denen etwas zwischen Mensch und Tier geschieht, das durch die Wirkfaktoren der TGI dann eben doch nur annähernd zu erklären ist und stets ein bisschen magisch wirkt. «

Bei näherem Hinsehen wird deutlich, dass dies nur durch ein umfassendes Konzept möglich wird, das auf den Aspekten Wohlbefinden, Emotionen, Beziehung, Kommunikation und Beteiligung basiert.

Beate und Lilli (alle Namen geändert)

Durch eine unheilbare, fortschreitende Erkrankung verbringt Marianne ihre letzten Lebenswochen in einem Hospiz und hat bereits mehrfach und über längere Zeit Unterstützung von einem ausgebildeten TGI-Team, der Palliative Care-Fachkraft Beate und ihrer Therapiebegleithündin Lilli empfangen. Die große Pudeldame freut sich stets auf die Besuche. An dem betreffenden Tag geht es Marianne allerdings sehr schlecht. Ihre Kräfte haben stark nachgelassen, sie ist mittlerweile oft in einem Dämmerzustand und wirkt heute sehr angespannt, kämpfend, verängstigt. Sie liegt auf dem Rücken, ihr Atem ist flach und schnell. Beate redet mit Marianne, hält ihre Hand, doch ihr Zustand bleibt unverändert. Nach einer kurzen Nachfrage von Beate entscheidet Lilli, sich auf das Bett zu Marianne zu legen, der Länge nach und ganz nah, nur getrennt durch das dünne Nachthemd. Marianne spürt das Fell, die Wärme und die Atmung von Lilli. Jenseits ihres Wachbewusstseins nimmt sie die vertraute Hündin mit allen Sinnen wahr. Es dauert nicht lang und Mariannes Atmung beruhigt sich, nach einigen weiteren Momenten schläft sie, um einiges entspannter, ein. Die Atmung von Marianne und Lilli ist im

Gleichklang. Lilli bleibt ein paar Minuten liegen, steht dann auf und steigt vom Bett. Beate hat währenddessen auf einem Stuhl neben dem Bett gesessen. Lilli signalisiert ihr, dass sie jetzt das Zimmer verlassen möchte und beide gehen leise hinaus.

Inge und die Schafzeit

Inge ist Psychologin und bietet auf ihrem Hof Entspannungstraining für Gruppen und Einzelpersonen an. Zum Konzept »Schafzeit«, als Auszeit vom Alltag, fand sie durch ihre eigenen Erfahrungen. Um nach belastenden Arbeitstagen aufzutanken, setzte sie sich zur Entspannung auf eine Decke auf der Schafweide, um dort die grasenden Tiere zu beobachten. Die Nähe zu ihnen tat ihr gut, auch das Meditieren fiel ihr dort leichter. Die Schafe zeigten schnell Interesse an diesen besonderen Momenten und gesellten sich dazu, um zu ruhen oder wiederzukäuen. So nahmen sie Inge immer mehr in ihre Mitte auf. Mittlerweile kommen die Schafe freudig angelaufen, sobald Inge die Decke auf der Weide ausbreitet. Auch Inges Klienten werden von den Schafen angenommen, es entsteht dann jeweils ein bunte Schaf-Mensch-Herde. Das Gefühl der Ruhe und des friedvollen Miteinanders, die Nähe und das Angenommensein berührt die Klienten sehr tief.

Brigitte und Susi

Brigitte ist Pädagogin und Schulmediatorin und wird von ihrer Therapiebegleithündin Susi unterstützt. Susi freut sich schon auf den Schulbesuch, sobald Brigitte die dafür vorgesehene Tasche packt. Diesmal geht es um eine Kindergruppe, die einen Streit klären möchte. Auch wenn alle Kinder bemüht sind, sich im Stuhlkreis an die Rederegeln zu halten, sind dennoch alle unruhig und hochemotional. Eine Ausnahme ist Kyra. Sie wirkt ängstlich, traurig und sagt kein Wort. Dafür reden alle anderen umso aufgeregter durcheinander, sodass Brigitte Mühe hat zu verstehen, was passiert ist. Nach einer Weile verlässt Susi ihren Platz neben Brigitte und legt sich vor Kyras Stuhl. Einen Moment später steht Susi wieder auf und legt ihren Kopf auf das Knie des Mädchens, sodass diese sie streicheln kann. Kyra wirkt dadurch sichtlich gestärkt und beginnt, sich am Gespräch zu beteiligen. Susi lässt sich dabei noch eine Zeit weiter streicheln und legt sich dann in die Mitte der Kinderrunde. Währenddessen konnte Brigitte den Streithergang mit den Kindern klären und alle beteiligen sich konstruktiv an den Wiedergutmachungsvorschlägen. Zum einenden Abschluss gibt es noch ein kurzes Spiel mit Susi, die freudig mitmacht.

Paul und die Ponys

Paul ist Landwirt und bezieht als Fachkraft für TGI seine Ponys Fred, Linus und Flocki in tiergestützte Aktivitäten ein. Für das benachbarte Erwachsenenwohnheim bietet er einmal wöchentlich einen dreißigminütigen Spaziergang an. Robert, ein junger Mann im autistischen Spektrum, war bereits dreimal dabei, verhielt sich bislang aber zurückhaltend. Beim heutigen Spaziergang ist erstmalig die Betreuerin Marta dabei. Sie arbeitet im Wohnheim und kennt Robert seit einigen Monaten, allerdings hat er noch nie mit ihr gesprochen. Marta freut sich auf die Abwechslung, mit Pferden und Ponys hat sie bislang aber keine Erfahrung. Paul übergibt Flockis Führstrick an Robert. Er hat bemerkt, dass Robert das weiße Pony sehr mag, da er sich stets in dessen Nähe stellt. Marta ist beeindruckt, wie sanft und doch souverän Robert das Pony führt, ohne ein Wort mit ihm zu sprechen – das sagt sie ihm auch. Robert zeigt keine Reaktion. Zur Verabschiedung am Ende des Spaziergangs stehen alle Menschen beisammen, die Ponys bewegen sich frei. Unbemerkt tritt Flocki an Marta heran und schnaubt, woraufhin sie erschrickt. Da sagt Robert: »Alles gut, Marta, Flocki tut nichts.« Marta ist verblüfft und berührt, weil Robert zum ersten Mal mit ihr spricht und sogar ihren Namen nennt.

Andrea und Gundula

Henne Gundula und ihre kleine Hühnerschar begleiten Senioren-Assistentin Andrea einmal wöchentlich ins Seniorenstift zu einem Gruppenangebot. Für Frau Meier ist es das Wochenhighlight. Sie genießt das Streicheln und den Geruch von Gundula, der Kindheitserinnerungen weckt. Wenn Gundula auf dem Schoß der alten Dame sitzt und leise gackert und gurrt, ist Frau Meier glücklich. Die Henne kuschelt sich ein, zupft mit dem Schnabel vorsichtig das untergelegte Handtuch zurecht, genießt die Wärme und die ruhigen, zarten Berührungen von Frau Meier. So versinken die beiden in vertrauensvollem Bezogensein aufeinander. Andrea weiß um die besondere Beziehung zwischen Gundula und Frau Meier und bemüht sich stets, die begrenzte Besuchszeit für beide so lang wie möglich zu gestalten. Daher wird Gundula meist als erste vorsichtig zu Frau Meier gehoben. Manchmal kümmert sich Andrea aber zuvor um andere Klienten und Tiere. Gundula wartet dann nicht ab, sondern sucht sich ihren Weg durch den Sitzkreis zu Frau Meier. Dann hüpft sie zielstrebig über die Fußstütze des Rollstuhls auf deren Schoß und macht es sich bequem.

Es ließen sich zahlreiche weitere Beispiele beschreiben, die das Potenzial der TGI offenbaren. Die in diesem Buch dargestellten Bausteine sind eine wichtige Basis, damit es sich entfalten kann.

> » Als Faustregel gilt: Achtsame, wertschätzende und qualitätsvolle TGI findet auf Augenhöhe statt und ist für Klient und Tier gleichermaßen als Mehrwert gestaltet. «

Qualitätvolle TGI ist nicht vereinbar mit Geschäftsmodellen, die auf einer Nutzung und Instrumentalisierung der Tiere aufbauen. Fragwürdige Angebote, wie z. B. Tiere als Heilmittel anzupreisen, fertig ausgebildete »Therapietiere« zum Kauf anzubieten oder Tiere für die TGI an Durchführende zu verleihen, werden zurecht heftig kritisiert (vgl. Foltin, 2022). Gelingende TGI basiert auf den gemeinsam entwickelten Stärken des individuellen Fachkraft-Tier-Teams, auf der gefestigten Beziehung, dem gegenseitigen Vertrauen, der abgestimmten Kommunikation und der eingespielten Kooperation. Dazu braucht es zuallererst das Engagement von uns Fachkräften, uns entsprechende Kenntnisse und Fähigkeiten anzueignen, innere Haltungen zu entwickeln und all dies ins achtsame Tun zu übersetzen. Unser Leitziel sollte stets sein, für alle Beteiligten im Interventionsdreieck eine win-win-win-Situation herzustellen. Dadurch werden wir zu Botschaftern für gelingende Mensch-Mensch- und Mensch-Tier-Beziehungen und für die Wertschätzung allen Lebens.

Service

Gesamtliteratur

Ach, J.S. (2015). Tierethik. In Ferrari, A.; Petrus, Kl. (Hg.) (2015). Lexikon der Mensch-Tier-Beziehungen. Bielefeld: Transcript Verlag. S. 340–343.

Alexander et al. (2021). The neuroscience of positive emotions and affect: Implications for cultivating happiness and wellbeing. Neuroscience and Biobehavioral Review 121 (2021) 220–249. https://doi.org/10.1016/j.neubiorev.2020.12.002, 2023–04–01

Agamben, G. (2014). Das Offene. Der Mensch und das Tier. 4. Auflage. Frankfurt/Main: Suhrkamp.

Andresen, S. (2015). Kinderschutz im Alltag. Multidimensionale Perspektiven und Konzepte. In: Crone, G.; Liebhardt, H. (Hrsg.): Institutioneller Schutz vor sexuellem Missbrauch. Achtsam und verantwortlich handeln in Einrichtungen der Caritas. Weinheim, Basel: Beltz Juventa, S. 117–126.

Animal Welfare Foundation, www.animal-welfare-foundation.org

Bekoff, M. (2008). Das Gefühlsleben der Tiere. Bernau: Animal Lern Verlag.

Bekoff, M. (2010). Encyclopedia of Animal Rights and Animal Welfare. Greenwood Press.

Bekoff, M. (2022). Bumble Bees play with balls and may even enjoy it. If we call an activity »play« for mammals, is it also play and fun for bees? In: Psychology Today. https://www.psychologytoday.com/us/blog/animal-emotions/202211/bumble-bees-play-balls-and-may-even-enjoy-it

Bender, S. (2014). Paul Watzlawick. www.paulwatzalwick.de 2023–01–03

Birmelin, I. (2014). Macho oder Mimose. So erkennen Sie die Persönlichkeit Ihres Hundes und schaffen eine innige Bindung. München: Gräfe und Unzer.

Birnbacher, D. (2015). Utilitarismus. In Ferrari, A.; Petrus, Kl. (Hg.) (2015). Lexikon der Mensch-Tier-Beziehungen. Bielefeld: Transcript Verlag. S. 399–401.

Bosch, E. (2011). Respektvolle Begegnung: selbstbestimmtes Leben. Arnheim: Bosch & Suykerbuyk.

Bräuer, J.; Belger, J. (2018). A ball is not a Kong: Odor representation and search behavior in domestic dogs (Canis familiaris) of different education. Journal of Comparative Psychology, 132(2), 189–199. https://doi.org/10.1037/com0000115

Brandes, S.; Stark, W. (2021). Empowerment/Befähigung. Bundeszentrale für gesundheitliche Aufklärung. Leitbegriffe. Aktuelle Version 08.03.2021. doi:10.17623/BZGA:Q4-i010–2.0 ; 2023–02–21

Broom, D. M. (2010). Cognitive ability and awareness in domestic animals and decisions about obligations to animals. Applied Animal Behaviour Science, 126(1–2), 1–11. https://doi.org/10.1016/j.applanim.2010.05.001

Bundestierärztekammer e.V. (BTK) (2015). Empfehlungen zur Umsetzung des »Ethik-Kodex der Tierärztinnen und Tierärzte Deutschlands«. https://www.bundestieraerztekammer.de/tieraerzte/beruf/ethik/ 2023–06–17

Butler, K. (2004). Therapy dogs today: their gifts, our obligation. Funpuddle Publishing Associates.

Chittka, L. (2022). The mind of a bee. Princeton University Press. Online-Vortrag: https://www.youtube.com/watch?v=Iut33k3MHyI 2023–02–12

Ciompi, (1998). Affektlogik. Über die Struktur der Psyche und ihre Entwicklung.
Ein Beitrag zur Schizophrenieforschung. Heidelberg: Carl Auer.

Cojocaru, M.-D. (2021). Menschen und andere Tiere. Plädoyer für eine leidenschaftliche Ethik. Darmstadt: Wissenschaftliche Buchgesell schaft.

Cowen, A. et al. (2018). Mapping 24 Emotions Conveyed by Brief Human Vocalization. DOI:10.1037/amp0000399 ; https://s3-us-west-1.amazonaws.com/vocs/map.html# 2023–01–15

Damasio, A. (2017). Im Anfang war das Gefühl: Der biologische Ursprung menschlicher Kultur. München: Siedler Verlag.

David, F. (1999). Animal ethics and animal welfare science: bridging the two cultures. In Applied Animal Behaviour Science, H. 65, 1999, S. 171–189

De Waal, F. (2016). Are we smart enough to know how smart animals are? London: Granta.

De Waal, F.; Andrews, K. (2022). The question of animal emotions. Do animals, including invertebrates, have felt emotions and does this morally matter? https://www.science.org/doi/10.1126/science.abo2378 2023–02–12

Dibnah, A. J. et al. (2022): Vocally mediated consensus decisions govern mass departures from jackdaw roosts. Current Biology, Volume 32, Issue 10, May 23rd 2022, Seite R455 – R456.

Donaldson, S.; Kymlicka, W. (2015). Staatsbürgerschaft. In: Ferrari, A.; Petrus, K. (2015). Lexikon der Mensch-Tier-Beziehung. Bielefeld: Transcript Verlag. S. 329–333.

Drees, C. (2011). Das Hedonische Budget, ein Hilfsmittel zur Überprüfung oder Verbesserung der eigenen Tierhaltung. In: tiergestützte 1/2011, S. 22–24.

Drees, C. (2017). Neurozeption. Handout im Rahmen der Ausbildung am Institut Einsatz für Tiere, 2017.

Drees, C. (2018). Pforte auf... TGI. Die möglichst freie Begegnung von Mensch und Tier. Worpswede: Eigenverlag.

Duncan, I. J. H., Fraser, D. (1997). Understanding animal welfare. In: Appleby, M.C., Hughes, B.O. (Hrsg.). Animal Welfare. Wallingford, UK 1997, S. 19–31

Eckardt, S., Hemme, D. (2014). Tiere als Verlierer der Moderne? Der Wandel der Beziehungen zwischen Menschen und Tieren im interdisziplinären Blick. Tagungsbericht. Institut für Kulturanthropologie/Europäische Ethnologie, Georg-August-Universität Göttingen. http://hsozkult.geschichte.hu-berlin.de/tagungsberichte/id=5744&view=pdf 2017–11–10

Edgar, J.L. (2011). Avian maternal response to chick distress. https://www.researchgate.net/publication/50351079_Avian_maternal_response_to_chick_distress 2023–02–21

Engels, E.-M. (2015). Darwin/Darwinismus. In Ferrari, A.; Petrus, Kl. (Hg.) (2015). Lexikon der Mensch-Tier-Beziehungen. Bielefeld: Transcript Verlag. S. 69–73.

Fabry, G. (2018/2021). Grundlagen der Kommunikation. In: Deinzer, R.; von dem Knesebeck, O. (Hg.) (2018). Online Lehrbuch der Medizinischen Psychologie und Medizinischen Soziologie. Berlin: German Medical Science GMS Publishing House.

Fachstelle Ergänzende Unabhängige Teilhabeberatung (EUTB). Wörterbuch Teilhabe. Teilhabe. Leichte Sprache übersetzt von Marlene Seifert. https://www.teilhabeberatung.de/de-ls/woerterbuch/teilhabe 2022–12–19

Falconer-Taylor, R.; Neville, P.; Strong, V. (2013). Emotionen einschätzen, Hunde verstehen. Das EMRA™–System als individuelle Herangehensweise an Verhaltensprobleme und deren Therapie. München: Cadmos-Verlag.

Feddersen-Petersen, D.U. (2008). Ausdrucksverhalten beim Hund. Mimik und Körpersprache, Kommunikation und Verständigung. Stuttgart: Franckh-Kosmos Verlag.

Feddersen-Petersen, D. (2016). Anpassungsähnlichkeiten im Sozialverhalten zwischen Hunden und Menschen: Möglichkeiten und Verpflichtungen. Unveröffentlichtes Skript.

Fegert, J.M.; Schröer, W.; Wolff, M. (2017). Persönliche Rechte von Kindern und Jugendlichen. Schutzkonzepte als organisationale Herausforderungen. In: Wolff, M.; Schröer, W.; Fegert, J.M. (Hrsg.). Schutzkonzepte in Theorie und Praxis. Weinheim, Basel: Beltz. S. 14–24

Ferrari, A. (2015). Eigenwert. In: Ferrari, A.; Petrus; Kl. (Hg.) (2015). Lexikon der Mensch-Tier-Beziehungen. Bielefeld: Transcript Verlag. S. 455–466.

Ferrari, A. (2015). Gleichheitsprinzip. In Ferrari, A.; Petrus, Kl. (Hg.) (2015). Lexikon der Mensch-Tier-Beziehungen. Bielefeld: Transcript Verlag. S. 134–136.

Filippi, P. et al. (2017). Humans recognize emotional arousal in vocalizations across all classes of terrestrial vertebrates: evidence for acoustic universals. https://royalsocietypublishing.org/doi/10.1098/rspb.2017.0990 2023–01–15

Foltin, S. (2022). »In den Warenkorb" – neue Ausbildungstrends der tiergestützten Intervention des Mensch-Hund-Teams. In: Tierethik. Zeitschrift. S. 60–78

Foltin, S. (2023). Black Dog: Depressionen und andere psychische Erkran kungen beim Hund. Nerdlen/Daun: Kynos Verlag.

Frank, C. (2022). Wie gelingt pädagogische Beziehungsarbeit? Erfahrungswissen von Fachkräften aus den Hilfen für junge Wohnungslose. In: Theorie und Praxis der Sozialen Arbeit. Nr. 4/2022. Weinheim, Basel: Beltz Juventa. S. 314–324.

Fritz-Schubert, E. (2017). Lernziel Wohlbefinden. Entwicklung des Konzeptes »Schulfach Glück« zur Operationalisierung und Realisierung gesundheits- und bildungsrelevanter Zielkategorien. Weinheim, Basel: Beltz Juventa.

Fuchs, E. et al. (2021). Acoustic structure and information content of trumpets in female Asian elephants (Elephas maximus). Plos One. https://doi.org/10.1371/journal.pone.0260284 2024–03–03

Gahleitner, S.B. (2017). Soziale Arbeit als Beziehungsprofession. Bindung, Beziehung und Einbettung professionell ermöglichen. Weinheim, Basel: Beltz Juventa.

Gansloßer, U.; Kitchenham, K. (2015). Beziehung – Erziehung – Bindung. Forschung im Dienst des Mensch-Hund-Teams. Stuttgart: Kosmos.

Gansloßer, U. (2023). Grundlagen moderner Verhaltensbiologie. In: Gansloßer, U. (Hrsg.). Verhaltensphysiologie & -medizin. Wie innere Zustände das Verhalten beim Hund steuern. Stuttgart: Franckh-Kosmos. S. 9–16.

Garner, R. (2015). Freiheit. In Ferrari, A.; Petrus, Kl. (Hg.) (2015). Lexikon der Mensch-Tier-Beziehungen. Bielefeld: Transcript Verlag. S. 117–120.

Glenk, L.M. (2014). Die Tierperspektive der tiergestützten Therapie: Welche Rolle spielt Animal Welfare? In: Fachzeitschrift »tiergestützte«. Tiergestützte Therapie, Pädagogik & Fördermaßnahmen. Ausgabe Nr. 2/2014, S. 25–30.

Glenk, L.M. et al. (2014a). Salivary cortisol and behavior in therapy dogs during animal-assisted interventions: A pilot study. In: Journal of Veterinary Behavior, 9 (2014), S. 98–106. doi: 10.1016/j.jveb.2014.02.005

Glenk, L.M. (2017). Current Perspectives on Therapy Dog Welfare in Animal-Assisted Interventions. National Library of Medicine. doi: 10.3390/ani7020007 2023–11–01

Glenk, L.M. (2020). A Dog's Perspective on Animal-Assisted Interventions. In: Pets as Sentinels, Forecasters and Promoters of Human Health , S. 349–365.

Glenk, L.M. (2022). »Animal Welfare«: Voraussetzungen für den Einsatz entspannter Tiere. Handout zum Online-Vortrag am Institut Tiere im Einsatz, Bettina Freimut.

Glenk, L.M.; Foltin, S. (2021) Therapy dog welfare revisited: A review of the literature https://www.mdpi.com/2306–7381/8/10/226

Göhlich, M. (2011). Reflexionsarbeit als pädagogisches Handlungsfeld. Zur Professionalisierung der Reflexion und zur Expansion von Reflexionsprofessionellen in Supervision, Coaching und Organisationsberatung. In: Helsper, W.; Tippelt, R. (Hrsg.). Zeitschrift für Pädagogik. Pädagogische Professionalität. Beiheft, 57. Weinheim, Basel: Beltz Juventa. S. 138–152.

Gut, W. et al. (2018). The effect of human interaction on guinea pig behavior in animal-assisted therapy. Journal of Veterinary Behavior: Clinical Applications and Research, 25, 56–64. https://doi.org/10.1016/j.jveb.2018.02.004

Gruen, L. (2017). Sich Tieren zuwenden: Empathischer Umgang mit der mehr als menschlichen Welt In: Schmitz, Friederike (Hrsg.) (2017). Tierethik. Grundlagentexte. Stuttgart: Suhrkamp.

Gygax, L. (2017). Wollen, Mögen und Tierwohl: Die Rolle von affektiven Zuständen in der proximaten Steuerung von Verhalten der Vertebraten. Deutsche Zusammenfassung von: Gygax, L. Wanting, liking and welfare: The role of affective states in proximate control of behaviour in vertebrates. Ethology. 2017, 123, 689–704. https://doi.org/10.1111/eth.12655 2023–08–01

Hagencord, R. (2011). Die Würde der Tiere. Eine religiöse Wertschätzung. Gütersloher Verlagshaus.

Hartung, S. (2011). Partizipation – eine relevante Größe für individuelle Gesundheit? Auf der Suche nach Erklärungsmodellen für Zusammenhänge zwischen Partizipation und Gesundheit. Discussion Paper SP I 2011–303. Wissenschaftszentrum Berlin für Sozialforschung.

Hediger, K.; Zink, R. (2017). Pferdegestützte Traumatherapie. München: Reinhardt-Verlag.

Hedwig, D.; Kohlberg, A. (2024). Call combination in African forest elephants Loxodonta cyclotis. Plos One. https://journals.plos.org/plosone/article?id=10.1371/journal.pone.0299656 2024–03–03

Herwig-Lempp, J. (2002). Beziehungsarbeit ist lernbar. Systemische Ansätze in der Sozialpädagogischen Familienhilfe. In: Pfeifer-Schaupp, H.-U.. Systemische Praxis. Modelle-Konzepte-Perspektiven. Freiburg: Lambertus. S. 39–62.

Höger, D. (2008). Zwischenmenschliche Beziehungen – ganz allgemein gesehen. Vortrag im Rahmen des 5. DPGG-Forums am 26./27.04.2008 http://www.dpgg.de/downloads/ 2022–12–12

Hüther G. (1998). Biologie der Angst. Wie aus Streß Gefühle werden. 2. Auflage. Göttingen: Vandenhoeck & Rupprecht.

Hüther, G. (2005). Bedienungsanleitung für ein menschliches Gehirn. Göttingen: Vandenhoeck & Rupprecht.

IAHAIO (2018). IAHAIO Weissbuch. Definitionen der IAHAIO für Tiergestützte Interventionen und Richtlinien für das Wohlbefinden der beteiligten Tiere. www.iahaio.org 2024–10–02

IAHAIO (2022). The fundamental mind shift of animal consent: Teaching therapy animals to say Yes AND No. Webinarankündigung. https://iahaio.org/the-fundamental-mind-shift-of-animal-consent-teaching-therapy-animals-to-say-yes-and-no/ 2022–12–03

Initiative für gewaltfreies Hundetraining (o.J.). Positionspapier. www.gewaltfreies-hundetraining.ch 2023–12–28

Internationale Gesellschaft für Nutztierhaltung (IGN) (2017). Nutztierhaltung im Fokus. Emotionen und Stimmung bei Nutztieren. Informationsbroschüre der IGN e.V., München.

International Society for Animal Assisted Therapy (ISAAT) (2018). Species List. https://isaat.org/wp-content/uploads/2021/03/Positive-List-Species_2018–03–08-redlist.pdf 2023–12–28

Julius, H. et al. (2014). Bindung zu Tieren. Psychologische und neurobiologische Grundlagen tiergestützter Interventionen. Göttingen: Hogrefe.

Juul, J. (2006). Was Familien trägt. München: Kösel-Verlag.

Kärcher, A. et al. (2012). Sichere Orte schaffen. Ein Qualifizierungsprojekt des SOS-Kinderdorfvereins zur Betreuung psychisch belasteter Kinder und Jugendlicher in stationären Erziehungshilfen. S. 227–244. In: Schmid, Marc et al. (Hrsg.) (2012). Handbuch Psychiatriebezogene Sozialpädagogik. Göttingen: Vandenhoeck und Ruprecht.

Kästner, N. (2022). Redest du mit mir? Bei vertrauten Personen achten Katzen auf den Klang der Stimme. In Bezug auf de Mouzon, C. et al. (2022). Discrimination of cat-directed speech from human-directed speech in a population of indoor companion cats (*Felis catus*). *Anim Cogn* 26, 621 (2023). https://ethologisch.de/bei-vertrauten-personen-achten-katzen-auf-den-klang-der-stimme/ 2023–07–06

Kaiser, S.; Richter, M. (2022). Don't worry, be happy? Ein verhaltensbiologischer Blick auf das Gefühlsleben der Tiere. In: Sachser, Norbert (Hg.). Das unterschätzte Tier. Rowohlt Taschenbuch Verlag.

Kikusui, T. et al. (2022). Increase of tear volume in dogs after reunion with owners is mediated by oxytocin. https://www.cell.com/current-biology/fulltext/S0960–9822(22)01132–0 2023–01–17

Klein et al. (2018). Nachgehakt. Stimmt es eigentlich, dass Tiergestützte Pädagogik in der Jugendhilfe nachweislich wirkt? Newsletter »What Works«. IKJ Mainz, Januar 2018. https://ikj-mainz.de/wp-content/uploads/sites/3/2020/01/21.pdf 2024–05–11

Kockel, J.; Hahn, O. (2017). Tierethik – Der Comic zur Debatte. Paderborn: Wilhelm Fink Verlag.

Kotrschal, K. (2014). Einfach beste Freunde: Warum Menschen und andere Tiere einander verstehen. Wien: Brandstätter.

Kotrschal, K. (2018). Besonderheiten der Mensch-Hund-Beziehung. In: Beetz et al. (2018). Tiergestützte Interventionen. Handbuch für die Aus- und Weiterbildung. München: Reinhardt.

Kotrschal, K. (2022). Der Wolf und wir. Wie aus ihm unser erstes Haustier wurde – und warum seine Rückkehr Chancen bietet. Wien: Brandstätter.

Krämer, St.; Ameli, K. (2022). Tierschutz im Fokus – ein kritischer Blick auf tiergestützte Interaktionen. Tierethische Aspekte tiergestützter Therapie. In: Tierethik, 14. Jg., 2022/2, Heft 25, S. 8–18.

Kriegel, U.; Von Gall, Ph. (2020). Emotionales Bewusstsein bei Tieren und seine politische Bedeutung. Ein agrar-philosophischer Dialog. In: Ullrich, J.; Sommer, M. (Hg.). Tierstudien. Tiere und Emotionen. Berlin: Neofelis-Verlag.

Kühn, M. (2011). Wie sicher ist der »Sichere Ort«? – Einrichtungen der stationären Jugendhilfe als sichere Entwicklungsräume für traumatisierte Mädchen und Jungen. Zeitschrift für Systemische Therapie und Beratung, 29(4), 152–158.

Kühn, M. (2013). Traumapädagogik und Partizipation. In Bausum, J. et al. (Hrsg.). Traumapädagogik: Grundlagen, Arbeitsfelder und Methoden für die pädagogische Praxis, S. 138–148. Weinheim: Beltz Juventa.

Lindquist, K. et al. (2022). The cultural evolution of emotion. https://static1.squarespace.com/static/5b46330c5417fc0e0e8e-de63/t/634310cc118f226aed4e2de0/1665339598751/Lindquist+et+al.+NRP+2022.pdf 2023–02–23

Lohmar, D. (2016). Denken ohne Sprache. Phänomenologie des nichtsprachlichen Denkens bei Mensch und Tier im Licht der Evolutionsforschung, Primatologie und Neurologie. Phaenomenologica 219. Schweiz: Springer-Verlag.

Lorz, A.; Metzger, E. (2019). Tierschutzgesetz. Kommentar. München: Verlag C.H.Beck, 7. Auflage.

Lorenz, K. (1978). Vergleichende Verhaltensforschung, 1978, Wien-New York: Springer

Lu, Y. et al. (2017). Estimating sheep pain level using facial action unit detection. 12th IEEE International Conference on Automatic Face and Gesture Recognition (FG 2017). ResearchGate. DOI:10.1109/FG.2017.56 2022–11–25

Lundblatt, J. et al. (2020). Facial expressions of emotional stress in horses. bioRxiv. The Preprint Server of Biology. doi: https://doi.org/10.1101/2020.10.19.345231 2023–11–10

Mandel-Briefer, E. (2022–04–16). Eine KI verbessert das Tierwohl. Binary Dreams. Magazin zu Data und AI. https://www.trivadis.com/de/magazine/elodie-briefer 2023–02–12

Marckmann, G. (2000). Was ist eigentlich prinzipienorientierte Medizinethik? Ärzteblatt Baden-Württemberg. Amts- und Mitteilungsblatt der ärztlichen Körperschaften 12/2000. Gentner Verlag.

Marino, L. (2017). Thinking Chickens: a review of cognition, emotion, and behavior in the domestic chicken. doi: 10.1007/s10071-016-1064-4 2023-12-08

Marliani, J. (2023). Innere Haltung und Alltagsimpulse. Unveröffentlichtes Manuskript.

Maturana, H.; Varela, F. (1987). Der Baum der Erkenntnis. München: Scherzverlag.

May, M. (2017). Die Bedeutung non-verbaler Kommunikationsformen für personenbezogene soziale Dienstleistungen. Widersprüche: Zeitschrift für sozialistische Politik im Bildungs-, Gesundheits- und Sozialbereich, 37(143), 97–121. https://nbn-resolving.org/urn:nbn:de:0168-ssoar-66282-2

Meijer, E. (2018). Die Sprachen der Tiere. Naturkunden No. 44. Berlin: Matthes & Seitz

Mendl, M.; Paul, E. (2004). Consciousness, emotion and animal welfare: insights from cognitive science. Animal Welfare13/2004. Cambridge University Press. S. 17–25.

Mendl, M.; Paul, E. (2020). What is Animal Emotion: Consciousness and Concepts. In: McMillan, F.D. (Hrsg.). Mental Health and Well-being in Animals. 2nd Edition, CABInternational, S. 329–339

Merkies, K.; Franzin, O. (2021). Enhanced Understanding of Horse–Human Interactions to Optimize Welfare. National Library of Medicine. doi: 10.3390/ani11051347 2023-11-20

Nußbaum, M. (2017). Jenseits von »Mitleid und Menschlichkeit«: Gerechtigkeit für nichtmenschliche Tiere. In: Schmitz, F. (Hrsg.). Tierethik. Grundlagentexte. Suhrkamp.

Olbrich, E. (o.J.). Psychologie der Mensch-Tier-Beziehung. Manuskript. https://docplayer.org/14924256-Psychologie-der-mensch-tier-beziehung.html 2021-05-05

Otterstedt, C. (2013). Trends in der Mensch-Tier-Beziehung – Tiere im sozialen Einsatz. https://www.buendnis-mensch-und-tier.de/bibliothek/essays-studien/tgi/ 2022-08-01

Otterstedt, C. (2016). Beobachtung als Basis der praktischen tiergestützten Arbeit. Methodischer Impuls für Praktiker der Tiergestützten Intervention und Naturtherapien. Quelle: Bündnis Mensch und Tier, Internetabruf 2017-10-21.

Otterstedt, C. (2017). Tiergestützte Interventionen. Methoden und tiergerechter Einsatz in Therapie, Pädagogik und Förderung. 88 Fragen und Antworten. Stuttgart: Schattauer.

Panksepp, J. (2005). Beyond a Joke: From Animal Laughter to Human Joy? In: Science. Vol. 308, 01.04.2005, S. 62–63. https://www.science.org/doi/10.1126/science.1112066

Pelluchon, C. (2019). Ethik der Wertschätzung. Tugenden für eine ungewisse Welt. Darmstadt: Wissenschaftliche Buchgesellschaft.

Pelluchon, C. (2020). Manifest für die Tiere. München: C.H. Beck.

Petrus, K. (2015). Moralischer Status. In Ferrari, A.; Petrus, Kl. (Hg.) (2015). Lexikon der Mensch-Tier-Beziehungen. Bielefeld: Transcript Verlag. S. 251–253.

Petrus, K. (2015). Würde. In Ferrari, A.; Petrus, Kl. (Hg.) (2015). Lexikon der Mensch-Tier-Beziehungen. Bielefeld: Transcript Verlag. S. 424–427.

Pilley, J. W. (2013). Border Collie comprehends sentences containing a prepositional object, verb, and direct object. ScienceDirect. https://doi.org/10.1016/j.lmot.2013.02.003 2023–06–08

Pluto, L. (2007). Partizipation in den Hilfen zur Erziehung. München: DJI.

Pollmann, U., Tschanz. B. (2006). Leiden – ein Begriff aus dem Tierschutzrecht. In Amtstierärztlicher Dienst und Lebensmittelkontrolle, 4/2006, 13.Jg., S. 234–239

Porges, St.W. (2005). Neurozeption – die drei Regelkreise des Autonomen Nervensystems. http://www.somatics.de/artikel/for-professionals/2-article/19-neurozeption-die-drei-regelkreise-des-autonomen-nervensystems 23.07.2017

Porges, St.W. (2022). Polyvagal Theorie: A Science of Safety. Frontiers in Integrative Neuroscience. doi:10.3389/fnint.2022.871227

Precht, R.D. (2016). Tiere denken. Vom Recht der Tiere und den Grenzen des Menschen. München: Goldmann.

Qualzucht-Evidenz Netzwerk (QUEN), www.qualzucht-datenbank.eu, https://qualzucht-datenbank.eu/category/merkblaetter/ 2023–12–28

Regan, T. (1997). Wie man Rechte für Tiere begründet. In. Krebs, Angelika (Hg.). Naturethik. Grundtexte der gegenwärtigen tier- und ökoethischen Diskussion. Frankfurt a.M.: Suhrkamp. S. 33–46.

Röhrle, B. (2023). Wohlbefinden / Well-Being. In: Bundeszentrale für gesundheitliche Aufklärung (BZgA) (Hrsg.). Leitbegriffe der Gesundheitsförderung und Prävention. Glossar zu Konzepten, Strategien und Methoden. https://doi.org/10.17623/BZGA:Q4-i134–1.0 2023–09–16

Rößler, D.C. et al. (2022). Regularly occurring bouts of retinal movements suggest an REM sleep–like state in jumping spiders. https://doi.org/10.1073/pnas.2204754119 2023–01–08

Rosenberger, M.; Winkler, G. (Hrsg.) (2014). Jedem Tier (s)einen Namen geben? Die Individualität des Tieres und ihre Relevanz für die Wissenschaften. LiWiRei Bd. 7. Linz: WiEGe-Reihe.

Rothballer, M. (2018). Beziehung wirkt! Professionelle Beziehungsarbeit in der Kinder- und Jugendhilfe. In ajs-Informationen. Fachzeitschrift der Aktion Jugendschutz, Nr. 2, November 2018. S. 13–17.

Rudolf, B. (2017). Teilhabe als Menschenrecht – eine grundlegende Betrachtung. In: Diehl, Elke (Hrsg.). Teilhabe für alle?! Lebensrealitäten zwischen Diskriminierung und Partizipation. Bundeszentrale für politische Bildung. Schriftenreihe Band 10155. Bonn.

Russell, J.A.; Mehrabian, A. (1974). Distinguishing anger and anxiety in terms of emotional response factors. Journal of Consulting and Clinical Psychology, 42(1), S. 79–83

Rutz, C., Loretto, MC., Bates, A.E. et al. (2020). COVID-19 lockdown allows researchers to quantify the effects of human activity on wildlife. Nat Ecol Evol 4, 1156–1159 (2020). https://doi.org/10.1038/s41559-020-1237-z 2022-12-23

Sachser, N.; Kästner, N. et al. (Hg.) (2022). Das unterschätzte Tier. Was wir heute über Tiere wissen und im Umgang mit ihnen besser machen müssen. Rowohlt Taschenbuch Verlag.

Scherer, K.R.; Moors, A. (2013). The role of appraisal in emotion. In: Robinson, M.; Watkins, E.; Harmon-Jones, E. (Hg.). Handbook of cognition and emotion. Guilford Press, S. 135–155.

Schmetkamp, S. (2015). Fähigkeitenansatz. In Ferrari, A.; Petrus, Kl. (Hg.) (2015). Lexikon der Mensch-Tier-Beziehungen. Bielefeld: Transcript Verlag. S. 100–102.

Schmidt, K. (2015). Wohlergehen. In Ferrari, A.; Petrus, Kl. (Hg.) (2015). Lexikon der Mensch-Tier-Beziehungen. Bielefeld: Transcript Verlag. S. 422–424.

Schöberl, I. (2022). Hochsensibel durchs Leben – Superfühlhelden im Alltag. Online-Vortrag. PFOTE-Qualitätsnetzwerk, 21.02.2022

Schötz, S. (2018). Die geheime Sprache der Katzen. Salzburg: Ecowin Verlag

Schröder, A. (2018). Tiere im Christentum. Neue Perspektiven. Unveröffentlichtes Manuskript.

Schröder, H. (2020). Eine theoretische Annäherung: Gefühle, Emotionen, Stimmungen, Affekte und Emotionalität. In: Schröder, H. (2020). Emotionen und politisches Urteilen. Eine politdidaktische Untersuchung. Springer. https://doi.org/10.1007/978-3-658-30656-4

Schweitzer, A. (2020). Die Ehrfurcht vor dem Leben. Grundtexte aus fünf Jahrzehnten. 11. Auflage. München: C.H.Beck.

Seligman, M.E.P. (1999). Über Depression, Entwicklung und Tod. Weinheim, Basel: Beltz Verlag. https://docplayer.org/32749190-Erlernte-hilflosigkeit.html

Semmelmann, D. (2017). Die Gretchenfrage: Wie hältst Du's mit dem Leckerli? Piaffe, 01/2017, S. 42–54.

Simon, K.-H. (2013). Systemtheoretische Modelle in der sozial-ökologischen Forschung. In: Informationen zur Raumentwicklung, Heft 1/2013, S. 13–23.

Smith, C.L.; Johnson, J. (2012). The Chicken-Challenge. What Contemporary Studies of Fowl Mean for Science and Ethics. In: Between the Species, Volume 15, Issue 1. S. 75–102. https://research-management.mq.edu.au/ws/portalfiles/portal/16838936/mq-22026-Publisher+version+%28open+access%29.pdf

Solvi, C. et al. (2016). Unexpected rewards induce dopamine-dependent positive emotion–like state changes in bumblebees. Fachjournal Science. https://www.science.org/doi/10.1126/science.aaf4454

Stadler, H. (2014). »Beziehung ist nicht alles in der Schule, aber ohne Beziehung ist alles nichts!« Über die Wichtigkeit von Lehrer-Schüler-Beziehungen unabhängig von Schulreformen und Schultypen. VCL-News 03/2014.

Stange, W. (2002). Was ist Partizipation? Definitionen – Systematisierungen. Baustein A 1.1. Veröffentlichung im Rahmen der Beteiligungsbausteine des Deutschen Kinderhilfswerkes e.V. Lüneburg/Berlin.

Strobel, I. (2021). Stressbewältigung und Burnoutprävention. Einzelberatung und Leitfaden für Seminare. 3. Auflage. Stuttgart: Thieme.

Tierärztliche Vereinigung für Tierschutz e.V.. TVT-Merkblätter. www.tierschutz-tvt.de

UNESCO (2017). Liste des dringend erhaltungsbedürftigen Immateriellen Kulturerbes. https://ich.unesco.org/en/USL/whistled-language-00658, 2023–12–12

Vernooij, M. A.; Schneider, S. (2018). Handbuch der Tiergestützten Intervention. Grundlagen – Konzepte – Praxisfelder. 4. Auflage. Wiebelsheim: Quelle & Meyer.

Von Gall, Ph.; Gjerris, M. (2017). Role of Joy in Farm Animal Welfare Legislation. In: Society & Animals 25/2017. S. 163–179.

Von Schlippe, A.; Schweitzer, J. (2012). Lehrbuch der systemischen Therapie und Beratung I. Göttingen: Vandenhoeck & Rupprecht

Wagenblass, S. (2016). Vertrauen als Basis für Beziehungsarbeit. In: Jugendhilfe. Beziehungsarbeit in der Kinder- und Jugendhilfe. München: Luchterhand Verlag. Heft 1, 2016. S. 27–32.

Walker, R. et al. (2017). Sneeze to leave: African wild dogs (Lycaon pictus) use variable quorum thresholds facilitated by sneezes in collective decisions. In: www.royalsocietypublishingorg. https://doi.org/10.1098/rspb.2017.0347 ; 2024–05–15

Watzlawick, P. (2005). Anleitung zum Unglücklichsein. Piper Verlag. 11. Auflage 2011. Direkt zur Geschichte des Hammers: https://www.youtube.com/watch?v=FExI1gNST3Y 2023–01–05

Wawrzyniak, D. (2019). Tierwohl und Tierethik. Empirische und moralphilosophische Perspektiven. Bielefeld: Transcript Verlag.

Weltorganisation für Tiergesundheit. Animal Welfare. https://www.oie.int/en/what-we-do/animal-health-and-welfare/animal-welfare/ 2021–05–12

WHO (2012). Gesundheit 2020 und die Bedeutung der Messung von Wohlbefinden: Faktenblatt. http://www.euro.who.int/__data/assets/pdf_file/0018/185310/Health-2020-and-the-case-Fact-Sheet-Ger-final.pdf?ua=1 ; 2018–01–20

Wille, M.L. (2011). Einzelhaltung versus Gruppenhaltung – ein Vergleich zweier Pferdehaltungssysteme unter dem Aspekt des Wohlbefindens. Inaugural-Dissertation zur Erlangung der tiermedizinischen Doktorwürde. Ludwig-Maximilians-Universität München.

Winkler, A.; Tebelmann, H. (2023). Persönlichkeit beim Haushund. In: Gansloßer, U. (Hrsg.). Verhaltensphysiologie & -medizin. Wie innere Zustände das Verhalten beim Hund steuern. Stuttgart: Franckh-Kosmos. S. 243–254.

Wohlfarth, R. (o.J.). Eine neue Definition »Tiergestützte«. Zur Diskussion. ISAAT Standards, 2021. https://isaat.org/wp-content/uploads/2021/04/Artikel-tiergestuetzte-Definition.pdf 2024–05–01

Wohlfarth, R.; Beetz, A. (2018). Ethik und tiergestützte Interventionen. In: Beetz et al. (2018). Tiergestützte Interventionen. Handbuch für die Aus- und Weiterbildung. München: Reinhardt Verlag. S. 74-84.

Wohlfarth, R.; Hediger, K. (2022). Tierethische Aspekte tiergestützter Therapie. In: Tierethik, 14. Jg., 2022/2, Heft 25, S. 19–59.

Wohlfarth, R.; Mutschler, B. (2017). Praxis der hundegestützten Therapie. Grundlagen und Anwendung. München, Basel: Reinhardt Verlag.

Wohlfarth, R.; Olbrich, E. (2014). Qualitätsentwicklung und Qualitätssicherung in der Praxis tiergestützter Interventionen. Zürich, Wien: ISAAT – ESAAT.

Wolf, U. (2012). Ethik der Mensch-Tier-Beziehung. Frankfurt/Main: Klostermann.

Wolf, U.; Tuider, J. (2014). Tierethische Positionen. Bundeszentrale für politische Bildung. Dossier Bioethik. https://www.bpb.de/gesellschaft/umwelt/bioethik/176364/tierethische-positionen ; 2021–05–05

Wright, M.; Block, M.; von Unger, H. (2007). Stufen der Partizipation in der Gesundheitsförderung. Dokumentation 13. bundesweiter Kongress Armut und Gesundheit, Berlin 2007. Gesundheit Berlin (Hrsg.). https://www.armut-und-gesundheit.de/uploads/tx_gbbkongressarchiv/Wright__M..pdf ; 2023–01–10

Wynne, C. (2019). ... und wenn es doch Liebe ist? Neues zur Hund-Mensch-Beziehung. Nerdlen: Kynos.

Zapata Cardona, J. et al. (2022). Music modulates emotional responses in growing pigs. Scientific reports. https://www.nature.com/articles/s41598–022–07300–6.pdf 2023–02–21

Zimmermann, T. (2021). »Babysprache« wirkt bei Pferden. In Bezug auf Lansade et al. (2021). Horses are sensitive to baby talk: petdirected speech facilitates communication with humans in a pointing task and during grooming. Animal Cognition. https://ethologisch.de/babysprache-wirkt-bei-pferden/ 2023–04–16

Zink, R. (2018). Besonderheiten der Mensch-Pferd-Beziehung. In: Beetz et al. (Hg.) (2018). Tiergestützte Interventionen. Handbuch für die Aus- und Weiterbildung. München, Basel: Reinhardt.

Abkürzungsverzeichnis

Abb.	Abbildung
bspw.	beispielsweise
bzw.	beziehungsweise
ca.	circa
d.h.	das heißt
et al.	et alii (und andere)
etc.	et cetera (uns so weiter)
evtl.	eventuell
Hrsg.	Herausgeber
IAHAIO	International Association of Human-Animal Interaction Organizations
i. d. R.	in der Regel
ISAAT	International Society for Animal Assisted Therapy
o.ä.	oder ähnliche(s)
o.J.	ohne Jahresangabe
s.	siehe
S.	Seite
sogen.	sogenannt
TGI	Tiergestützte Intervenion/Interventionen
u.a.	unter anderem
u.ä.	und ähnliche(s)
usw.	und so weiter
vgl.	vergleiche
z.B.	zum Beispiel

Nützliche Links

- Bundesverband Tiergestützte Intervention e.V. (BTI) www.tiergestuetzte.org
- ETHOlogisch – Verhalten verstehen www.ethologisch.de
- Forschungskreis Heimtiere in der Gesellschaft www.mensch-heimtier.de
- Institut für Interdisziplinäre Erforschung der Mensch-Tier-Beziehung www.iemt.ch
- International Association of Human-Animal Interaction Organizations (IAHAIO) www.iahaio.org
- International Society for Animal Assisted Therapy (ISAAT) www.isaat.org/de
- Menschen für Tierrechte www.tierrechte.de
- Messerli Stiftung www.messerli-stiftung.ch
- PFOTE Professionelle Mensch-Hund-Teams für tiergestützte Interventionen www.pfote-tgi.de
- Stiftung Bündnis Mensch & Tier www.buendnis-mensch-und-tier.de
- Tierärztliche Vereinigung für Tierschutz (TVT) www.tierschutz-tvt.de
- TIERethik, Zeitschrift zur Mensch-Tier-Beziehung www.tierethik.net
- tiergestützte, Fachzeitschrift für das Arbeitsfeld der tiergestützten Intervention www.lernen-mit-tieren.de/tiergestuetzte-zeitschrift/
- Tierschutzbund www.tierschutzbund.de

Register

Danksagung

Sich mit dem Thema „Ethik in der TGI“ auf ein bislang wenig bestelltes Feld zu wagen, Ideen und Fragen zu sortieren, sich darüber auszutauschen, die Gedanken in die richtigen Worte zu fassen – all das braucht unzählige Stunden. Wir freuen uns, diesen abenteuerlichen Weg zu Dritt gegangen zu sein.

In dieser Zeit haben uns der wertvolle Zuspruch, Halt und die Unterstützung getragen, die uns geschenkt wurden. Unser besonderer Dank gilt daher unseren Familien und Tieren, ebenso unseren Kolleginnen und Kollegen und all den weiteren Menschen, die uns ermutigt, Feedback gegeben und bestätigt haben, dass das Thema wichtig ist und wir auf dem richtigen Weg sind.

Sehr herzlich bedanken wir uns auch bei unserer Lektorin und dem Team des Kosmos-Verlags für die Unterstützung und Umsetzung.

Und nicht zuletzt vielen Dank Ihnen, liebe Leserinnen und Leser, für Ihr Interesse an ethischen Aspekten und Grundlagen. Ihre Offenheit für diese Themen trägt maßgeblich dazu bei, dass die TGI sich zum Wohle aller Beteiligten weiterentwickelt.

Autorinnen

Beham, Bianca

„Gemeinsame Erfahrungsräume zu ermöglichen und ein gelingendes Miteinander von Mensch und Tier mitzuerleben – das berührt mich immer wieder“ sagt Bianca Beham, Dipl.-Pädagogin mit Zusatzausbildung in Gestalttherapie, Referentin für Pädagogik und Dozentin für TGI. Sie ist Fachkraft für TGI (ISAAT), ausgebildetes Einsatzteam für TGI mit ihrem Hund Lupo, Gründungsmitglied des Qualitätsnetzwerks PFOTE (Professionelle Mensch-Hund-Teams für tiergestützte Interventionen), Mitglied im BTI und im Freundeskreis der Stiftung Bündnis Mensch und Tier sowie externe Gutachterin für ISAAT. Damit bei der tiergestützten Arbeit das Wohl von allen Beteiligten gewahrt bleibt, engagiert sie sich für die Weiterentwicklung und Verankerung von ethischen Grundsätzen in der TGI.

Freimut, Bettina

„Meine Berufung ist es, Menschen und Tiere auf ihrem Weg zu begleiten, ethische Perspektiven in TGI zu etablieren, so dass alle Beteiligten als wertvolle Persönlichkeiten mit individuellen Ressourcen und Kompetenzen betrachtet werden“ resümiert Bettina Freimut, Erzieherin, Fachkraft für TGI, ausgebildete Psychologische Beraterin, Fachautorin, international tätige Dozentin, KKP und KAP Trainerin und Leiterin des Instituts Tiere im Einsatz, an welchem sie TGI-Fachkräfte (ISAAT) und Einsatzteams für TGI mit Hund (ISAAT) ausbildet. Sie ist zudem selbstständige Hundetrainerin (www.diesachhundigen.de), engagiert sich als Gründungsmitglied im Qualitätsnetzwerk PFOTE (Professionelle Mensch-Hund-Teams für tiergestützte Interventionen) und im ISAAT-Vorstand, ist Mitglied der IAHAIO, im BTI und im Freundeskreis der Stiftung Bündnis Mensch und Tier. Darüber hinaus liebt sie die praktische tiergestützte Pädagogik mit ihren tierischen Gefährten.

Innerkofler, Barbara

„Tiergestützte Intervention bietet eine Fülle magischer Momente" meint Barbara Innerkofler, Diplom-Sozialpädagogin, Familientherapeutin (DGSF), Supervisorin (DGSF) und Mediatorin. Sie ist Fachkraft für TGI (ISAAT), arbeitet im tiergestützten Einsatzteam mit ihrer Hündin Lonia, ist Dozentin für TGI und externe Gutachterin für ISAAT sowie Gründungsmitglied des Qualitätsnetzwerks PFOTE (Professionelle Mensch-Hund-Teams für tiergestützte Interventionen). Als Therapeutin und Zauberin (MZvD) verbindet sie den tiergestützten Einsatz mit besonderen Erlebniswelten und begeistert Groß und Klein, Jung und Alt.

Wie Pferde Vertrauen und Gelassenheit finden

144 Seiten

„Resilienz bedeutet die Freiheit, wählen zu können, wie auf die Umwelt reagiert wird." – Unter diesem Motto stellt Verhaltensbiologin Marlitt Wendt in diesem Buch wichtige Grundlagen zur Resilienzforschung dar und zeigt den Einfluss auf Pferdehaltung und -umgang im Alltag. Neben Tipps aus neusten wissenschaftlichen Erkenntnissen gibt sie außerdem praktische Ideen an die Hand, wie Pferdehalter Angst, Unsicherheit und dem Fluchtinstinkt ihrer Tiere begegnen können.

kosmos.de

sie TGI-Fachkräfte (ISAAT) und Einsatzteams für TGI mit Hund (ISAAT) ausbildet. Sie ist zudem selbstständige Hundetrainerin (www.diesachhundigen.de), engagiert sich als Gründungsmitglied im Qualitätsnetzwerk PFOTE (Professionelle Mensch-Hund-Teams für tiergestützte Interventionen) und im ISAAT-Vorstand, ist Mitglied der IAHAIO, im BTI und im Freundeskreis der Stiftung Bündnis Mensch und Tier. Darüber hinaus liebt sie die praktische tiergestützte Pädagogik mit ihren tierischen Gefährten.

Innerkofler, Barbara

„Tiergestützte Intervention bietet eine Fülle magischer Momente" meint Barbara Innerkofler, Diplom-Sozialpädagogin, Familientherapeutin (DGSF), Supervisorin (DGSF) und Mediatorin. Sie ist Fachkraft für TGI (ISAAT), arbeitet im tiergestützten Einsatzteam mit ihrer Hündin Lonia, ist Dozentin für TGI und externe Gutachterin für ISAAT sowie Gründungsmitglied des Qualitätsnetzwerks PFOTE (Professionelle Mensch-Hund-Teams für tiergestützte Interventionen). Als Therapeutin und Zauberin (MZvD) verbindet sie den tiergestützten Einsatz mit besonderen Erlebniswelten und begeistert Groß und Klein, Jung und Alt.

Gender-Hinweis

Aus Gründen der besseren Lesbarkeit wird in diesem Buch ausschließlich die männliche Form verwendet. Selbstverständlich sind damit stets alle Geschlechter gleichermaßen gemeint.

Bildnachweis

39 Farbfotos wurden von Bettina Freimut zur Verfügung gestellt.
Weitere Farbfotos von Bianca Beham (3: S. VI, XVI o., XVIII), Julia Fahnenschmidt (1: S. XXIII u.), Barbara Innerkofler (2: XVI u., XIX), Anja Kaindl (2: XIV, XXVII), Silke Nolte (1: S. XXXII), Norbert Schultze (1: S. XI o.).

Mit Illustrationen von Hanna Wenzel/Kosmos und 3 Grafiken von Micha Grätzbach nach Vorlage der Autorinnen.

Impressum

Umschlaggestaltung von Graphik Design/Claudia Adam unter Verwendung eines Farbfotos von Bettina Freimut und einer Illustration von Hanna Wenzel/ Kosmos.

Mit 49 Farbfotos.

Alle Angaben in diesem Buch erfolgen nach bestem Wissen und Gewissen. Sorgfalt bei der Umsetzung ist indes dennoch geboten. Der Verlag und die Autorinnen übernehmen keinerlei Haftung für Personen-, Sach- oder Vermögensschäden, die aus der Anwendung der vorgestellten Materialien, Methoden oder Informationen entstehen könnten.

Gedruckt auf chlorfrei gebleichtem Papier

FSC www.fsc.org MIX Papier | Fördert gute Waldnutzung FSC® C014889

ISBN 978-3-440-18449-3
Redaktion: Alice Rieger
Gestaltungskonzept: Populärgrafik, Mathis Weymann, Stuttgart
Gestaltung und Satz: TEXT & BILD | Michael Grätzbach, Kernen im Remstal
Produktion: Angela List
Druck und Bindung: Friedrich Pustet GmbH & Co. KG, Regensburg
Printed in Germany / Imprimé en Allemagne